现代铝加工生产技术丛书

主编　赵世庆　钟　利

铝合金挤压工模具技术

刘静安　黄　凯　谭炽东　编著

北　京
冶　金　工　业　出　版　社
2022

内 容 简 介

本书是《现代铝加工生产技术丛书》之一，详细介绍和系统论述了铝合金挤压工模具的工作原理、分类及组装形式、材料选择、设计步骤与方法、结构与尺寸优化、强度校核方法、工模具制造技术与设备以及工模具的使用、维护与科学管理等。全书共分5章，内容包括：概论、铝合金挤压工具的优化设计、铝合金挤压模具的优化设计、铝合金挤压工模具的制造技术、铝合金挤压工模具的维修与合理使用等。在内容组织和结构安排上，力求理论联系实际，切合生产实际需要，突出实用性、先进性和行业特色，为读者提供一本实用的技术著作。

本书是铝加工生产企业工程技术人员必备的技术读物，也可供从事有色金属材料与加工的科研、设计、教学、生产和应用等方面的技术人员与管理人员使用，同时可作为大专院校有关专业师生的参考书。

图书在版编目(CIP)数据

铝合金挤压工模具技术/刘静安等编著．—北京：冶金工业出版社，2009.5（2022.1重印）
（现代铝加工生产技术丛书）
ISBN 978-7-5024-4872-1

Ⅰ．铝…　Ⅱ．刘…　Ⅲ．铝合金—挤压模　Ⅳ．TG379

中国版本图书馆CIP数据核字(2009)第045409号

铝合金挤压工模具技术

出版发行　冶金工业出版社　**电　话**　(010)64027926
地　址　北京市东城区嵩祝院北巷39号　**邮　编**　100009
网　址　www.mip1953.com　**电子信箱**　service@mip1953.com

责任编辑　张登科　美术编辑　彭子赫　版式设计　张　青
责任校对　栾雅谦　责任印制　李玉山
北京虎彩文化传播有限公司印刷
2009年5月第1版，2022年1月第5次印刷
880mm×1230mm　1/32；10.25印张；301千字；309页
定价35.00元

投稿电话　(010)64027932　投稿信箱　tougao@cnmip.com.cn
营销中心电话　(010)64044283
冶金工业出版社天猫旗舰店　yjgycbs.tmall.com
（本书如有印装质量问题，本社营销中心负责退换）

《现代铝加工生产技术丛书》

编辑委员会

《现代铝加工生产技术丛书》

主要参编单位

西南铝业（集团）有限责任公司

东北轻合金有限责任公司

中国铝业股份有限公司西北铝加工分公司

北京有色金属研究总院

广东凤铝铝业有限公司

广东中山市金胜铝业有限公司

上海瑞尔实业有限公司

《丛书》前言

节约资源、节省能源、改善环境越来越成为人类生活与社会持续发展的必要条件，人们正竭力开辟新途径，寻求新的发展方向和有效的发展模式。轻量化显然是有效的发展途径之一，其中铝合金是轻量化首选的金属材料。因此，进入21世纪以来，世界铝及铝加工业获得了迅猛的发展，铝及铝加工技术也进入了一个崭新的发展时期，同时我国的铝及铝加工产业也掀起了第三次发展高潮。2007年，世界原铝产量达3880万t（其中：废铝产量1700万t），铝消费总量达4275万t，创历史新高；铝加工材年产达3200万t，仍以5%~6%的年增长率递增；我国原铝年产量已达1260万t（其中：废铝产量250万t），连续五年位居世界榜首；铝加工材年产量达1176万t，一举超过美国成为世界铝加工材产量最大的国家。与此同时，我国铝加工材的出口量也大幅增加，我国已真正成为世界铝业大国，铝加工业大国。但是，我们应清楚地看到，我国铝加工材在品种、质量以及综合经济技术指标等方面还相对落后，生产装备也不甚先进，与国际先进水平仍有一定差距。

为了促进我国铝及铝加工技术的发展，努力赶超世界先进水平，向铝业强国和铝加工强国迈进，还有很多工作要做：其中一项最重要的工作就是总结我国长期以来在铝加工方面的生产经验和科研成果；普及和推广先进铝加工技术；提出我国进一步发展铝加工的规划与方向。

几年前，中国有色金属学会合金加工学术委员会与冶金工业出版社合作，组织国内20多家主要的铝加工企业、科研院所、大专院校的百余名专家、学者和工程技术人员编写出版了大型工具书——《铝加工技术实用手册》，该书出版后受到广大读者，特别是铝加工企业工程技术人员的好评，对我国铝加工工业的发展起到一定的促进作用。但由于铝加工工业及技术涉及面广，内容十分丰富，《铝加工技术实用手册》因篇幅所限，有些具体工艺还不尽深入。因此，有读者反映，能有一套针对性和实用性更强的生产技术类《丛书》与之配套，相辅相成，互相补充，将能更好地满足读者的需要。为此，中国有色金属学会合金加工学术委员会与冶金工业出版社计划在“十一五”期间，组织国内铝加工行业的专家、学者和工程技术人员编写出版《现代铝加工生产技术丛书》(简称《丛书》)，以满足读者更广泛的需求。《丛书》要求突出实用性、先进性、新颖性和可读性。

《丛书》第一次编写工作会议于2006年8月20日在北戴河召开。会议由中国有色金属学会合金加工学术委员会主任谢水生主持，参加会议的单位有：西南铝业（集团）有限责任公司、东北轻合金有限责任公司、中国铝业股份有限公司西北铝加工分公司、北京有色金属研究总院、广东凤铝铝业有限公司、华北铝业有限公司的代表。会议成立了《丛书》编写筹备委员会，并讨论了《丛书》编写和出版工作。2006年年底确定了《丛书》的分工。

第一次《丛书》编写工作会议以后，各有关单位领导十分重视《丛书》的编写工作，分别召开了本单位的编写工作会议，将编写工作落实到具体的作者，并都拟定了编写大纲和目录。中国有色金属学会的领导也十分重视《丛书》的编写工作，将《丛书》的编写出版工作列入学会的2007~2008年工作计划。

为了进一步促进《丛书》的编写和协调编写工作，编委会于2007年4月12日在北京召开了第二次《丛书》编写工作会议。参加会议的有来自西南铝业（集团）有限责任公司、东北轻合金有限责任公司、中国铝业股份有限公司西北铝加工分公司、北京有色金属研究总院、广东凤铝铝业有限公司、上海瑞尔实业有限公司、广东中山市金胜铝业有限公司、华北铝业有限公司和冶金工业出版社的代表21位同志。会议进一步修订了《丛书》各册的编写大纲和目录，落实和协调了各册的编写工作和进度，交流了编写经验。

为了做好《丛书》的出版工作，2008年5月5日在北京召开了第三次《丛书》编写工作会议。参加会议的单位有：西南铝业（集团）有限责任公司、东北轻合金有限责任公司、中国铝业股份有限公司西北铝加工分公司、北京有色金属研究总院、广东凤铝铝业有限公司、广东中山市金胜铝业有限公司、上海瑞尔实业有限公司和冶金工业出版社，会议代表共18位同志。会议通报了编写情况，协调了编写进度，落实了各分册交稿和出版计划。

《丛书》因各分册由不同单位承担，有的分册是合作编写，编写进度有快有慢。因此，《丛书》的编写和出版工作是统一规划，分步实施，陆续尽快出版。

由于《丛书》组织和编写工作量大，作者多和时间紧，在编写和出版过程中，可能会有不妥之处，恳请广大读者批评指正，并提出宝贵意见。

《现代铝加工生产技术丛书》编委会

2008年6月

前　言

挤压工模具设计与制造是铝合金挤压材，特别是铝合金型材生产的关键技术，不仅影响产品的质量、生产效率和交货周期，而且也是决定产品成本的重要因素之一。随着铝合金挤压材生产难度的增加和对产品个性化性能要求的提高，这种作用更加明显。2007 年，我国铝合金挤压材产销量超过 660 万 t，工模具消耗达 80 万套以上，价值高达 20 亿元以上，占挤压加工成本的 25% ~ 30%，大大制约了我国铝合金挤压工业的发展。目前，我国铝合金挤压工模具的平均使用寿命为 5 ~ 10t/模，一次上机合格率为 50%左右，大大落后于国际上 15 ~ 20t/模和一次上机合格率为 67%的先进水平，大有潜力可挖。因此，不断提高挤压工模具的质量和使用寿命不仅是生产企业的强烈愿望，也是我国从事挤压工作技术人员的责任。

提高工模具质量和使用寿命是一个巨大的系统工程，其影响因素很多，而挤压工模具的优化设计与精密制造是诸多因素的前提与核心。为了高速、优质、低成本、低能耗、高效益、环保安全地生产铝合金挤压产品，各国政府、企业界、学术界投入了大量人力、物力和财力，开展了铝合金挤压工模具优化设计与精密制造方面的研发工作，并取得了许多可喜成果。我国也做了大量的工作，并在很多方面有所突破，但从整体上来看，我国与国际先进水平仍有一定差距。因此，作者在总结了多年来在生产第一线从事铝合金生产的实际经验与科研开发工作的基础上，参考和吸收了国内外有关方面的研发成果和经验，编写了本书，以期推广国内外的先进技术和生产经验，使我国的铝合金挤压工模具技术尽快赶上世界先进水平，对促进我国铝及铝合金挤压事业的发展有所裨益。

本书详细介绍和系统论述了铝合金挤压工模具的工作原理与工作条件、工模具的分类及组装形式、材料的合理选择、设计的步骤与方法、结构与尺寸的优化、强度校核方法、工模具的精密制造技术与设备，以及挤压工模具的使用、维护与科学管理等。并列举了大量在生产中容易出现的技术、质量难题及解决方法。在内容组织与结构安排上，力求理论联系实际，切合生产实际需要，突出实用性、先进性和行业特色，为广大读者提供一本实用的技术著作。

本书是铝及铝合金加工生产企业工程技术人员必备的技术读物，也可供从事有色金属材料与加工的科研、设计、教学、生产和应用等方面的技术人员与管理人员使用，同时可作为大专院校有关专业师生的参考书。

本书第1、2、3章由刘静安编写，第4、5章由黄凯、谭炽东编写。全书由刘静安教授和谢水生教授审定。

本书在编写过程中，邵莲芬、刘鲁、刘红杰、李浩、袁红渝、周怡等做了大量工作，不少专家和工人师傅给予了指导和帮助，同时参考了国内外有关专家、学者的一些文献资料，应用了广东兴顺精密模具有限公司等企业的一些图表、数据等，并得到了中国有色金属学会合金加工学术委员会和冶金工业出版社的大力支持，在此一并表示衷心的感谢！

由于作者水平有限，书中不妥之处，恳请广大读者批评指正。

作　者

2008年12月

目　　录

1 概　论

1.1 金属挤压工作原理及方法

1.1.1 金属挤压原理及分类

挤压成形是对盛在容器（挤压筒）内的金属锭坯施加外力，使之从特定的模孔中流出，从而获得所需断面形状和尺寸的一种塑性加工方法，如图 1-1 所示。

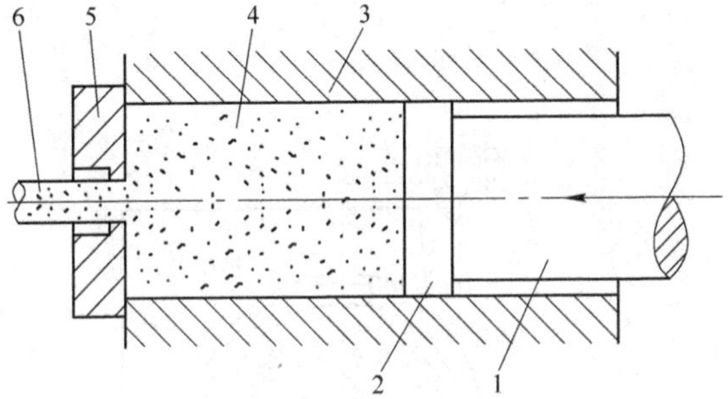

图 1-1　金属挤压的基本原理

1—挤压轴；2—挤压垫片；3—挤压筒；
4—锭坯；5—挤压模；6—挤压制品

现代化挤压成形技术在铝及铝加工材料的研制生产中得到了极其广泛的应用。图 1-2 所示为在铝工业上广泛采用的正挤压法、反挤压法、管材挤压法、连续挤压法几种主要挤压方法的示意图。

根据挤压筒内金属的应力-应变状态、金属流动方向、润滑状态、挤压温度、挤压速度和设备的结构形式、工模具的种类或结构以及坯料的形状或数目、制品的形状或数目等的不同，挤压成形方式可分为如图 1-3 所示的多种方法。

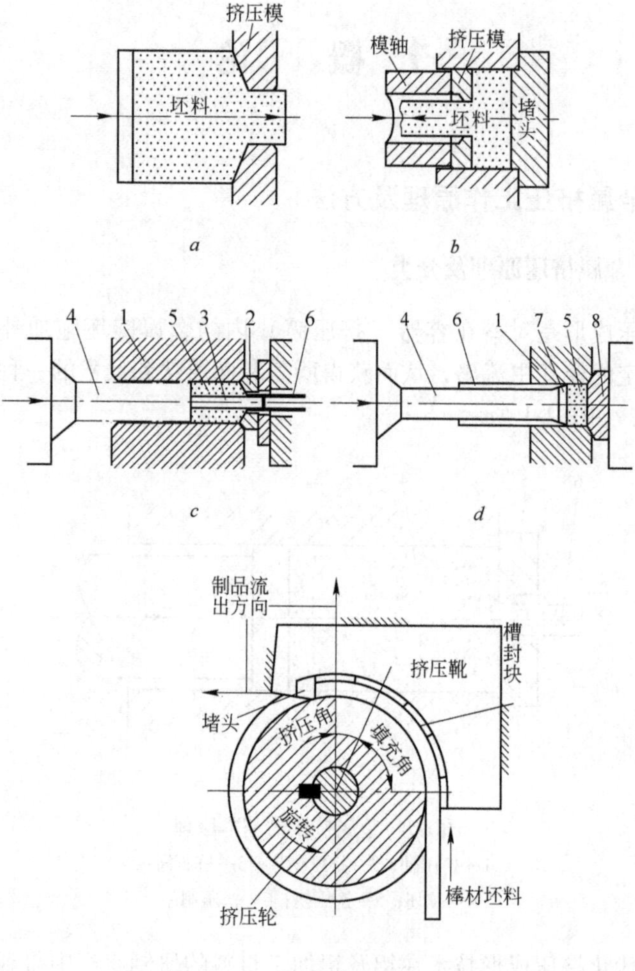

图 1-2 铝加工中常用的挤压方法

a—正挤压法；*b*—型、棒材反挤压法；*c*—管材正挤压法；

d—管材反挤压法；*e*—Conform 连续挤压法

1—挤压筒；2—模子；3—穿孔针；4—挤压轴；5—锭坯；

6—管材；7—垫片；8—堵头

- 挤压方法的分类
  - 按挤压方向分
    - 正向挤压（正挤压）
    - 反向挤压（反挤压）
    - 侧向挤压
  - 按变形特征分
    - 平面变形挤压
    - 轴对称变形挤压
    - 一般三维变形挤压
  - 按润滑状态分
    - 无润滑挤压（黏着摩擦挤压）
    - 润滑挤压（常规润滑挤压）
    - 玻璃润滑挤压
    - 理想润滑挤压（静液挤压）
  - 按挤压温度分
    - 冷挤压
    - 温挤压
    - 热挤压
  - 按挤压速度分
    - 低速挤压（普通挤压）
    - 高速挤压
    - 冲击挤压（超高速挤压）
  - 按模具种类或模具结构分
    - 平模挤压
    - 锥模挤压
    - 分流模挤压
    - 带穿孔针挤压（又可分为固定针挤压和随动针挤压）
  - 按坯料状态或数目分
    - 圆坯料挤压（圆挤压筒挤压）
    - 扁坯料挤压（扁挤压筒挤压）
    - 多坯料挤压
    - 复合坯料挤压
  - 按产品品种或数目分
    - 棒材挤压
    - 管材挤压
    - 实心型材挤压
    - 空心型材挤压
    - 变断面型材挤压
    - 单制品挤压（单孔模挤压）
    - 多制品挤压（多孔模挤压）
  - 按设备类型分
    - 立式挤压
    - 卧式挤压
    - Confrom 挤压

图 1-3　挤压方法的分类

1.1.2 铝挤压的基本方法

1.1.2.1 正向挤压（正挤压）

挤压过程中制品流出方向与挤压轴运动方向相同的挤压方法称为正挤压，如图 1-2*a* 所示。正挤压是最基本的挤压方法，以其技术成熟、工艺操作简单、生产灵活性大、可获得优良表面的制品等特点，成为铝及铝合金材料成形加工中最广泛使用的方法之一。正挤压又可按照图 1-3 所示的其他分类方法进一步细分，如分为平面变形挤压、轴对称变形挤压和一般三维变形挤压，或分为冷挤压、温挤压和热挤压等。

正挤压的基本特征是，挤压时坯料与挤压筒之间产生相对滑动，存在有很大的外摩擦，且在大多数情况下，这种摩擦是有害的，它使金属流速不均匀，从而给挤压制品的品质带来不利影响，导致挤压制品头部与尾部、表层部与中心部的组织性能不均匀；使挤压能耗增加，一般情况下挤压筒内表面上的摩擦能耗占挤压能耗的 30% ~ 40%，甚至更高；由于强烈的摩擦发热作用，限制了铝及铝合金中低熔点合金挤压速度的提高，加快了挤压模具的磨损。

1.1.2.2 反向挤压（反挤压）

金属挤压时制品流出方向与挤压轴运动方向相反的挤压，称为反挤压，如图在 1-2*b* 所示。反挤压主要用于铝及铝合金（其中以高强度铝合金的应用相对较多）管材和型棒材热挤压成形，以及各种铝合金材料零部件的冷挤压成形。反挤压时，金属坯料与挤压筒之间无相对滑动，所需挤压力小，挤压能耗较低，因而在同样能力的设备上，反挤压可以实现更大变形程度的挤压变形，或挤压变形抗力更高的合金。与正挤压不同，反挤压时金属流动主要集中在模孔附近的区域，因而沿制品长度方向金属的变形较均匀。但是，反挤压技术和操作较为复杂，间隙时间较正挤压长，挤压制品的表面品质难以控制，需要专用的挤压设备和工具等，反挤压的应用受到一定局限。但近年来，随着专用反挤压机的研制成功和工模具技术的发展，铝合金的反挤压获得了越来越广泛的应用。

1.1.2.3 复合挤压法

复合挤压法将正向挤压法和反向挤压法的特点结合起来，生产断面形状为圆形、方形、六方形、齿形、花瓣形的双杯类、杯杆类和杆杆类挤压件，也可以制造等断面的不对称挤压件。复合挤压法是正挤压时使锭坯的一部分金属的流动方向与挤压轴的运动方向相同，而另一部分金属的流动方向与挤压轴的运动方向相反，如图 1-4 所示。

1.1.2.4　其他挤压法

A　减径挤压法

减径挤压法主要是使锭坯断面作轻度减缩，如图 1-5 所示。它适用于制造直径差不大的阶梯轴类挤压件以及作为深孔薄壁杯形件的修整工序。

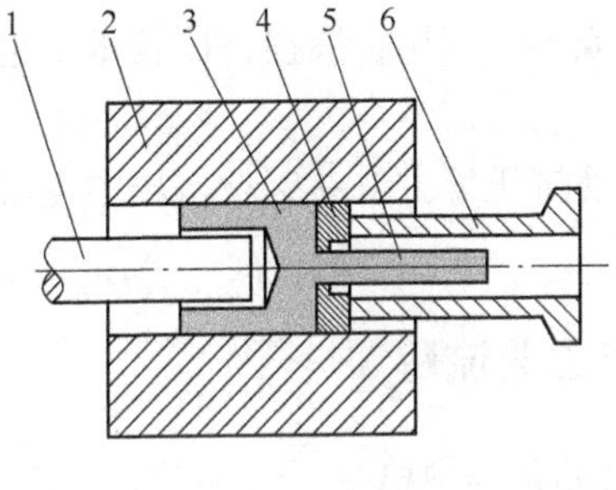

图 1-4　复合挤压法

1—实心挤压轴；2—挤压筒；3—锭坯；
4—挤压模；5—挤压制品；6—空心挤压轴

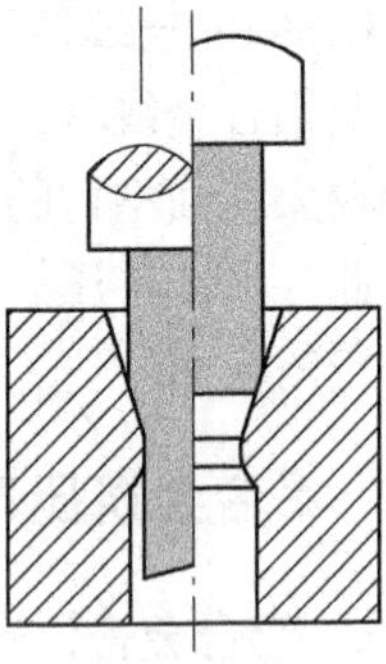

图 1-5　减径挤压法

B　径向挤压法

径向挤压时，金属的流动方向与挤压轴的运动方向相垂直。用径向挤压法可以制造十字轴类挤压件，也可以制造花键轴的齿形部分以及直齿和小模数螺旋齿轮的齿形部分等，如图 1-6 所示。

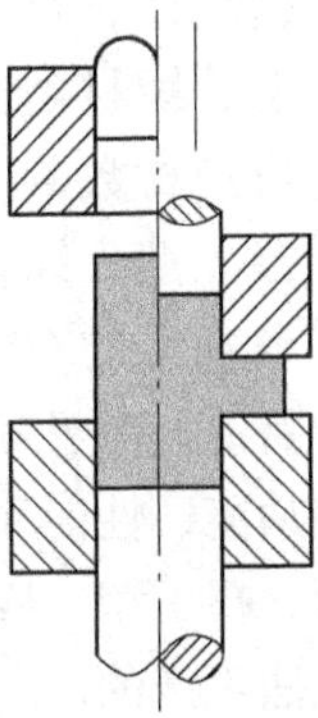

图 1-6　径向挤压法

C　Conform 连续挤压法

上述各种方法的一个共同特点是挤压生产的不连续性，前后坯料的挤压之间需要进行分离压余、充填坯料等一系列辅助操作，影响挤压生产的效率，不利于连续生产长尺寸的制品。挤压生产真正实现连续化，并获得较好的实际应用，是在英国原子能局的 D. Gyeen 于1971 年发明了 Conform 连续挤压法之后。如图 1-2*e* 所示，Conform 连续挤压法是利用变形金属与工具之间的摩擦力而实现挤压的。旋转槽上的矩形断面槽和固定模座所组成的环形通道起到普通挤压法中挤压筒的作用，当槽轮旋转时，借助于槽壁上的摩擦力不断地将坯料送入而实现连续挤压。

Conform 连续挤压时坯料与工具表面的摩擦发热较为显著，因此，对于熔点较低的铝及铝合金，不需要进行外部加热即可使变形区的温度上升至 400 ~ 500℃ 而实现热挤压。

Conform 连续挤压法适合于铝包钢电线等包覆材料、小断面尺寸的铝及铝合金线材、管材、型材的成形。采用扩展模挤压技术，也可用于较大断面型材的生产。

此外，冷挤压、润滑挤压、静液挤压等方法在铝材挤压中也获得了一定的应用。

1.2 铝合金挤压产品及其生产工艺流程

1.2.1 铝合金管、棒、型、线材的品种与规格

铝及铝合金管、棒、型、线材是铝加工业中产量和消费量最大的材料之一，仅次于铝及铝合金板、带、条、箔材而居第二位。据统计，目前，工业发达国家中，铝板带、条、箔材与管、棒、型、线材之比大约为 60∶40。而中国恰好相反，因铝合金建筑门窗型材数量多，而包装用的薄板和箔材相对较少，所以，铝管、棒、型、线材产销量（不包括电缆类铝材）约占整个铝材产量和消费量的 60% 。

目前，世界各国已研制、开发和生产了各种合金、品种、规格、不同功能、性能和用途的铝合金管、棒、型、线材数万种。绝大多数的管、棒、型、线材（90% 以上）是用挤压或挤压、轧制、拉拔、旋压法生产的。

1.2.1.1 铝合金型材的品种与规格

A 铝合金型材的分类

据不完全统计，目前全世界铝合金型材的用量约在13000kt/a以上，规格品种达50000种以上。对铝合金型材进行科学分类，有利于科学合理地选择生产工艺和设备，正确地设计与制造工模具以及迅速地处理挤压车间的专业技术问题和生产管理问题。

a 按用途或使用特性分

按用途或使用特性，铝合金型材可分为通用型材和专用型材。专用型材按用途可分为：

(1) 航天航空用型材：如整体带筋壁板、工字大梁、机翼大梁、梳状型材、空心大梁型材等，主要用作飞机、宇宙飞船等航天航空器的受力结构部件以及直升机异型空心旋翼大梁和飞机跑道板等。

(2) 车辆用型材：主要用作高速列车、地铁列车、轻轨列车、双层客车、豪华大巴以及货车、专用车等车辆的整体外形结构件的重要受力部件以及装饰部件。

(3) 舰船、兵器用型材：主要用作船舶、舰艇、航空母舰、汽艇、快艇、水翼艇的上层结构和甲板、隔板、地板以及坦克、装甲车、运兵车等的整体外壳、重要受力部件，火箭和中远程导弹的外壳，鱼雷、水雷的壳体等。

(4) 电子电气、家用电器、邮电通讯以及空调散热器用型材：主要用作外壳、散热部件等。

(5) 石油、煤炭、电力等能源工业以及机械制造工业用型材：主要用作管道、支架、矿车架、输电网、汇流排以及电机外壳和各种机器的受力部件等。

(6) 交通运输、集装箱、冷藏箱以及公路桥梁用型材：主要用作装箱板、跳板、集装箱框架、冷冻型材以及桥面板等。

(7) 民用建筑及农业机械用型材：如民用建筑门窗型材、装饰件、围栏以及大型建筑结构件、玻璃和铝合金幕墙型材和农用喷灌器械部件等。

(8) 其他用途型材：如文体器材、跳水板、家具结构型材等。

b 按形状与尺寸变化特征分

按形状与尺寸变化特征，型材可分为恒断面型材和变断面型材。

恒断面型材可分为通用实心型材、空心型材、壁板型材和建筑门窗型材等，如图 1-7 所示；变断面型材可分为阶段变断面和渐变断面型材，如图 1-8 所示。

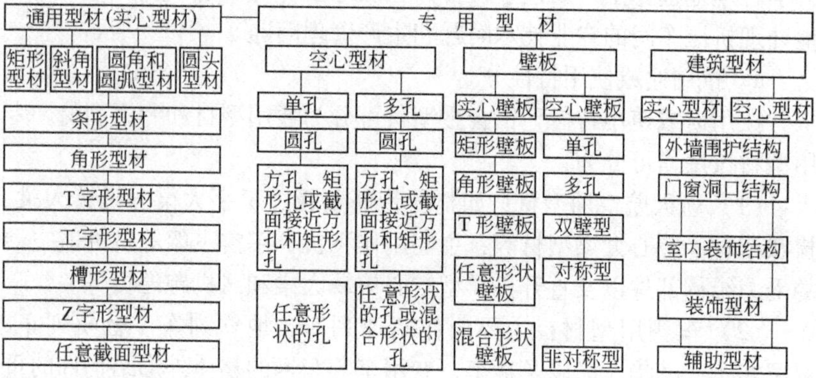

图 1-7　铝合金恒断面型材分类图

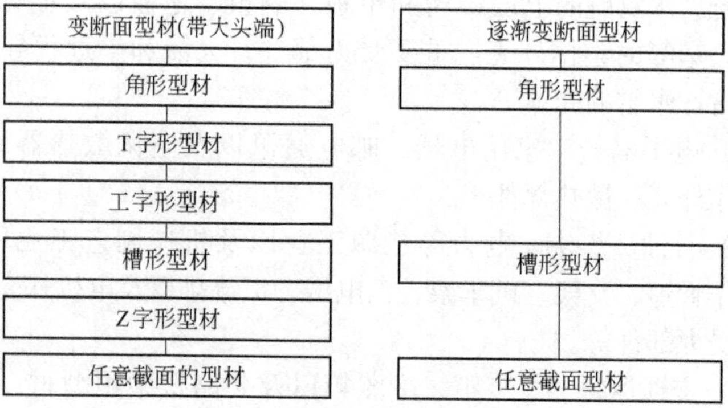

图 1-8　变断面型材分类图

B　铝合金型材的断面设计

a　铝合金型材断面的设计原则

用挤压的方法生产铝型材是一种节约金属、生产效率较高的方法，但是，它受到许多因素的影响，在型材断面设计时要考虑到挤压的可能性。以下讨论型材断面设计的几个主要因素。

（1）断面大小。型材断面大小用外形来衡量，外接圆越大，所需要的挤压力就越大。一般来说，每台挤压机上能挤压出的最大外接圆的型材不是固定不变的，它与挤压筒直径有关。如20MN挤压机上的挤压筒直径一般为170～200mm，最大的可为220mm，挤压型材的最大外接圆一般比挤压筒直径小25～50mm，挤压空心型材时则应更小一些。但用宽展挤压时，型材的最大外接圆可比挤压筒大15%～36%。

（2）断面形状的复杂性。根据型材的断面形状可分成三大类，即实心型材、半空心型材及空心型材，如图1-9所示。

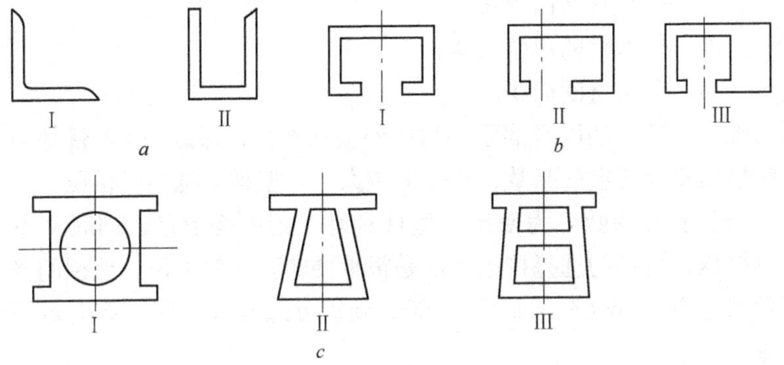

图1-9 型材按断面分类图
a—实心型材；*b*—半空心型材；*c*—空心型材

1）实心型材，即是一般的角型、槽形等型材。

2）半空心型材，根据断面形状又可分为三级：半空心型材Ⅰ级，空间部分和将空间部分围起来的型材壁厚，从开口处中心线看是左右对称的；半空心型材Ⅱ级，从开口部分中心线看左右是不对称的；半空心型材Ⅲ级，从开口部分看是左右对称的与不对称的两个半空心型材。

3）空心型材根据断面形状也可分为三级：空心型材Ⅰ级，空心部分是圆的，直径较小，断面形状是对称的，或内径较小，外形是不对称的；空心型材Ⅱ级，除Ⅰ级以外的，外接圆不大于ϕ130mm，只有一个空心部分，而且空心部分是非圆形；空心型材Ⅲ级，除Ⅰ、Ⅱ级以外所有的空心型材，壁厚是均匀的，其空心断面是完整或多孔的，即圆形、正方形、长方形、六角形、椭圆形、梯形等。

但上述3个级别没有包括某些专门用途的空心型材。

除了断面复杂性之外，还要考虑其形状因素。形状因素就是型材断面周长与单位质量之比（或周长与断面积之比），即：

$$F_0 = \frac{S}{A} = \frac{S}{W} \tag{1-1}$$

式中 F_0——形状因素；

S——型材断面周长；

W——型材的单位质量；

A——型材断面积。

综上所述，如以C表示型材的外接圆直径，那么SC/A就是一个反映挤压难易程度的指数，指数值越大，则型材就越难以挤压。

（3）挤压系数。为使挤压型材具有一定的变形量，同时又不至于难挤压，合理的选择挤压系数是很重要的。一般来说，纯铝的挤压系数可达300，6063合金可达200，硬铝可选为20～60。有时可用变形率来表示。

$$\varepsilon = \frac{A_1 - A_2}{A_1} = \frac{\lambda - 1}{\lambda} \times 100\% \tag{1-2}$$

式中 ε——变形率；

A_1——铸锭断面积（挤压筒断面积）；

A_2——挤压制品断面积。

通常认为 ε 在95%以上是经济合理的。

（4）型材壁厚。某一特定型材壁厚最小值取决于型材的外接圆直径的大小、合金成分和形状因素等。

壁厚与合金的挤压难易程度有关系。如6063合金壁厚取为1mm时，则6061合金就应取为1.5mm左右，而7075合金则应取为2.0～2.5mm。

壁厚选择除与合金有关外，还与外接圆直径、断面形状等有关。

型材的外接圆尺寸或宽度尺寸越大，设计的厚度也应越大，一般情况下型材的宽厚比（B/t）以小于 30 为宜；当 $B/t>50$ 时就比较难以挤压了，当 $B/t>100$ 时，属特别难以挤压成形的型材，需要采用一些特殊的技术措施，才能保证产品质量和使挤压过程得以顺利进行。断面形状对挤压难易程度的影响可参见图 1-10。越难挤压的断面，要求有较大的壁厚，较小的宽厚比和较小挤压系数。

型材类型	型材形状类型	示　例
1	简单断面棒材	
2	异形断面棒材	
3	标准型材	
4	简单实心型材	
5	半空心型材	
6	薄壁型材	
7	舌比大的型材	
8	管材	
9	简单空心型材	
10	多孔空心型材	
11	外翅片空心型材	
12	内翅片空心型材	
13	大腔空心型材	

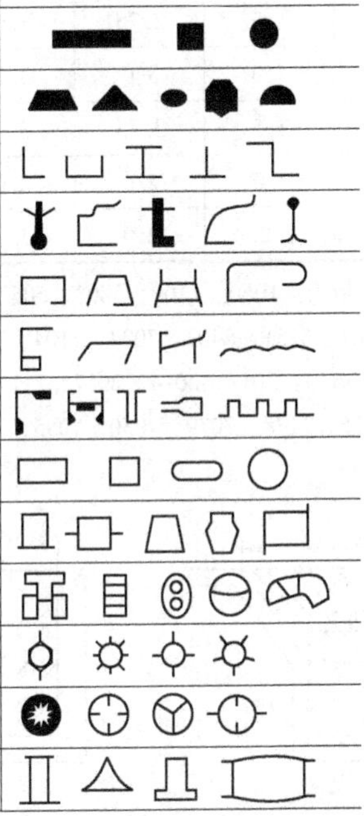

图 1-10　铝合金型材按形状挤压难易程度排列表

（5）包围空间面积的设计。在型材的断面形状方面，凡有三面被包围，一面开口的部分，称之为空间面积。这个空间从模子方面来看是悬臂梁。当悬臂梁细而深时，模子破损率就大，甚至很难挤压出来，即使能挤压出来，也很难挤压出合格型材。表 1-1 所示为美国的型材断面形状挤压难易程度的分级。由图 1-11 所示，按 F/C^2 或 $E+F/C^2$ 公式计算，哪个数值大取哪个，然后与表 1-1 中的数值对照，比表 1-1 上数值大的为半空心型材，小的则为实心型材。

表 1-1　美国断面形状与挤压难易程度的分级

开口部分深度 /mm	1 级		2 级		3 级	
	合金 A	合金 B	合金 A	合金 B	合金 A	合金 B
0.76 ~ 1.27	1	1	1	0.75	1	0.5
1.27 ~ 1.6	2.0	1.5	1.5	1.0	1.125	0.75
1.6 ~ 3.18	2.5	2.0	2.0	1.5	1.5	1.125
3.18 ~ 6.35	3.0	2.5	2.5	2.0	1.875	1.5
12.7 ~ 25.4	3.5	2.75	3.0	2.5	2.25	1.875
25.4 ~ 38.1	4.0	3.0	3.5	2.5	3.0	2.25
38.1 ~ 63.3	3.5	2.75	3.0	2.0	2.25	1.5
38.1 ~ 63.5	3.0	2.0	2.0	1.5	1.5	1.125
63.5 以上	2.25	2.0	2.0	1.5	1.5	1.125

注：合金 A 所指为：1060、1100、3003、5052、5154、5254、6061、6062、6082、6005、6063、6101、6251、6403、7004、7104、7005、7003 等。

合金 B 所指为：2011、2014、2017、2117、2024、5083、5086、5454、5456、6066、7001、7075、7178、7079、7050、7055、7086、8091 等。

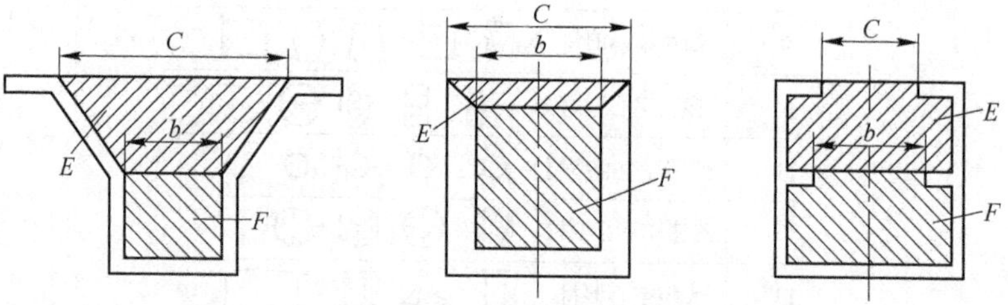

图 1-11　半空心型材断面图

(6) 直角间的圆角半径。凸出的直角上的过渡半径是很重要的，过小模子上会发生应力集中，而凹形的直角则在模孔入口处易于磨损，因此，应尽量避免尖角。像 6063 一类挤压性能良好的合金，其最小圆角半径可取 $R=0.4$mm，其他合金应取 0.6mm 以上。

(7) 型材的断面尺寸公差。断面尺寸公差应根据产品的加工余量、使用条件、型材挤压的难易程度、合金牌号和形状的部位来确定。一般可在有关的技术标准中或在用户提供的图纸中规定。对某些挤压难度大的型材,可改变形状,或增大工艺余量、尺寸公差来减少挤压的难度,挤压出近似要求的挤压制品,然后整形或加工到使用形状与尺寸。

(8) 其他的设计要素。铝合金型材的种类很多,在设计时除了要考虑共同的设计要素外,还要考虑各自的特殊设计要素。例如,对长度有要求的型材,必须考虑形位公差。阶段变断面型材要求大头部分与型材部分的断面比例控制在一定范围内,目前这个比例已达到10左右。此比例越大,挤压难度就越大。又如对整体带筋壁板型材的宽厚比、立筋的对称性及空心型材对合金成分的选择等都有严格的要求,在设计型材时必须仔细计算和评估。

b 互连型材设计

人们越来越普遍地将一种互连的特点包括到挤压型材的设计中,以便于使一个型材组装到一个相似的型材或其他产品中。这种特点可以是一个简单的步骤,以提供一种光滑的搭接,或一种舌槽连接用于嵌套连接(图1-12)。这些连接可用任何常用的连接方法做成。当连接处要进行电弧焊时,特别令人感兴趣的是搭接或嵌套连接的互连方式,可设计成给焊接提供边缘和(或)整体衬垫(图1-12*c*)。

连锁连接可设计成含有一种自由移动铰接(图1-13*a*),铰接时型材的一部分沿长度方向滑入另一挤压件的配合部分中。带铰接的板带式挤压件在输送带和卷帘式门上获得了应用。

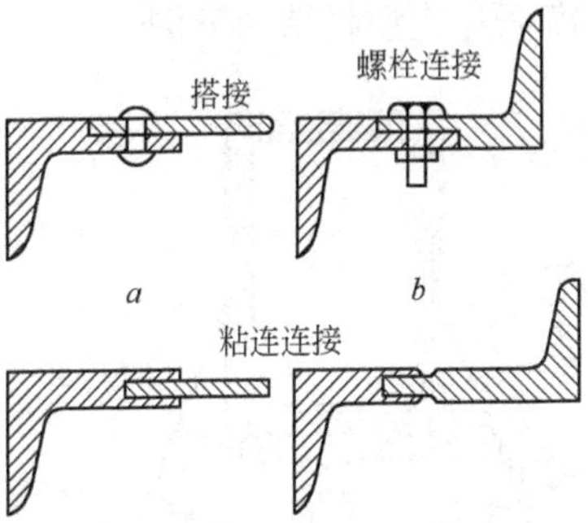

图1-12 装配在一起或与其他产品装配
a—铆接;*b*—螺栓连接;*c*—粘连连接专用角形型材与薄板;*d*—连接完成待焊接

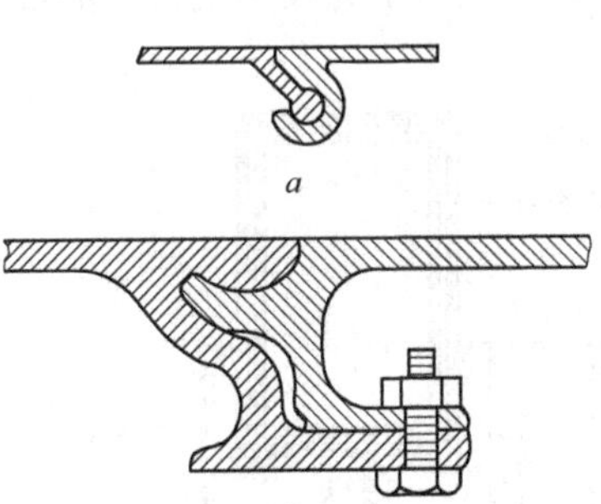

图1-13 非永久互连型材(两例)
a—自由移动铰接;*b*—螺栓闭锁

互连挤压件所用的一种普通的连锁特点是嵌套连接，这种连接需要将一挤压件的一个部分旋进另一挤压件的相对配合部分中（图1-13*b*）。这种连接可通过重力或机械装置连在一起。如果需要一种非永久性连接，就可以用螺栓或其他固定件，如图 1-13*b* 所示的那样。

如需要一种永久性连接，则可将一种按扣连接或钳接用到互连挤压件上（图 1-14）。

钳接也能用来作为互连的挤压件与薄板之间的永久性连接（图 1-14）。挤压件也能配备纵向啮合或锯齿连接，从而永久夹紧光滑的表面，并可配备有配合的啮合件或锯齿（图 1-14*c*）。

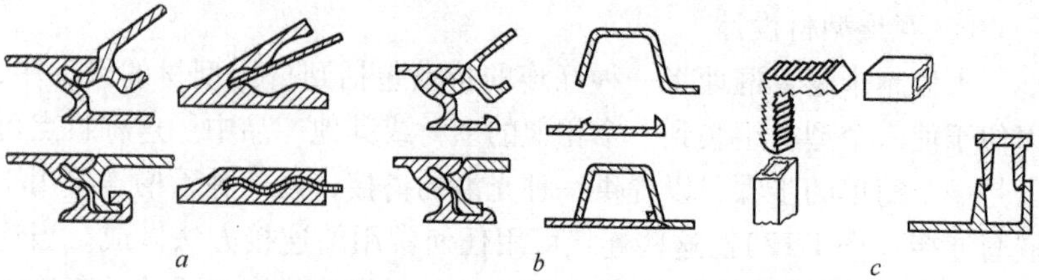

图 1-14　连锁或与其他产品连锁的互连挤压件示意图
a—钳接；*b*—按扣连接；*c*—啮合或锯齿连接

互连挤压件的应用包括门、窗、幕墙、天花板和地板的板条、底模板，车辆外壳型材，公路标志，窗框和大型气缸等。图 1-15 和图 1-16 分别所示为民用建筑玻璃幕墙和窗框互连型材结构举例。

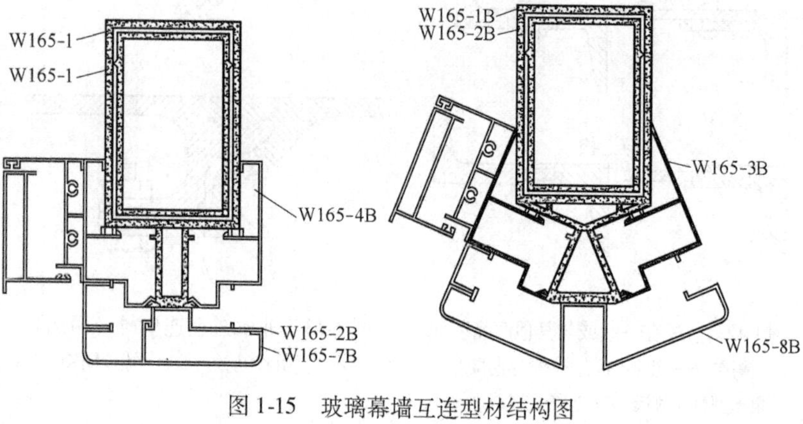

图 1-15　玻璃幕墙互连型材结构图

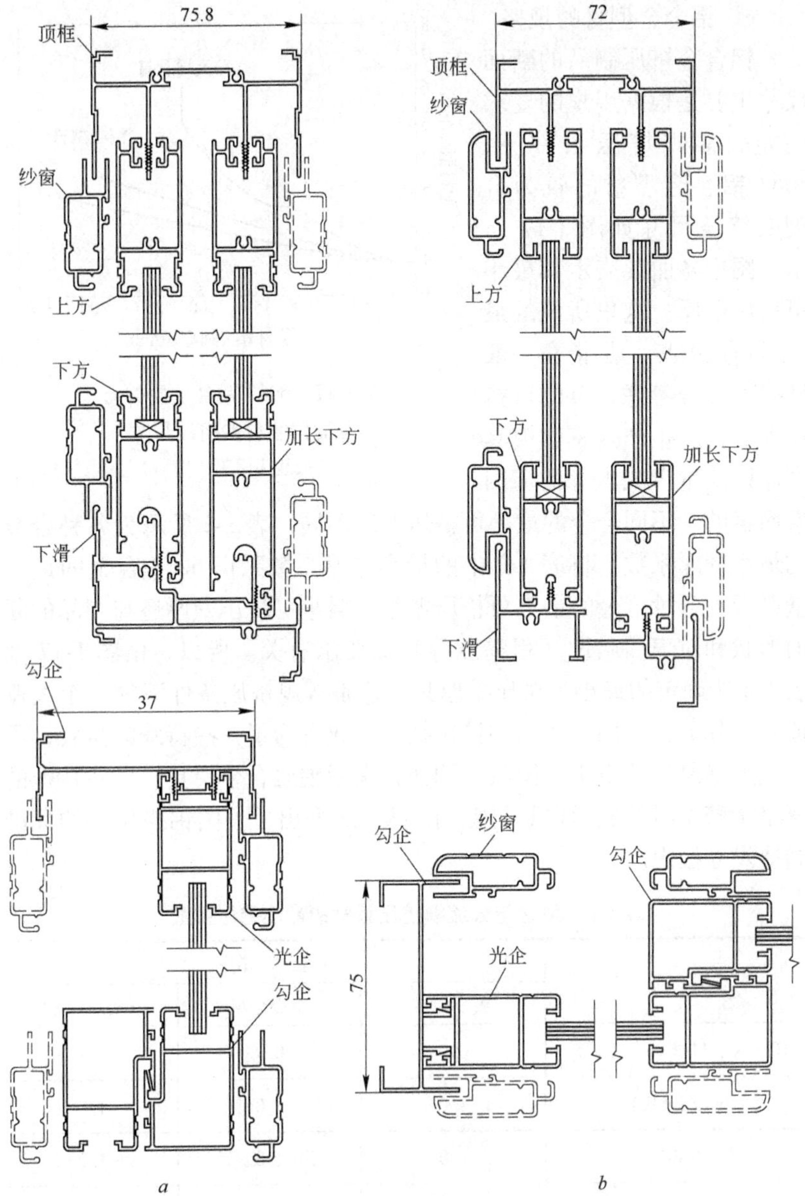

图 1-16　铝合金窗框互连型材结构示意图（两例）

a—80 系列推拉窗节点示意图；*b*—75 系列推拉窗节点示意图

c　铝合金型材的规格

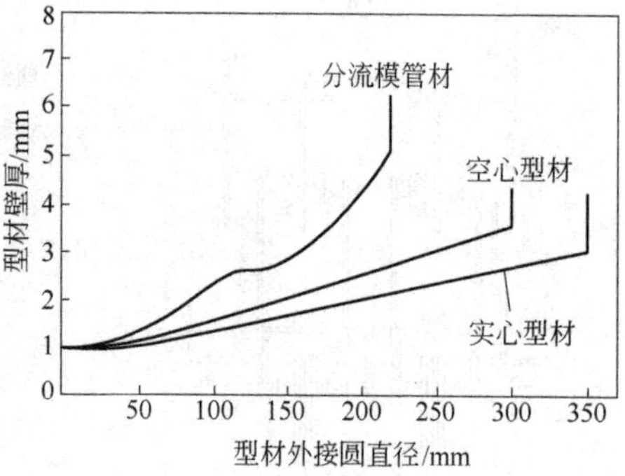

图 1-17　6063 铝合金型材与分流模管材的挤压尺寸（各曲线表示最小壁厚）

铝合金挤压制品的断面尺寸主要是根据用户的要求而定。常规挤压条件下，6063 铝合金型材的较为合理的挤压尺寸如图 1-17 所示，图中各曲线表示其最小可挤压壁厚。这里所说的最小可挤压壁厚，是指在一般情况下综合考虑合金的可挤压性、挤压生产效率、模具寿命以及生产成本等诸多因素而言的。不同合金的最小可挤压壁厚不同，表 1-2 所示为各种合金的最小壁厚系数。将表 1-2 中的最小壁厚系数乘以 6063 合金的最小壁厚即为各种合金的最小可挤压壁厚。最小可挤压壁厚还与制品的断面形状和对表面质量（粗糙度等）的要求有关。所以，由图 1-17 及表 1-2 所确定的最小可挤压壁厚只不过是常规挤压条件下的一个大概值。实际上，采用一些新的挤压技术，或者为了一些特殊的需要，可以成形壁厚尺寸更小的制品。例如，采用硬质合金模具，一些特殊的薄壁精密型材的成形也是可能的。表 1-3 列出了美国铝挤压件的标准制造尺寸极限。

表 1-2　型材与分流模挤压管材的最小壁厚系数

合　金	系　数		
	实心型材	空心型材	分流模管材
10××、11××、12××	0.9	0.9	0.9
6063、6101	1.0	1.0	1.0
6N01	1.0	1.0	1.2
3003、3203	1.2	1.2	0.9
6061	1.4	1.4	1.4

续表 1-2

合　金	系　数		
	实心型材	空心型材	分流模管材
5052、5454	1.6	空心型材或分流模管材成形困难	
5086、7N01	1.8		
2014、2017、2024	2.0		
5083、7075	2.0		

注：由图 1-17 求得 6063 合金的最小壁厚乘以表中系数，即得各合金型材或分流模管材的最小壁厚。

表 1-3　美国铝挤压件的标准制造尺寸极限值

外接圆直径 /mm	不同合金的最小壁厚/mm				
	1060 1100 3003	6063	6061	2014 5086 5454	2024 2219 7050 5083 7001 7055 7075 7079 7178
实心与半空心型材，棒材（包括圆棒）					
12.5 ~ 50	1.00	1.00	1.00	1.00	1.00
50 ~ 76	1.15	1.15	1.15	1.25	1.25
76 ~ 100	1.25	1.25	1.25	1.25	1.60
100 ~ 125	1.60	1.60	1.60	1.60	2.00
125 ~ 150	1.60	1.60	1.60	2.00	2.40
150 ~ 180	2.00	2.00	2.00	2.40	2.77
180 ~ 200	2.40	2.40	2.40	2.77	3.17
200 ~ 250	2.77	2.77	2.77	3.17	3.96
250 ~ 280	3.17	3.17	3.17	3.17	3.96
280 ~ 300	3.96	3.96	3.96	3.96	3.96
300 ~ 430	4.78	4.78	4.78	4.78	4.78
430 ~ 500	4.78	4.78	4.78	4.78	6.35
500 ~ 610	4.78	4.78	4.78	6.35	12.74

续表 1-3

外接圆直径 /mm	不同合金的最小壁厚/mm				
	1060 1100 3003	6063	6061	2014 5086 5454	2024 2219 7050 5083 7001 7055 7075 7079 7178
第Ⅰ级空心型材①					
32 ~ 76	1.60	1.25	1.60	…	…
76 ~ 100	2.40	1.25	1.60	…	…
100 ~ 125	2.77	1.60	1.60	3.96	6.35
125 ~ 150	3.17	1.60	2.00	4.78	7.14
150 ~ 180	3.96	2.00	2.40	5.56	7.92
180 ~ 200	4.78	2.40	3.17	6.35	9.52
200 ~ 230	5.56	3.17	3.17	7.14	11.12
230 ~ 250	6.35	3.96	4.78	7.92	12.74
250 ~ 325	7.92	4.78	5.50	9.52	12.74
325 ~ 355	9.52	5.56	6.35	11.12	12.74
355 ~ 405	11.12	6.35	9.52	11.12	12.74
405 ~ 515	12.74	9.52	11.12	12.74	18.75
第Ⅱ与第Ⅲ级空心型材②					
12.5 ~ 25	1.60	1.25	1.62	…	…
25 ~ 50	1.60	1.40	1.60	…	…
50 ~ 76	2.00	1.60	2.00	…	…
76 ~ 100	2.40	2.00	2.40	…	…
100 ~ 125	2.77	2.40	2.77	…	…
125 ~ 150	3.17	2.77	3.17	…	…
150 ~ 180	3.96	3.17	3.90	…	…
180 ~ 200	4.78	3.90	4.78	…	…
200 ~ 250	6.35	4.78	6.35	…	…

①最小内径是外接圆直径的一半，但对其中前三栏的合金而言，不小于25.0mm；或对最后两栏的合金而言，不小于50mm。

②所有合金的最小孔的尺寸：面积为71mm^2，或直径为9.52mm。

型材的最大可成形断面外形尺寸主要取决于挤压设备的能力。一般情况下，硬铝合金实心型材的外接圆直径的上限为300mm，其余合金与6063合金大致相同。采用超大型设备，可以生产外接圆直径为350～2500mm的大断面型材。我国铝型材合金状态和规格见GB/T 14846，GB 5237—1等技术标准。

1.2.1.2　铝合金管材的品种与规格

A　铝合金管材的品种和用途

铝及铝合金管材可用热挤压、冷挤压、冷轧制、冷拉拔（包括盘管拉伸）、冷弯、焊接（冷弯成形+高频焊接）、旋压、连续挤压等方法生产。目前铝合金管材品种已达千个以上。

按管材的壁厚铝合金管材可分为薄壁管和厚壁管。厚壁管主要用热挤压法生产，壁厚一般为5～35mm，大型挤压机生产的最大壁厚可达65mm以上。薄壁管可用热挤压、冷挤压、冷轧制、冷拉伸及其他冷变形法制造，壁厚一般为0.5～5mm。随着冷轧管机的不断改进，旋压法和焊管法的出现，铝合金的最小壁厚可为0.1mm。

按规格铝合金管材可分为大径厚壁管、大径薄壁管和小径薄壁管等。目前在343MN的大型立式挤压机上（反挤压）生产挤压管的最大直径可达1500mm：在196MN卧式挤压机上可达1000mm。挤压管的最小直径可达6mm。冷轧薄壁管最大直径可达120mm以上，最小直径在15mm以下。冷拉薄壁管的直径为3～500mm，用旋压法则可轧出直径1000mm以上的薄壁管。按断面形状铝合金管材可分为圆形管、椭圆形管、滴形管、扁圆管、方形管、矩形管、六角形管、八角形管、五角形管、梯形管、带筋管及其他异形管（图1-18）。沿长度方向上的断面变化情况铝合金管材可分为恒断面管和变断面管材（图1-19）。

按生产方法铝合金管材可分为热挤压管（无缝管和用组合模挤压的有缝管）、冷挤压管、康福姆挤压管、热轧管、冷轧管、冷拉管、旋压管、冷弯管、焊接管、螺旋管、盘管拉伸管、双金属管、粘接管等。

按用途铝合金管材可分为军用和民用导管、壳体管、容器管、钻探管、套管、波导管、散热管、冷凝管、蒸发器管、喷嘴管、农业灌

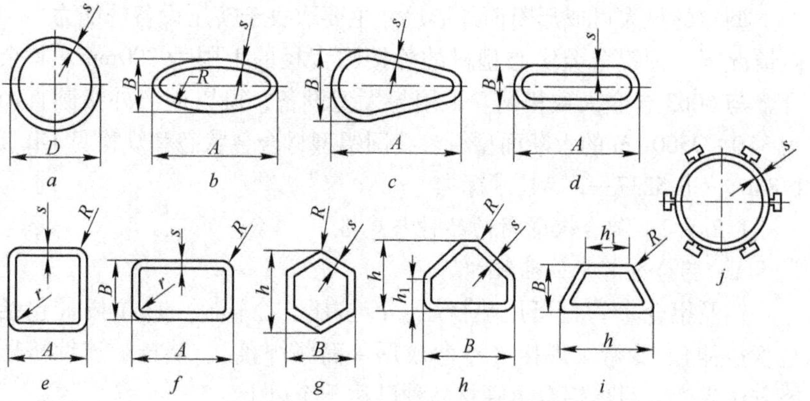

图 1-18　管材横断面形状举例

a—圆形；*b*—椭圆形；*c*—水滴形；*d*—扁椭圆形；*e*—方形；*f*—矩形；*g*—六角形；*h*—五角形；*i*—梯形；*j*—带筋管

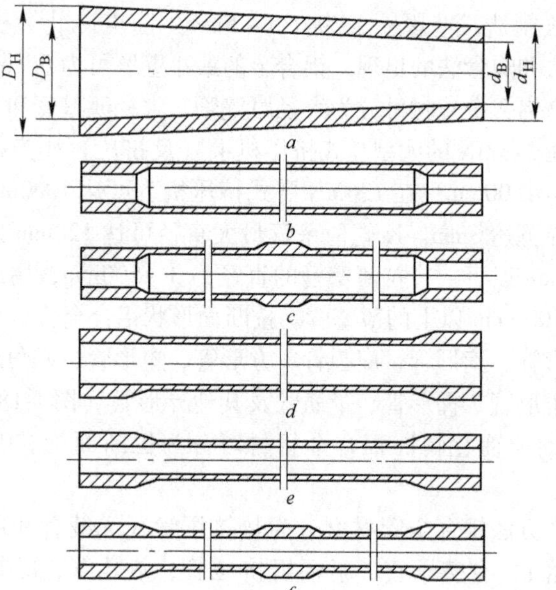

图 1-19　变断面管材举例

a—逐渐变断面；*b*—两端有内壁加厚；*c*—两端有内壁加厚和一个外壁支撑凸台；*d*—两端有外壁加厚；*e*—两端有外壁加厚和具有均匀过渡区；*f*—两端有外壁加厚和均匀过渡区而且中间有一个凸台

溉管、旗杆、电线杆、集电弓杆以及其他各种结构件管和装饰管、生活用品等管。

B 铝合金管材的规格

管材的可挤压尺寸随挤压方法的不同而异。常规的穿孔针挤压法挤压管材的最大外径小于600mm，最小内径为5~15mm，最小壁厚为2~5mm。由于穿孔针的强度与刚性上的原因，挤压管材的最小内径与壁厚受到较大的限制。其中，软铝合金管材的最小内径与最小壁厚可取上述范围的下限，硬铝合金则取其上限。此外，当管材的外径较大时，管材的最小壁厚通常以不小于管材外径的5%为宜。外径300mm以上的管材多采用反挤压法成形。

采用分流模挤压，可以成形与穿孔针挤压法相比壁厚薄而均匀、偏心小的管材。但考虑到焊缝质量问题，在同一挤压设备上所能成形的最大管材外径或用同一挤压筒所能挤压的管材外径比穿孔针挤压法挤压时要小。6063铝合金管材通常的分流模挤压尺寸如图1-17所示。采用分流模挤压各种铝合金管材时的最小壁厚系数见表1-2。

采用连续挤压技术，可生产外径10mm、壁厚0.5mm以下的管材。

目前用挤压方法生产的铝合金管材，最大直径可达到1500mm以上，而用旋压法则可轧出直径3000mm以上的薄壁管。

随着冷轧管和拉拔管技术的不断改进，铝合金管的最小壁厚可达0.1~0.2mm或更薄。

用连续自动化生产线或盘管拉伸方法，可生产长度达1000m以上的铝合金管材。

常用铝及铝合金管材的品种和规格可见GB/T 4437.1—2000、GB/T 221—1984、GB/T 6893—2000等技术标准。

1.2.1.3 铝合金棒材和线材的品种与规格

棒材是实心产品，相对其横截面而言，它们是很长的。它们彼此之间的差别仅在于不同的横截面形状、厚度或直径。在美国，当横截面是圆的或接近圆的而且直径超过10mm时，就称为圆棒。当横截面是正方形、矩形或正多边形时，以及当两个平行面之间的垂直距离（厚度）至少有一个超过10mm时，可称为非圆形棒。线材是指这样一种产品：不管它具有什么形状的横截面，它的直径或两个平行面之间的最大垂直距离均应小于10mm。棒材（包括圆棒和非圆棒）可由热轧或热挤压力法生产，并且经过或不经过随后的冷加工制成最终尺寸。线材通常经过一个或多个模子拔制生产。只有某些合金生产包铝的圆棒或线材，以增加抗腐蚀性，很多铝合金直接加工成棒材及线材。在这些合金中，2011与6262合金是供制作螺钉的产品，而2117与6053合金则用于制铆接件与零配件。2024-T4合金是螺栓与螺丝的标准材料。1350，6101与6201合金广泛用作电线。5056合金用作拉链，而5056包铝合金可制作防虫纱窗丝。5083、4043、5056、6061、7005等合金可制成焊丝。

表1-4所示为常用铝及铝合金棒材（包括线材坯料）的技术标准和合金状态。表1-5为常用铝及铝合金棒材品种和规格范围。

表1-4　常用铝及铝合金棒材（包括线材坯料的技术标准和合金状态）

合　金	状态	技术标准
1070　1060　1050A　1035　1100　1200　5A02　5A03　5A05　5A06　5083　5056　3A21	F、O	GB/T 3191—1998
6A02　2A50　2A07　2A08　2A09　2A14　2A02　2A16　4032	F	
2A11　2A12　2A13	F、T4	
7A04　7A09	F、T6	
7A04　7A09　2A11　2A12　2A50　2A14　6A02　2A05　2A14	F	GB/T 3191—1998
2A11　2A12	T4	
7A04　7A09　6A02　2A50　2A14	T6	

表1-5　常用铝及铝合金棒材品种和规格范围

品　种	外径或壁厚/mm	合　金	状　态	交货长度/m
圆　棒	9.0～610	1070～1100　5052　5154　5056　5454　3003	F、O	0.5～6
方　棒	10～300	6351　2618　2014	O、F、T4、T6	0.5～6
六角棒	5～300	2024　2014　6061	F、T6	0.5～6
		7075		

1.2.2 铝合金管、棒、型、线材的生产方式与工艺流程

1.2.2.1 铝合金型、棒、线材的生产方式与工艺流程

A 生产方式

铝及铝合金型、棒材的生产方法可分为挤压和轧制两大类。由于铝及铝合金型、棒材的品种规格繁多，断面形状复杂，尺寸和表面要求严格，因此，它和钢铁材料不同，在国内外的生产中，绝大多数采用挤压方法。仅在生产批量较大，尺寸和表面要求较低的中、小规格的棒材和断面形状简单的型材时，才采用轧制方法。铝及铝合金线材主要用挤压法生产的线坯进行多模（配模）拉伸（拉丝），也有部分用轧制线坯进行多模拉伸的。各种挤压方法在生产铝及铝合金管、棒、型、线材中的应用如表 1-6 所示。

表 1-6 各种挤压方法在管棒型线材生产中的应用情况

<table>
<tr><th>挤压方法</th><th>制品种类</th><th>所需设备特点</th><th>对挤压工具要求</th></tr>
<tr><td rowspan="8">正挤压法</td><td>棒材、线毛料</td><td>普通型、棒材挤压机</td><td>普通挤压工具</td></tr>
<tr><td>普通型材</td><td>普通型、棒材挤压机</td><td>普通挤压工具</td></tr>
<tr><td rowspan="2">管材、空心型材</td><td>普通型、棒材挤压机</td><td>舌形模组合模或随动针</td></tr>
<tr><td>带有穿孔系统的管、棒材挤压机</td><td>固定针</td></tr>
<tr><td>阶段变断面型材</td><td>普通型、棒材挤压机</td><td rowspan="10">专用工具</td></tr>
<tr><td>逐渐变断面型材</td><td>普通型、棒材挤压机</td></tr>
<tr><td rowspan="2">壁板型材</td><td>普通型、棒材挤压机</td></tr>
<tr><td>带有穿孔系统的管、棒材挤压机</td></tr>
<tr><td rowspan="3">反挤压法</td><td>管　材</td><td>带有长行程挤压筒的型、棒材挤压机</td></tr>
<tr><td rowspan="2">棒　材
普通型材
壁板型材</td><td>带有长行程挤压筒，有穿孔系统的管、棒材挤压机</td></tr>
<tr><td>专用反挤压机</td></tr>
<tr><td>正反向联合挤压法</td><td>管　材</td><td>带有穿孔系统的管、棒材挤压机</td></tr>
<tr><td>Confrom 连续挤压</td><td>小型型材和管材</td><td>Confrom 挤压机</td></tr>
<tr><td>冷挤压</td><td>高精度管材</td><td>冷挤压机</td></tr>
</table>

B　工艺流程

铝合金型、棒材的生产工艺流程，依材料的品种、规格、供应状态、质量要求、工艺方法及设备条件等因素而不同，应按具体条件来合理选择与制定。常用的工艺流程举例如图 1-20 ~ 图 1-22 所示。

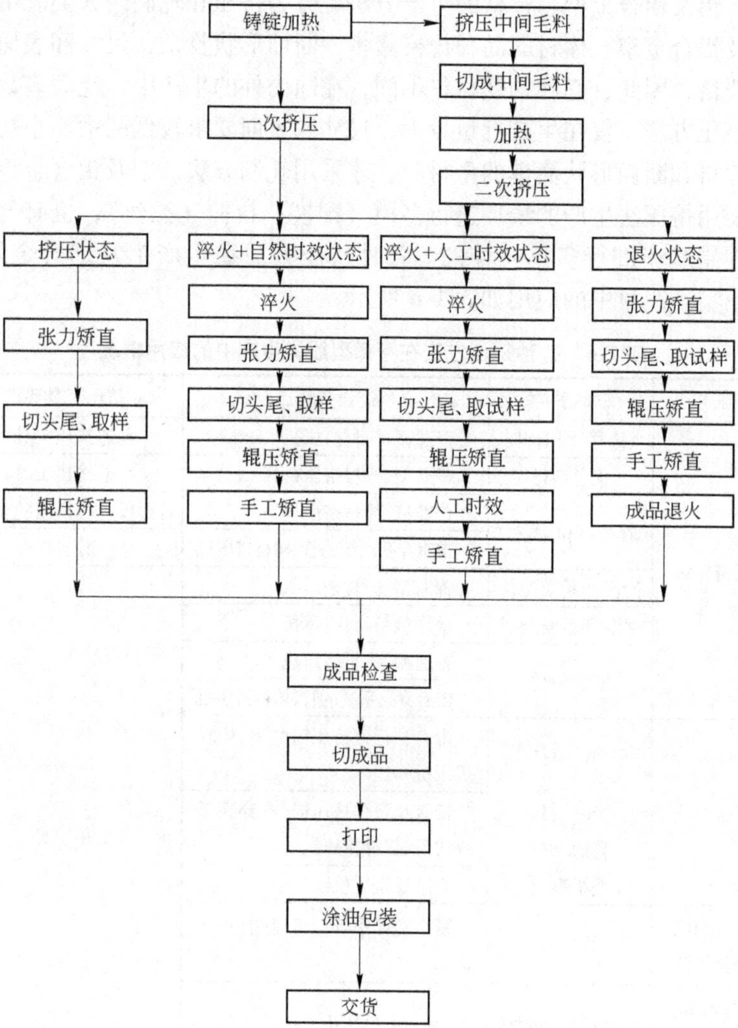

图 1-20　铝合金型材生产工艺流程

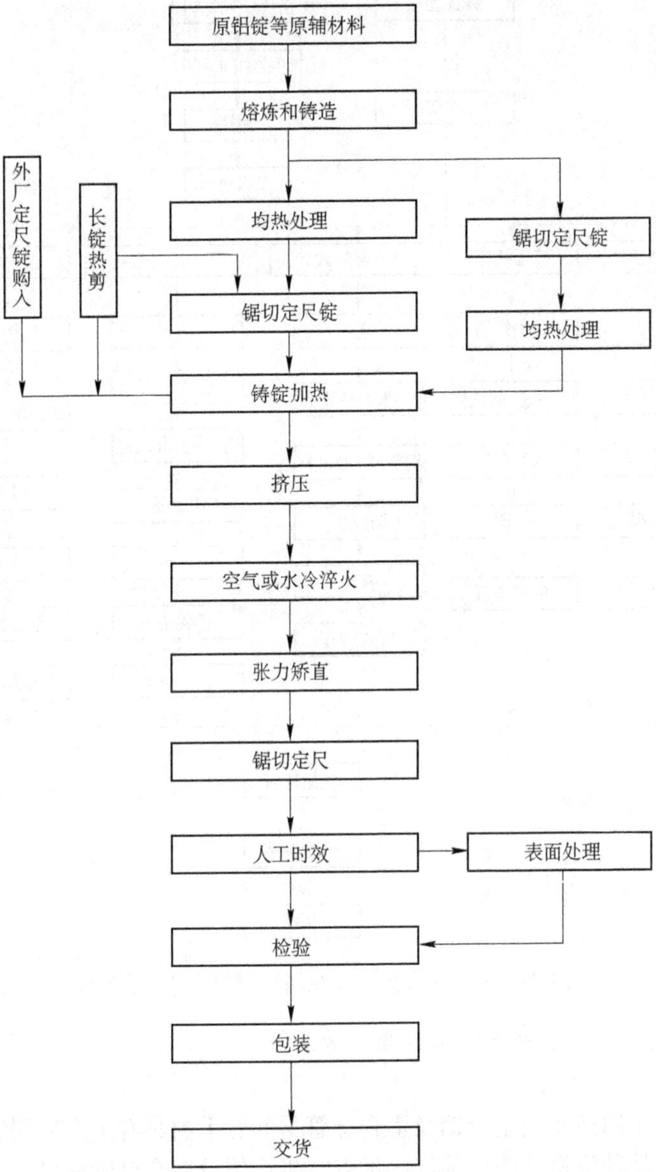

图 1-21 铝合金民用建筑型材工艺流程

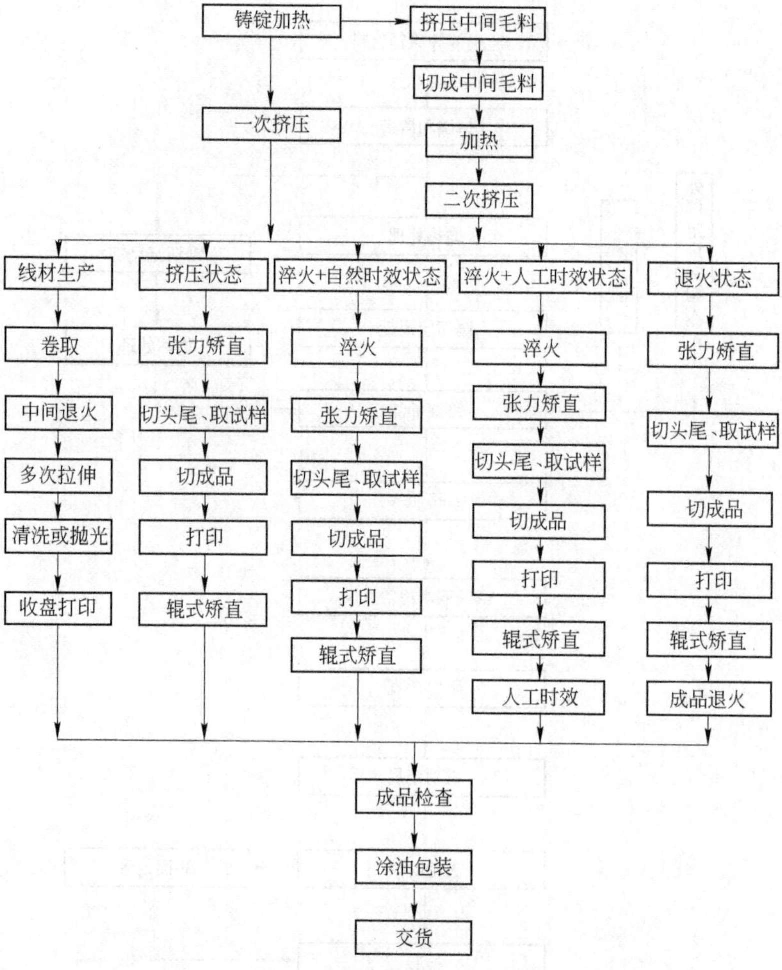

图 1-22　铝及铝合金棒（线坯）材的生产工艺流程

1.2.2.2　铝合金管材的生产方法

A　生产方法

由于用挤压法生产铝及铝合金管材和管毛料具有生产周期短、效率高、品种规格范围广等许多优点，生产铝及铝合金管材最广泛采用的方法还是挤压法，并配合其他冷加工方法可以生产多种品种、规格管材，如表 1-7 所示。

表 1-7 铝及铝合金挤压管材的主要生产方法

主要加工方法	适用范围	主要优缺点
热挤压法（包括穿孔挤压）	厚壁管、复杂断面管、异形管、变断面管、钻探管	(1)生产周期短，效率高，成品率高，所需设备少，成本较低； (2)品种规格范围广，可生产复杂断面的异形管和变断面管； (3)管材的尺寸精度和内外表面较差； (4)可生产各种合金的阶段变断面和逐渐变断面管材
热挤压-拉伸法	直径较大且壁厚较厚的薄壁管	(1)与冷轧法相比，设备投资少，成品率高，成本低； (2)可生产所有规格薄壁管； (3)生产壁厚较厚的铝合金管时，生产效率比冷轧法高； (4)生产硬合金和小直径薄壁管时，效率低，生产周期长； (5)机械化程度差，劳动强度大，适用于小工厂
热挤压-冷轧-减径拉伸热挤压-冷轧-盘管拉伸	中、小直径薄壁管和长管	(1)能生产所有规格的薄壁管； (2)冷变形量大，生产周期短； (3)机械化程度高，与热挤压配合，适于大、中型工厂； (4)设备多且复杂、投资大； (5)盘管拉伸法可生产中、小直径任意长度薄壁管，生产效率高
热挤压空心锭横向旋压法旋压拉伸法	特大直径薄壁管中小型异形管变断面管如旗杆管	(1)设备简单； (2)能生产较大直径薄壁管； (3)生产效率低，产品质量不稳定，不适于大批生产普通管； (4)旋拉法适于生产软合金大、中、小异形管和逐渐变断面管，专用设备生产效率高
连续挤压法（Conform 和 Casfex 连续挤压法）	小直径薄壁长管软合金异形管	(1)设备简单，投资少； (2)工艺简单，周期短，效率高，成品率高，成本低； (3)无残料挤压，不需要加热设备，能耗低； (4)可生产无限长的小直径薄壁管； (5)自动化程度高，可实现全自动连续生产； (6)不能生产大规格异形管和硬合金管
冷挤压法	中小直径薄壁管	(1)设备少，效率高； (2)生产周期短，成品率高； (3)生产硬合金有困难；需要大冷挤压机； (4)工具寿命短，损耗大，设计与制造困难； (5)产品精度和表面品质高，但品种规格有限

B　工艺流程

铝及铝合金管材生产典型工艺流程如表 1-8 所示。

表 1-8　铝及铝合金管材生产典型工艺流程图

工序名称	热挤压厚壁管				挤压－拉伸管			挤压–冷轧–拉伸管		
	状态				状态			状态		
	F	T4	T6	O	HX3	T4	O	HX3	T4	O
坯料加热	●	●	●	●	●	●	●	●	●	●
热挤压	●	●	●	●	●	●	●	●	●	●
锯　切	●	●	●	●	●	●	●	●	●	●
车皮、镗孔	●	●	●	●	●	●	●	●	●	●
毛料加热	●	●	●	●	●	●	●	●	●	●
二次挤压	●	●	●	●	●	●	●	●	●	●
张力矫直或辊式矫					●	●	●	●	●	●
切夹头					●	●	●	●	●	●
中间检查					●	●	●	●	●	●
退　火					●	●	●	●	●	●
腐　蚀					●	●	●	●	●	●
刮皮个理								●	●	●
冷轧制								●	●	●
退　火								●	●	
打　头					●	●	●	●	●	
拉　伸					●	●	●	●	●	●
淬　火		●	●			●			●	
整　理										
精整矫直	●	●	●	●	●	●	●	●	●	●
切成品取试样	●	●	●	●	●	●	●	●	●	●
人工时效			●						●	
成品退火				●			●			●
检查、验收	●	●	●	●	●	●	●	●	●	●
涂油、包装	●	●	●	●	●	●	●	●	●	●
交　货	●	●	●	●	●	●	●	●	●	●

1.3　铝合金挤压时金属的流动特性、应力、应变状态与挤压力计算

1.3.1　挤压时金属流动特性

研究金属在挤压时的塑性流动规律是非常重要的，因为它与挤压

制品的组织、性能、表面品质、外形尺寸和形状精确度以及工模具设计原理、工模具的寿命等有十分密切的关系。金属的性能、挤压方法、工艺条件和模具结构等不同，挤压时金属的流动景象有很大的差异。可以用坐标网格法、观测塑性法、组合试样法、低倍组织法、光塑法、“摩尔条纹”法以及硬度法等来研究挤压时的金属流动景象。铝合金挤压生产一般用观测制品和未挤压完的铸锭断面的低倍组织变化和金属流线特点来评定金属景象，图 1-23 所示为挤压时金属流动坐标网格变化图。

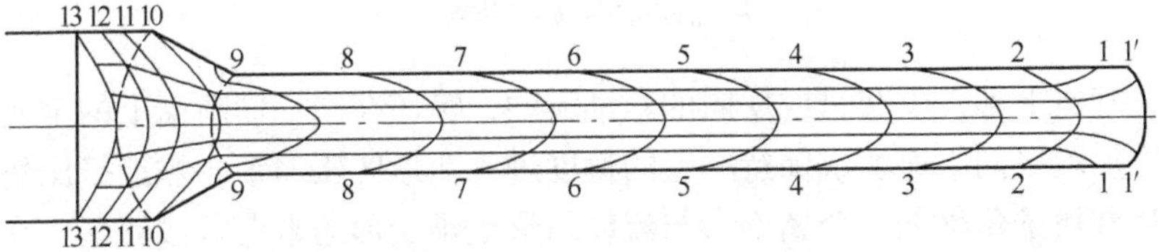

图 1-23　挤压时坐标网格变化示意图
（1 ~ 13 为铸锭中坐标网格的编号）

1.3.1.1　挤压时金属流动的基本阶段

挤压时金属的流动情况一般可分为三阶段。第一阶段为开始挤压阶段，又称为填充挤压阶段。金属受挤压轴的压力后，首先充满挤压筒和模孔，挤压力直线上升直至最大。在卧式挤压机上采用正挤压法挤压，其填充过程如图 1-24 所示。第二阶段为基本挤压阶段，也叫平流挤压阶段，如图 1-25 所示。当挤压力达到突破压力（高峰压力)，金属开始从模孔流出瞬间即进入此一阶段。一般来说，在此阶段中金属的流动相当于无数同心薄壁圆管的流动，即铸锭的内外层金

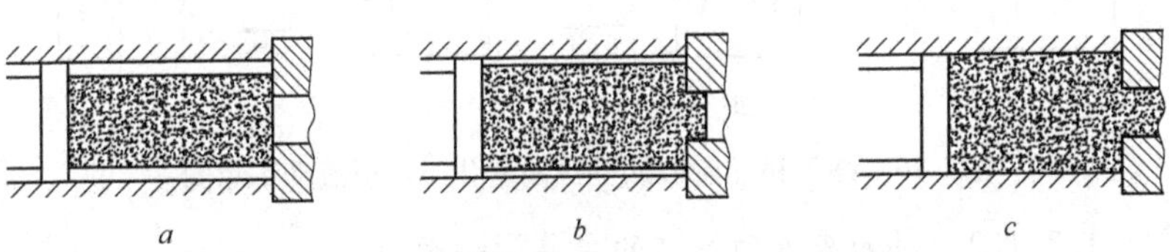

图 1-24　平面模正向挤压时铸锭的填充挤压过程示意图
a—填充开始阶段；*b*—填充中间阶段；*c*—填充终了阶段

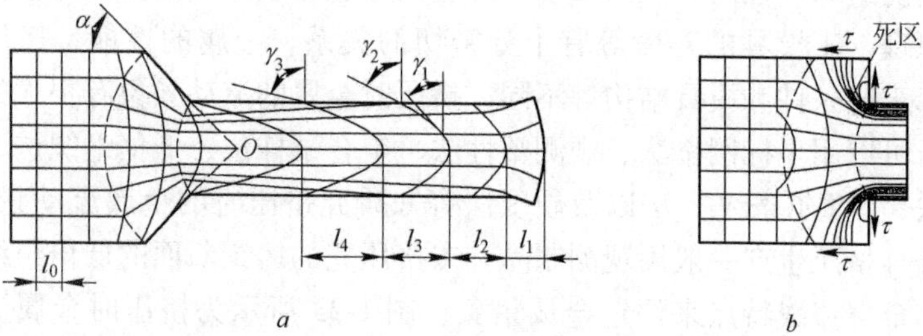

图 1-25　铝合金圆棒正挤压时金属的流动特征图（基本挤压阶段）示意图

a—锥模挤压；*b*—平模挤压

属基本上不发生交错或反向的紊乱流动，锭坯在同一横断面上的金属质点均以同一速度或保持一定的速度进入变形区压缩锥。靠近挤压垫片和模子角落处的金属不参与流动而形成难变形的阻滞区或死区，在此阶段中挤压力随着锭坯的长度减少而下降。第三阶段为终了挤压阶段，或称紊流挤压阶段。在此阶段中，随着挤压垫片（已进入变形区内）与模子间距离的缩小，迫使变形区内的金属向着挤压轴线方向由周围向中心发生剧烈的横向流动，同时，两个死区中的金属也向模孔流动，形成挤压加工中所特有的“挤压缩尾”等缺陷，如图 1-26 所示。在此阶段中挤压力有重新回升的现象。此时应结束挤压操作过程。图 1-27 所示为铝合金挤压时不同挤压阶段金属坐标网格变化图。

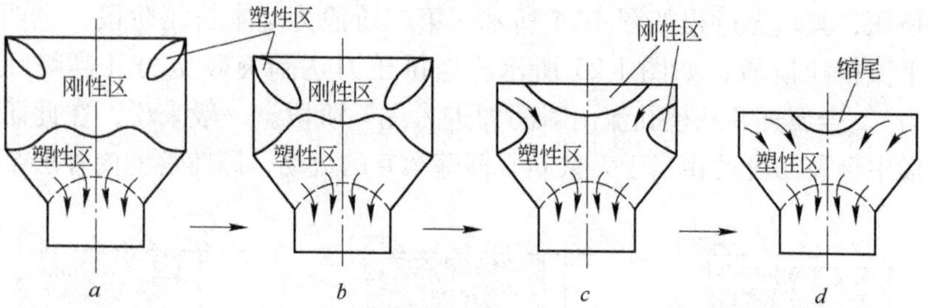

图 1-26　终了挤压阶段塑性区的变化与金属流动示意图

1.3.1.2　对金属流动特征的主要影响因素

A　接触摩擦与润滑的影响

挤压时流动的金属与工具间存在接触摩擦力，其中以挤压筒壁上

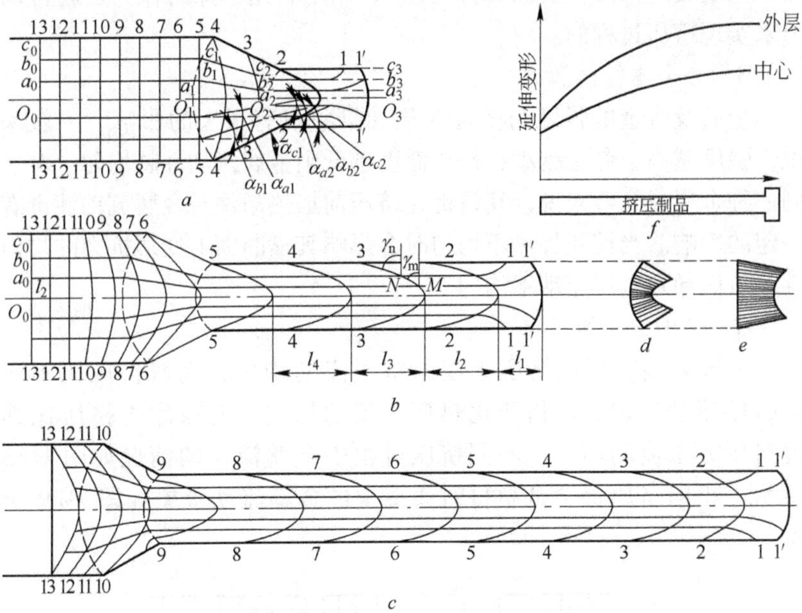

图 1-27 挤压时坐标网格变化示意图

a—开始挤压阶段；*b*—基本挤压阶段；*c*—终了阶段；*d*—塑性变形区压缩锥出口处主延伸变形图；*e*—制品断面上的主延伸变形图；*f*—主延伸变形沿制品长度方向上的分布

的摩擦力对金属流动的影响最大。当挤压筒内壁上的摩擦力很小时，变形区范围小且集中模孔附近，金属流动比较均匀，而当摩擦力很大时，变形区压缩锥和死区的高度增大，金属流动则很不均匀，以至促使锭坯外层金属过早地向中心流动形成较长的缩尾。可见，接触摩擦力对金属的流动均匀性起不良的影响。但是，在某些情况下，可以有效地利用金属与工具之间接触摩擦和冷却作用来改善金属的流动。如在挤压管材时，由于锭坯中心部分的金属受到穿孔针摩擦作用和冷却作用，而使其流速减缓，从而使金属流动变得较为均匀，减短产生缩尾的长度；在挤压断面壁厚变化急剧的复杂异形型材时，在设计模孔时利用不同的工作带长度对金属产生不同的摩擦作用来调节型材断面上各部分的流速，从而减少型材的扭拧、弯曲度，提高产品的精度；

近年来发展起来的“有效摩擦挤压”，则是利用摩擦力作为一种推动力来实现挤压过程的。

B 合金本性的影响

金属及合金的强度与塑性对流动景象也有很大的影响，一般来说，强度越高，黏性越小；挤压温度越低则金属流动性越均匀。对于同一种金属或合金来说，其铸锭在挤压前加热条件对金属流动性也有一定的影响。当锭坯加热不均匀时会影响其横断面上变形抗力的均匀性，从而导致金属流动不均匀。

C 挤压方法的影响

一般来说，反向挤压比正向挤压流动均匀，润滑挤压比不润滑挤压流动均匀，冷挤压比热挤压流动均匀，有效摩擦挤压比其他挤压方法流动均匀。不同挤压过程中金属流动的情况如图 1-28 所示。正向挤压铝合金型材时铸锭中的金属流动景象如图 1-29 所示。

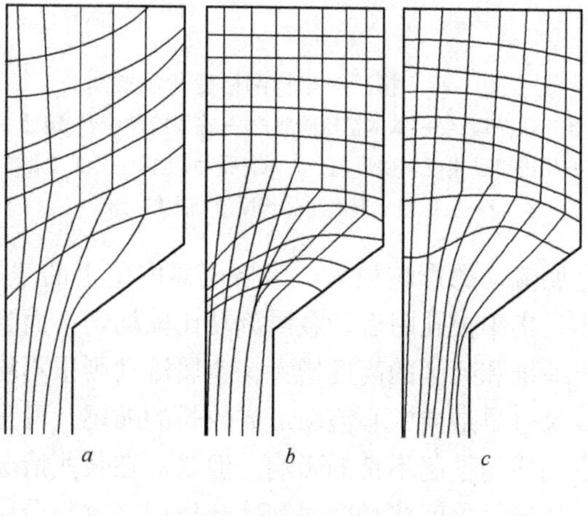

图 1-28 不同挤压过程中的网格变化示意图

a—正向挤压；*b*—反向挤压；*c*—活性摩擦挤压

在润滑挤压筒表面和穿孔针的条件下，用空心锭挤压管材和空心型材时，其金属流动类似于润滑挤压实心型材时的金属流动，即变形集中于模孔附近（图 1-30*a*）。在不润滑挤压筒表面的条件下，表面

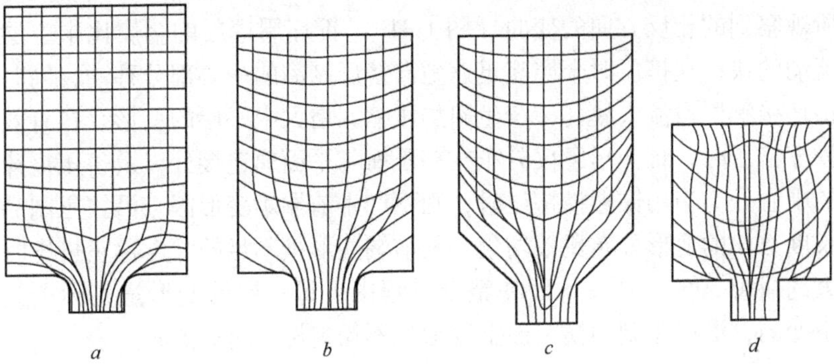

图 1-29 正向挤压铝合金型材时铸锭中金属的流变景象示意图

a—润滑挤压（平面模）；*b*、*d*—无润滑挤压（平面模）；*c*—无润滑挤压（锥形模）

层产生强烈的剪切变形，而且塑性变形扩展到锭坯的整个体积内（图 1-30*b*），这类似于不润滑挤压实心型材时的情况。用穿孔针挤压时，由于穿孔针占据了锭坯的中心部分和穿孔针表面上的摩擦力的作用，减少了金属中心层的超前运动，因而减少了变形的不均匀性，而且可避免中心缩尾的形成。

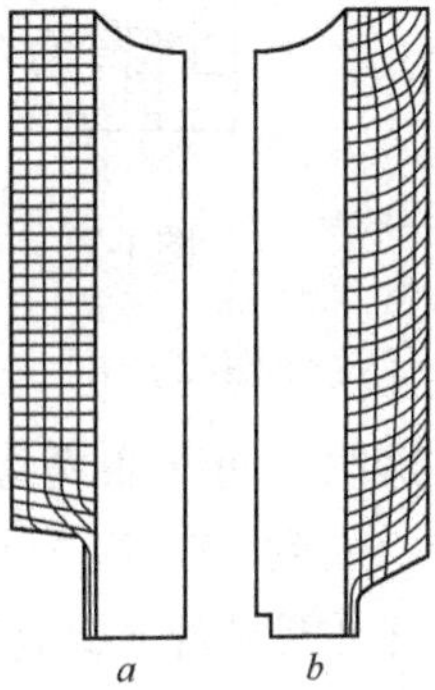

图 1-30 挤压管材时锭坯中的金属流动景象示意图

用组合模挤压空心型材时，其金属流动景象无本质上的区别。金属进入焊合室以前，其流动情况类似于用多孔模挤压圆棒时的情况。多股金属流焊合后，其金属流动相当于用穿孔针挤压管材时的情况。当挤压过程继续进行时，实际上形成了稳定的弹性区，开始稳定流动阶段，在这一阶段，锭坯表面上的各种缺陷很难进入焊合区。在挤压过程的最后阶段，当挤压垫片接近模桥时，围绕模桥的中心层金属，沿挤压垫片移动较慢，而径向上的金属流动速度较快，锭坯表面层金属可能流入焊合腔。因此为了保证产品的焊合质量，应留足够长的挤压残料。

在有效摩擦挤压时，利用金属与挤压筒间的摩擦力使金属流入模孔。当金属进入塑变区之前，坐标网格的横线就发生了与正向挤压时所观察到的相反方向的变曲（图 1-31）。锭坯周边层的金属比中心层流动的快，在挤压时金属流迅速地向挤压制品的中心部分移动，同时锭坯接触层也流入模孔，产生附加压缩，增大中心层的变形。在有效摩擦挤压时，难变形区仅分布在挤压筒与平面模连接处以及挤压垫片的中心处。当用锥形模挤压时，则不产生前端难变形区。沿挤压制品长度方向的变形分布比较均匀，其前端变形量不足的长度比正挤压时大约减短 50% ~75%，而在整个过程中，每一层的变形量实际上是不变的，沿挤压制品横断面上变形的不均匀性不超过 8%。

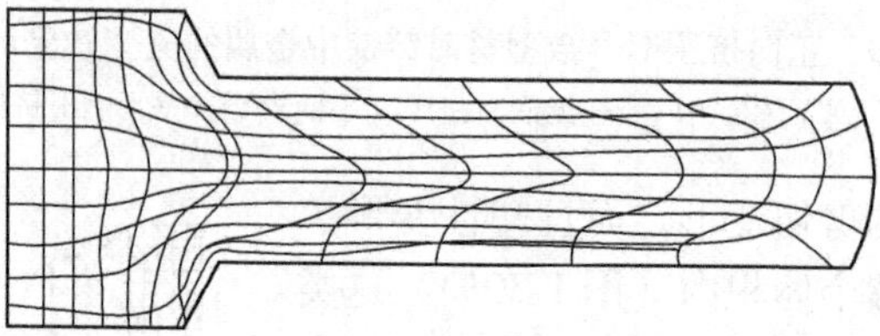

图 1-31 有效摩擦挤压棒材时的坐标网格图示

有效摩擦挤压时，其产品的组织与力学性能的分布情况与反向挤压时相似，而锭坯周边层在塑变区压缩部分产生附加拉应力比反挤压时要小，这就有可能显著地提高金属的流动速度。

反向挤压时塑变区集中在模孔附近，变形区比较稳定，金属流动比较均匀，如图 1-32 所示。

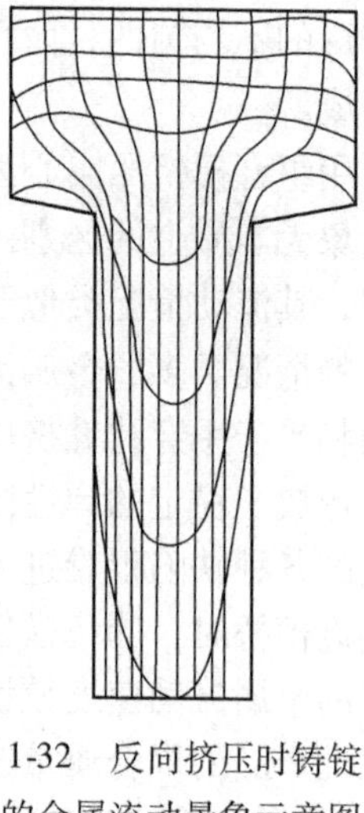

图 1-32 反向挤压时铸锭中的金属流动景象示意图

D 挤压工模具的影响

挤压工模具的结构形状、表面状态、模孔排列、加热温度对金属的流动有很大的影响，设法提高金属流动的均匀性是设计、制造挤压工模具的一个十分重要的问题。

a 工模具结构和形状的影响

挤压铝合金时，最常采用的模子主要有平面模和锥形模。模角 α 越大，则金属流动越不均匀，用平面模挤压时，出现变形不均匀性的最大值。同时，随着模角的增大，死区的高度也逐渐增加。模角对金属流动的影响示于图 1-33 中，由图可见，锥模较平模的流动均匀。但是，当 $\alpha \leqslant 60°$ 时，易于把铸锭表面的脏物、缺陷带入制品而影响产品的表面品质。为了保证产品品质，同时兼顾金属流动均匀和挤压力不过分增大，在挤压管材和中间毛料时，通常取锥形模的 α 为 60°～65°，而对于表面品质要求特别高的棒材和型材来说，一般采用平面模（$\alpha = 90°$）来进行挤压。

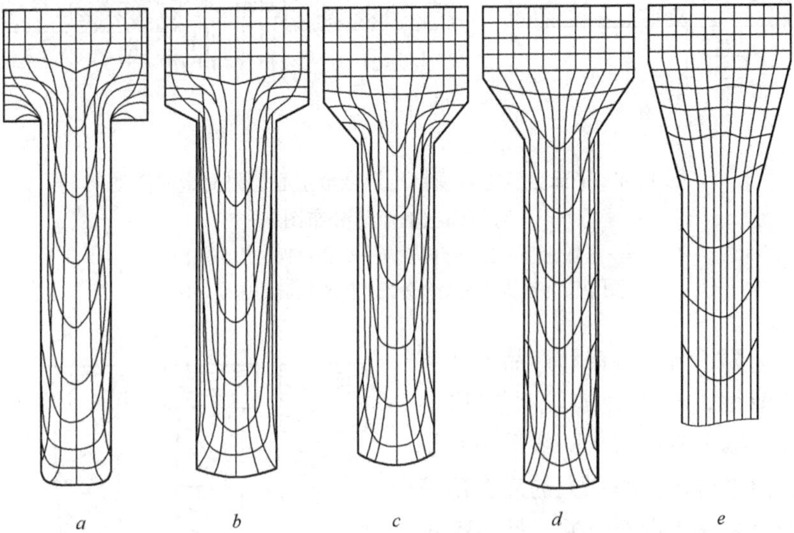

图 1-33 不同模角对金属流动的影响示意图

$\lambda < 10$ 时，a—$\alpha = 90°$；b—$\alpha = 75°$；c—$\alpha = 60°$；d—$\alpha = 45°$；e—$\alpha = 30°$

为了减少非接触变形，获得精确形状和尺寸的产品，在模子压缩锥到工作带的过渡处应做成一定的圆角，而且要有一定长度的工作带。在挤压断面形状复杂的异形材时，为了获得均匀的流速，调整工作带的形状和长度是有益的，这也是设计型材模具的关键技术之一。

此外，在挤压管材和空心型材时，穿孔针的结构和形状及锥度，舌形模和平面分流组合模的结构，分流孔的大小和形状，焊合室的形状和尺寸，宽展模的宽展角，变断面模子中过渡区的结构和形状等都对金属的流动有很大的影响。在设计模子时应特别注意选择合理的结构和形状，以获得较均匀的金属流动。图 1-34 所示为用分流组合模挤压铝合金空心型材时的金属流动景象。

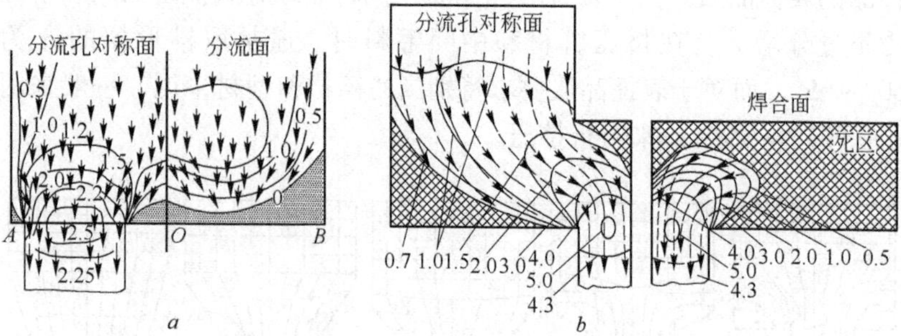

图 1-34　平面分流组合模挤压铝合金空心型材时金属流动对称面上的流速分布图

a—分流过程（挤压筒内）；*b*—焊合过程（焊合腔内）

图中值为挤压轴速度和分流孔内刚性流动速度之比

为了增大铸锭和产品的几何相似性，改善金属流动的均匀性，减少挤压力，一般采用扁挤压筒来挤压宽厚比大的扁宽薄壁型材和整体带筋壁板。图 1-35 示出了用扁挤压筒挤压 2A12 合金带筋壁板时铸锭大面坐标网格的变化图。由图可见，金属的流动要比圆挤压筒挤压时均匀得多，铸锭中心部分的网格横向线基本上未发生弯曲，仅外层金属由于受挤压筒壁摩擦阻力的影响而发生了横向弯曲，而在挤压末期，

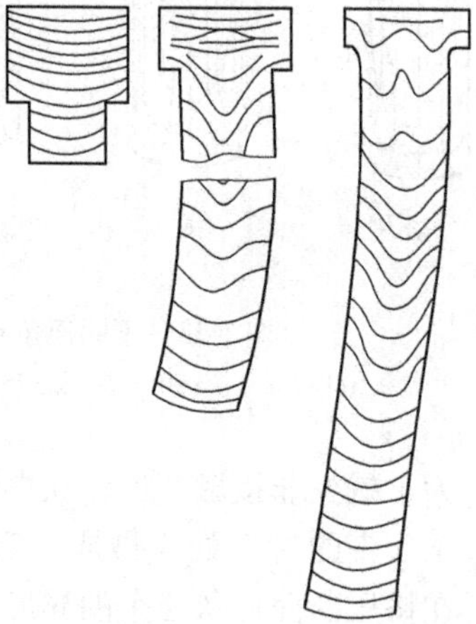

图 1-35　用扁挤压筒挤压 2A12 合金带筋壁板时铸锭大面坐标网格变化图

铸锭中心部分的金属流速减慢，使网格线呈 W 形，从而减少缩尾的形成。

挤压垫片的结构和形状对金属的流动也有一定的影响。采用凹形垫片可以稍许增加金属的流动均匀性，但因挤压残料增大，加之也较麻烦，故除了连续挤压之外，一般用平垫片进行挤压。

b 模孔排列的影响

模孔的排列从两个方面来影响金属的流动特性。一是距离挤压筒中心的远近，接近中心的部分，金属流动快，而远离中心的部分由于受到挤压筒壁摩擦阻力的影响而使金属流速减慢；二是塑性变形区内供给各模孔或模孔各部分的金属量的分配。供应充足的部分流速较快；反之，供应不足的部分则金属流速减慢。因此，为了增加金属流动的均匀性，模孔应尽量对称地布置在模子平面上。在设计多孔模时，各模孔的中心应布置在距离中心某一合适距离的同心圆上。在设计异形材时，应使易流出的厚壁部分远离中心，而把难以流动的薄壁部分靠近中心。模孔在模子平面上的合理布置，可大大改善各部分金属的流动均匀性，从而减少产品的弯曲、扭拧和各产品的流速差以及每根产品因流速不同而产生的表面擦伤。

c 表面状态的影响

工模具表面越光洁、过渡越圆滑、润滑条件越好，则挤压时的金属流动越均匀。

d 加热温度的影响

在挤压时，锭坯横断面上的温度越均匀，则挤压时的流动越均匀。因而应尽量减少挤压筒、挤压垫片和穿孔针、模子和变形金属之间的温度差。在挤压过程中，挤压筒加热保温、工模具预热等措施是十分重要的。

e 其他因素的影响

铸锭长度、变形程度、挤压速度等对金属的流动均匀性也有一定影响，如铸锭前端长度为(1 ~ 1.5)$D_{筒}$的部分，金属流动极不均匀；变形程度过大或过小时，金属流动都不均匀；金属的流速过快，会增大金属流动的不均匀性等。

根据上面分析可知，由于各种因素错综复杂的影响，挤压时金属的流动特性表现出多种多样的形式。归纳起来，可分为如图 1-36 所示的 4 种基本类型。类型 *a* 是反挤压、静液挤压、有效摩擦挤压时所具有的流动景象，流动最均匀；类型 *b* 是润滑挤压和冷态挤压时所具有的流动景象，与类型 *a* 相近，变形区集中在模孔附近，因此，不产生中心缩尾和环形缩尾；类型 *c* 为由于锭坯内外抗力不同和外摩擦的影响，而使金属流动不太均匀的景象，由变形区扩展到整个锭坯体积，死区高度比较高，但在基本挤压阶段尚未发生外部金属向中心流动时的情况，在挤压后期出现不太长的缩尾；类型 *d* 为流动最不均匀的景象，在挤压一开始，外层金属即向中心区流动，死区高度显著增加，故产生很长的缩尾。

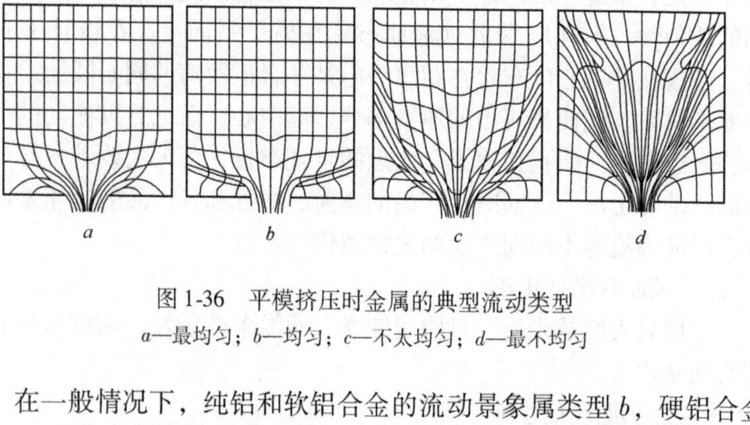

图 1-36 平模挤压时金属的典型流动类型

a—最均匀；*b*—均匀；*c*—不太均匀；*d*—最不均匀

在一般情况下，纯铝和软铝合金的流动景象属类型 *b*，硬铝合金的流动景象属类型 *c*，而黏性高、挤压温度高、导热性能差的合金的流动景象属类型 *d*。铝合金反向挤压和润滑挤压或静液挤压时可能获得类型 *a* 的流动景象。但是，当挤压条件改变时金属流动的上述类型可能产生变化。

1.3.2 铝合金挤压时的润滑条件与工艺润滑剂

在铝及铝合金材的挤压过程中，同样很需要使用润滑剂来降低金属与挤压筒壁、穿孔针以及模子表面之间的摩擦，减少它们之间的黏着与工模具的磨损。

但正如前所述，由于润滑剂的使用，往往会导致制品表面污染，以及润滑剂可能流入制品中心，形成更加明显的“挤压缩尾”。因此，在铝及铝合金棒材和型材的挤压中，多年来一直采用“无润滑挤压”。在管材及空心材挤压中也只是对模面及穿孔针表面进行润滑。近年来，世界各国为了能在挤压力有限的挤压机上挤压大且复杂的硬铝合金型材，同时也为了提高挤压速度以及获得组织性能较均匀的挤压材，对润滑挤压方法进行了较广泛的研究，并由于在工模具结构、润滑剂研究方面的突破，润滑挤压法有了很大的发展。

表1-9列出了“无润滑挤压”与“润滑挤压”铝合金型棒材时的有关参数比较。由此可见，润滑挤压可以较大幅度地降低挤压力，提高挤压速度以及提高制品的组织性能。有人认为，模具表面粘铝是由于其表面上的三氧化二铁颗粒层与高温铝反应生成三氧化二铝，因此，三氧化二铁是引起工模具粘铝的原因。从这一角度也可充分说明，在润滑挤压时，润滑涂层具有防止模具与铝直接接触，减少工模具表面氧化的作用，从而起到了防粘降摩、提高制品表面品质的作用。

表1-9 铝合金型棒材润滑挤压与无润滑挤压之比较

项 目	比较指数值	
	无润滑挤压	润滑挤压
流动速度/17.7×10^{-6}m·s^{-1}		
2A12 圆棒材	4~5	10~15
异型材	2~4	6~8
2A14 圆棒材	5~6	15~20
异棒材	3~4	8~10
7A04 圆棒材	2~3	5~7
异型材	1.5~2.5	4~6
粗晶环	可能形成	不形成
型材长向组织	不均匀	实际均匀
型材长向力学性能	不均匀	实际均匀
几何尺寸最高精度等级	7	5
挤压时最大单位压力/%	100	50~60
压力与毛坯长度的关系	大	不大

为了改善铝及铝合金在挤压过程中的摩擦条件，很需要使用润滑剂来降低金属与挤压筒壁、穿孔针以及模子表面之间的磨损，减少挤压力和改善制品质量。但是，润滑剂的使用往往会导致制品表面的污染，以及润滑剂流入制品中形成更加明显的缩尾，或造成焊合不良的缺陷。因此，在用组合模挤压空心制品时禁止使用润滑剂，在用平面模挤压型材或棒材时也很少使用润滑剂，大多采用“无润滑挤压”，只有在用穿孔针挤压无缝管材和空心型材时才对模面和穿孔针表面进行润滑，挤压筒和铸锭一般只在润滑挤压时才进行润滑。

热挤压铝及铝合金用的润滑剂应有合理成分配比，有足够的活性吸附组分，在高温下具有高黏度的组分，保持润滑膜完整性的细微弥散组合，无毒，无味，适当的燃点等特点。目前，我国广泛使用工艺润滑剂的组成列于表1-10中。

表1-10 铝及铝合金热挤压常用工艺润滑剂的组成

序 号	工艺润滑剂的配比（质量分数）	使用范围
1	30% ~40% 粉状石墨 +60% ~70% 国产1号汽缸油	润滑挤压筒
2	10% 石墨 +10% 滑石粉 +10% 铅丹 +70% 汽缸油	
3	10% ~20% 片状石墨 +70% ~80% 汽缸油 +10% ~20% 铅丹	
4	30% ~40% 硅油 +50% ~60% 土状石墨 +10% 二硫化钼	润滑穿孔针

1.3.3 铝及铝合金热挤压时的应力-应变状态

挤压时，金属的应力和变形是十分复杂的，并根据挤压方法和工艺条件而变化。单孔挤压模挤压圆棒时的外力、应力和应变状态如图1-37所示。挤压金属所受外力有挤压轴的正向压力 P，挤压筒壁和模孔壁的作用力 P'，在金属与垫片、挤压筒及模孔接触面上的摩擦力 T（其作用方向与金属流动方向相反）。这些外力的作用就决定了挤压时的基本应力状态是三向压应力状态，即轴向压应力 σ_e，径向压应力 σ_r，周向和环向压应力 σ_θ。这种应力状态对利用和发挥金属的塑性是极其有利的。

挤压时的变形状态为：一维延伸变形，即轴向变形 ε_e；二维压缩变形，即径向变形 ε_r 及周向变形 ε_θ。挤压过程是轴对称问题，所

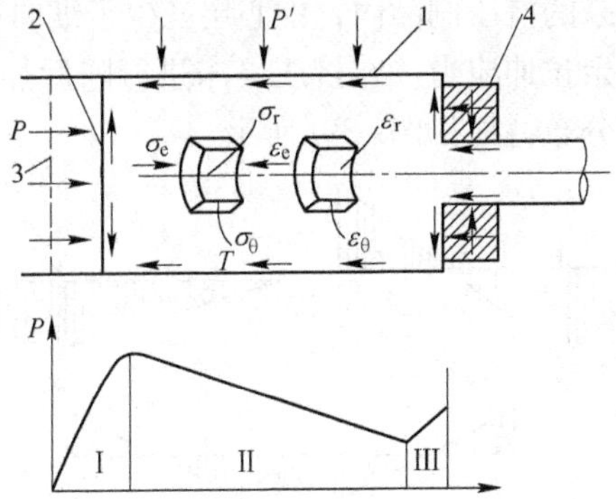

图 1-37 挤压时的外力、应力和变形状态图

P—挤压力；Ⅰ—填充挤压阶段；Ⅱ—平流阶段；Ⅲ—紊流阶段

1—挤压筒；2—挤压垫片；3—填充前挤压垫片的原始位置；4—模子

以 $\sigma_e=\sigma_\theta$，$\sigma_r=\sigma_\theta$。为了说明金属的变化情况，分析其应力分布如图 1-38 所示。在挤压过程中，由于模孔的存在，金属内部的应力状态可分为对着模孔的区域Ⅰ和在Ⅰ区周围的区域Ⅱ。在Ⅰ区的应力分布是 $|\sigma_e|<|\sigma_r|=|\sigma_\theta|$。

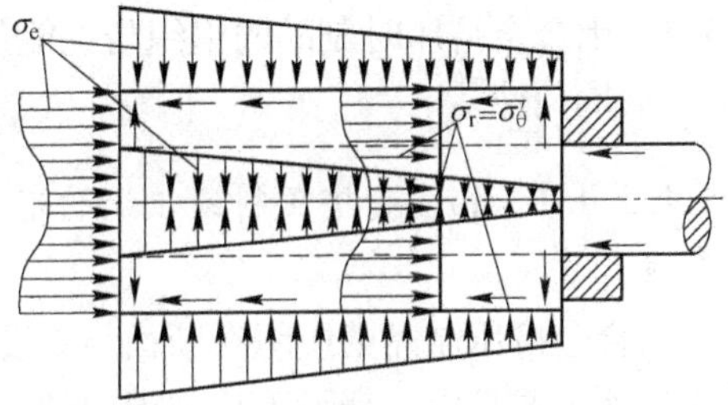

图 1-38 铝合金挤压时应力分布示意图

在Ⅱ区内则 $|\sigma_e|>|\sigma_r|=|\sigma_\theta|$。在中心线上部与下部分别表示Ⅰ区的 σ_r 及 σ_e 的分布。在Ⅱ区的 σ_e 及 σ_r 相应表示在上、下两周边线上。σ_e 及 σ_r 在横断面的分布是中心部分小而靠周边部分大。在挤压时，应力-应变状态十分复杂，变形是极不均匀的，从而会产生很大的残余应力。

在大多数挤压过程中，周边层的主拉伸变形要比中心层大。因此，周边层的拉伸弹性变形大于中心层的拉伸弹性变形。按照内力相互平衡的条件，这就会导致周边层为完全消除弹性变形而产生的收缩要小一些。而中心层为完全消除弹性变形而产生的收缩要大一些。结果，从模孔流出来的挤压制品内，中心层产生了纵向压缩应力，而其周边层则产生残余拉伸应力。在挤压（未进行随后加工）的圆棒中，纵向残余应力的分布特征如图1-39a所示。

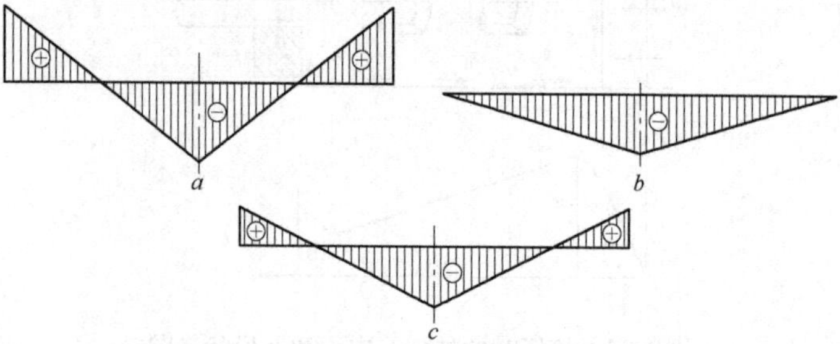

图 1-39　挤压棒材残余应力的分布示意图

a—纵向；b—径向；c—切向

1.3.4　铝合金挤压时制品的组织与性能及长度方向上断面尺寸的不均匀性

1.3.4.1　铝合金挤压制品组织的不均匀性和粗晶环与层状组织的形成

铝合金挤压制品的组织在断面与长度方向上都是不均匀的，这种不均匀性主要是由于变形不均匀引起的，与挤压温度和速度的变化也有关系。

挤压制品组织不均匀性主要表现在某些铝合金在挤压和随后的热处理过程中，在制品尾端外层出现粗大晶粒组织（通常称之为粗晶环）或出现表面的晶粒粗大组织。

由于变形不均匀，挤压制品也会产生层状（片层状）组织，其特征是制品被折断后，呈现出与木质相似的断口，分层的断口表面凹凸不平，分层方向与挤压制品轴向平行，继续塑性加工或热处理均无法消除。

1.3.4.2　铝合金挤压制品力学性能的不均匀性与挤压效应

铝合金挤压制品变形和组织不均匀性必然相应的引起力学性能的不均性。一般来说，实心制品（未经热处理）的心部和前端的强度

（σ_b、$\sigma_{0.2}$）低，伸长率高，而外层和后端的强度高，伸长率低。

挤压制品力学性能的不均匀性也表现在纵向和横向性能差异上（即各向异性）。这主要是由于变形组织的影响，与挤压后制品晶粒被拉长、晶粒间化合物被拉长、气泡沿晶界析出等也有关系。

某些铝合金挤压制品与其他加工制品（如轧制、拉伸和锻造等）经相同热处理后，前者的纵向强度比后者高，这种效应被称为挤压效应。挤压效应容易在 2A11、2A12、6A02、2A50、2A14、7A04、7A09 等合金中出现。用铸造坯料挤压时挤压效应十分明显，二次挤压后挤压效应大大减少，甚至完全消除。挤压棒材经横向变形或在任何方向进行冷变形（在热处理之前）后，挤压效应也会大大降低。

1.3.4.3 铝合金挤压制品长度方向上断面尺寸不均匀性产生的原因和减少措施

铝合金挤压制品的横断面尺寸与模孔出口处断面尺寸不一致，这种尺寸差异是由以下原因造成的：

（1）在高压力的作用下所引起的模子变形。

（2）金属从模孔的被压缩部分流出之后所产生的非接触变形，结果使制品的断面尺寸稍有减少。

（3）弹性后效，由于它的结果当金属从模孔流出后，断面尺寸稍有增大。

（4）冷却时的热收缩，这会引起制品断面尺寸的减少。

（5）型材各部分流动的不均匀性。

由于挤压过程中变形条件（其中包括温度条件）不可避免地发生变化，因此，引起如下因素的改变：被挤压金属中从模孔流出的温度、力学条件和作用在模子上的压力，这会导致在挤压过程中，模子产生不均匀变形，也会导致非接触变形和弹性后效的改变，甚至还导致热收缩的不均匀。总之，所有这些都将会引起沿挤压制品长度方向上横断面尺寸的不均匀性。

在下列情况下可以减少制品横断面尺寸的不均匀性：

（1）减少挤压过程中力学条件的变化，即采用带高减摩润滑剂的挤压或采用反向挤压法。

（2）减少作用在模子上的压力。为了达到目的，可减少相对变形程度或挤压速度（在保持金属温度的条件下），适当减小模孔母线角（模角），尽可能提高挤压温度等。

(3) 减少非接触变形。为了达到目的，可增大模孔工作带的有效长度（采用相对于轴线具有一定倾斜角的工作带）。

(4) 尽可能保持温度条件。若这一条件难以做到时，应尽可能缩短铸锭长度。

(5) 尽可能减少变形的不对称性。

1.3.5 挤压时的温度和速度条件

1.3.5.1 挤压过程中的温度变化

随着挤压条件的变化，挤压过程中的挤压温度和挤压速度是不断变化的。

在挤压铝合金时挤压温度较低（400～500℃），挤压速度很慢（≤25mm/s），而且铝合金的导热性很高，所以在计算塑变区的温度场时必须考虑由于挤压金属的热传导和金属与挤压工具之间的热交换而引起的温度变化。

为了计算挤压时的温升，前苏联学者 Ю. П. 斯捷尔尼克（Стерник）提出了如下公式：

$$\Delta t = \frac{AP_0}{C\rho}r - \Delta t_0\left\{1 - \exp\left[-\frac{8b_1}{\sqrt{\pi}(b_1 + b_2)}\sqrt{\frac{\eta}{Pe}}\right]\right\} \tag{1-3}$$

式中 Δt——挤压时的温升，℃；

A——热功当量；

P_0——在塑性变区计算温度变化断面上的单位挤压力；

C——挤压金属的比热容；

ρ——挤压金属密度；

Δt_0——毛坯和挤压筒的初始温度差，℃；

b_1、b_2——分别为挤压筒和毛坯金属的蓄热系数；

r——取决于 Pe 和 η 值的系数（见图 1-40）；

η——挤压轴行程长度与挤压筒内径的比例，$\eta = h/D$；

Pe——贝克来数，$Pe = vD/a$；

v——挤压速度，mm/s；

D——挤压筒内径，mm；

h——挤压轴行程长度，mm；

a——温度传导系数，m^2/s。

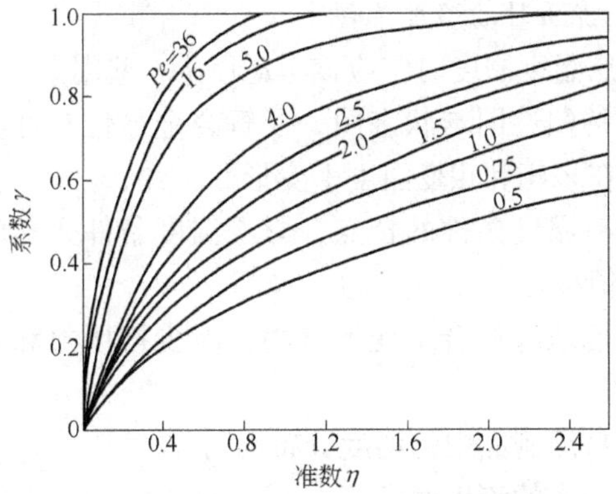

图 1-40 系数 γ 与准数 η 和 Pe 的关系曲线图

把挤压金属和工具材料的热力学物理常数值代入式（1-3）中，可大大简化计算过程。例如，对硬合金，可简化为：

$$\Delta t = 3.5 \times 10^{-6} p_0 r - \Delta t_0 (1 - e^{1.6}\sqrt{\eta / Pe}) \qquad (1\text{-}4)$$

在 1.44～10.5mm/s 的速度范围内挤压棒材时，在各个挤压阶段中，毛坯表面温度的计算值和实验值基本符合（图 1-41），说明上述

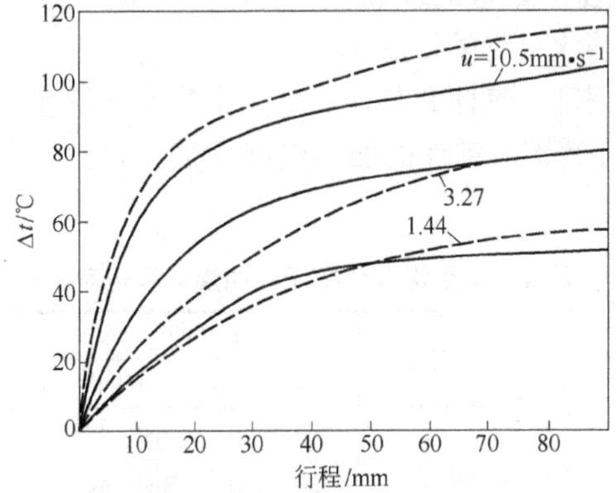

图 1-41 在挤压 2A12 合金棒材的过程中塑变区温度的变化

（挤压系数为 10，$t_{终}$ 为 390℃）

虚线—计算值；实线—实验数据

公式在工程计算中是适用的。

在挤压过程中的温升对工具的温度和挤压力的大小都有一定的影响，因此，在设计和使用挤压工模具时均应充分考虑这一因素。

1.3.5.2 挤压时的温度条件

在确定挤压温度制度时，应该考虑以下一些因素：

（1）合金的塑性图与状态图，了解合金最佳塑性温度范围和相变情况，避免在多相和相变温度下变形。

（2）挤压时温度条件的特点，影响温度条件变化的因素和调节方法以及温升情况。

（3）尽可能地降低合金变形抗力，减少挤压力和作用在模具上的载荷。

（4）保证挤压制品中的温度分布均匀。

（5）保证最大的流出速度。

（6）保持温度不超过该合金的临界温度，以免塑性降低产生裂纹。

（7）保证挤压制品的组织均一和力学性能最佳。

（8）保证挤压制品的尺寸精度。

在确定挤压的最佳温度制度时，还应该考虑铸锭的冶金学特点：

（1）结晶组织的特点。

（2）合金化学成分的波动。

（3）金属间化合物的特点。

（4）疏松程度、气体和其他非金属杂质的含量等。

常用铝合金铸锭时锭坯的加热温度（表1-11），可供制定工艺和设计模具时参考。

表1-11 常用铝合金挤压时的温度和速度规程

合 金	制 品	温度/℃		平均流出速度/m·min^{-1}
		锭 坯	挤压筒	
2A14	圆棒、方棒、六角棒及通用型材	380~440	360~440	1~2.5
2A12		380~440	360~440	1~3.5
2A50		380~440	360~440	3~6
2A80、2A70、5A02		320~450	350~440	3~15
7A04、7A09、7075		350~450	330~440	1~2

续表 1-11

合 金	制 品	温度/℃		平均流出速度 /m·min^{-1}
		锭 坯	挤压筒	
1050A、1035、1200	圆棒、方棒、六角棒及通用型材	390~440	360~430	40~200
3A21、3003、3004		390~440	360~430	25~100
5A05、5A06、5056		400~450	380~440	1~2
6A02、6063、6061、6082		450~520	450~480	3~15,6063 合金可达 120
2A12	一般用途型材高负载型材、空心型材、大头型材、壁板	380~460	360~440	1~2.5
		430~460	400~440	0.8~2
		420~480	400~450	0.5~1.2
2A11	一般用途型材	330~460	360~440	1~3
7A04、7075	等断面型材、大头型材、壁板	380~450	360~430	0.8~2
		390~460	390~440	0.5~1
5A02、5A03、5A05 5A06、5B06	实心型材、空心型材、壁板	420~480	400~460	0.6~2
6063	装饰材料	480~510	450~480	到 120
6063、6A02	空心建筑型材	490~530	450~480	5~50,6063 合金可达到 100
6A02	重要用途型材	450~500	360~490	3~15

1.3.5.3 挤压时的速度条件

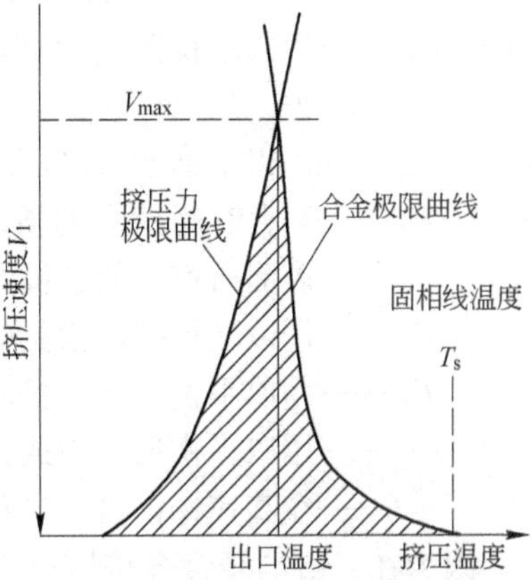

图 1-42 铝合金挤压速度极限图

挤压时的速度与温度是联系在一起的。一般来说，提高挤压速度则必须降低锭坯的加热温度；反之，提高挤压温度则必须降低挤压速度。如果锭坯的加热温度和挤压速度导致制品出口温度非常接近合金的固相线温度时，则制品表面将产生裂纹、气泡、粗糙、质量变坏。图 1-42 所示为最大挤压速度与出口温度之间的关系曲线。图中给出了两条极限曲线：一条表示设备能力的最大挤压力曲线，超过它不可能实现挤压；另一条表示合金制品开始开裂的冶金学极限曲线。两条曲线之间的面积提供了该合金挤压时所有的加工工艺参数，特别是在交点上提供了理论上最大挤压速度和相应的最佳出口温度。应指出的是这个最佳值是从挤压速度角度出发的，不一定能满足制品的物理-冶金性能要求。在确定实际金属流出速度时，还应考虑挤压温度、合金的变形抗力与塑性、挤压系数、流动不均匀性和制品的形状与难度，以及工模具结构和预热温度等特性。表1-11列出了某些常用铝合金在一定条件下的挤压速度范围。

1.3.6 铝合金挤压时的力学状态及挤压力的计算

1.3.6.1 挤压受力状态分析及挤压力的组成

A 挤压时受力状态分析

铝合金在稳流阶段（基本挤压阶段）的受力状况如图1-37所示，包括挤压筒壁、模面和定径带表面作用在金属上的正压力和摩擦力，以及挤压轴通过挤压垫片作用在金属上的挤压力。

B 挤压力的组成

根据挤压力挤压轴行程曲线及理论分析可知，在一般情况下，全压力 P 主要由以下各分力组成：

$$P = P_{锥} + T_{锥} + T_{筒} + T_{定} + T_{垫} + Q + I \tag{1-5}$$

式中 $P_{锥}$——用以平衡阻碍金属基本变形的内摩擦力，即基本变形力；

$T_{锥}$——用以平衡变形区压缩锥侧表面上所产生的摩擦力；

$T_{筒}$——当存在摩擦力的情况下，用以平衡挤压筒和挤压针侧表面所产生的摩擦力；

$T_{定}$——用以平衡挤压模具的工作带表面上所产生的摩擦力；

$T_{垫}$——用以平衡金属与挤压垫片接触表面上所产生的摩擦力；

Q——用以平衡反压力或拉力的一种分力；

I——在高速冲击挤压过程中，用以平衡惯性力。

因为在一般的轻合金挤压过程中，$T_{垫}$，Q，I 这三个分力可以忽略不计，所以可简化为：

$$P = P_{锥} + T_{锥} + T_{筒} + T_{定} \tag{1-6}$$

1.3.6.2 挤压力的计算方法

直接或间接影响挤压力的因素（内、外因素）有数十个。经实测与分析确定，其主要因素有：金属的本性、挤压温度、挤压速度、挤压系数（变形程度）、工模具的形状、结构与表面接触摩擦条件、产品形状与尺寸，以及铸锭的形状、尺寸与表面状态。铝及铝合金挤压力计算公式也有多种，常用的方法主要有：

（1）平均应力法：利用塑性方程求解平均主应力平衡方程式。主要代表公式有 И. Л. 别尔林公式和 С. И. 古布金公式。

（2）滑移线法：利用滑移线场求解平衡方程式。代表公式有约翰逊公式等。

（3）经验系数法：根据挤压力与某些主要因素之间的定性关系，通过反复测定确定一系列经验系数的方法。主要代表为竹内等人提出的公式。

此外，用上限定理法和有限单元法确定挤压力的计算，在近年来也获得了发展。

挤压力的计算方法很多，仅工程计算公式就有几十种，最常用的有 И. Л. 别尔林公式和 С. И. 古布金公式，但在生产中应用最多的是经验公式。经验公式是根据实验结果建立起来的，其最大优点是算式结构简单、应用方便，其缺点是不能准确地反映各挤压工艺参数对挤压力的影响，计算误差较大。在工艺设计中，可用经验算式对挤压力进行初步估算。最典型的经验公式为：

$$P = a + b\ln\lambda \tag{1-7}$$

式中 P——单位挤压力；

a、b——与挤压条件有关的实验常数；

λ——挤压系数。

由于式（1-7）中 a、b 的确定往往比较困难，推荐采用如下半经验算式进行估算：

$$P = abk_{\mathrm{f}}\sigma_{\mathrm{s}}\left(\ln\lambda + \mu\frac{4L_1}{D_{\mathrm{t}} - D_{\mathrm{z}}}\right) \tag{1-8}$$

式中 σ_{s}——变形温度下静态拉伸屈服强度，见表 1-12；

μ——摩擦系数，无润滑热挤压可取 $\mu=0.35\sim0.5$，带润滑热挤压可取 $\mu=0.2\sim0.3$，冷挤压可取 $\mu=0.1\sim0.15$，铝合金挤压时常用的摩擦系数见表 1-13；

D_t——挤压筒直径；

D_z——穿孔针直径，棒材或实心型材挤压时 $D_z=0$；

L_1——坯料填充后的长度，可用坯料的原始长度 L_0 近似计算；

λ——挤压系数；

a——合金材质修正系数，可取 $a=1.0\sim1.35$，其中硬合金取上限，软合金取下限；

b——制品断面形状修正系数，简单断面棒材或圆管挤压时，取 $b=1.0$；对断面形状较为复杂的异形型材挤压时，可根据复杂程度取 $b=1.1\sim1.6$；

k_f——系数。

表 1-12 计算挤压力用的各种合金的 σ_s 值/MPa

金属与合金	变形温度/℃						
	200	250	300	350	400	450	500
纯铝	59	37	28	22	12.5	8	6
6A02、6061、6082	72	52	39	33	29	16	8
5A02、5A03	—	—	65	55	45	30	10
5A05、5A06	—	—	80	75	58	37	20
5B06、5056	—	—	80	75	60	37	23
3A21、3004	54	48	42	36	32	24	21
2A11、2014	—	—	55	45	35	30	25
2A12、2024	—	—	70	50	40	35	28
7A04、7075	—	—	90	70	55	40	35
2A50、2618	—	—	—	57	40	32	25

表 1-13 确定挤压力用的摩擦系数 μ 值

合 金	变形温度/℃		
	250 ~ 350	350 ~ 450	450 ~ 500
铝	0.3 ~ 0.35	0.25 ~ 0.28	0.2 ~ 0.25
铝合金	—	0.3 ~ 0.35	0.25 ~ 0.30

1.3.6.3　穿孔力的计算

用实心锭坯进行穿孔时，随着穿孔深度的增加，穿孔所需的力迅速增加，图1-43所示为穿孔过程中金属流动和穿孔针受力情况示意图。

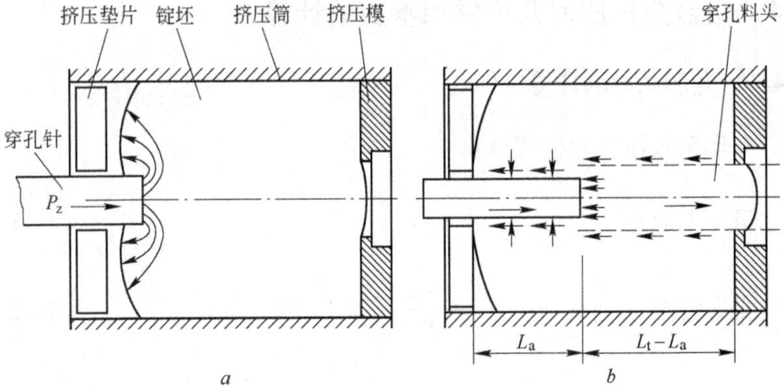

图1-43　穿孔过程中金属流动和穿孔针受力情况

a—穿孔开始阶段金属流动；*b*—穿孔达到最大时金属流动与穿孔针受力情况

当穿孔力达到最大时的穿孔深度 L_a 确定后，即可用如下方法确定最大穿孔力 P_z。通常用下列公式计算：

$$P_z = Z\frac{\pi d_z}{2}\sigma_s\left[(L_1 - L_a)\frac{d}{d_z} + L_a\right] \tag{1-9}$$

$$\sigma_z = Z\frac{2}{d_z}\sigma_s\left[(L_1 - L_a)\frac{d}{d_z} + L_a\right] \tag{1-10}$$

其中

$$Z = 1 + \frac{39.12 \times 10^{-2}\lambda'\Delta Tt}{D_t\left(1 - \frac{d_z}{D_t}\right)}$$

式中　ΔT——穿孔针与铸锭的温差，℃；

t——由填充开始到穿孔终了的时间，s；

λ——金属的热导率，铝及铝合金的 λ' 在 350℃、400℃、500℃ 和 600℃ 分别为 15.6W/(m·℃)、18.2

W/(m·℃)、21.3W/(m·℃)和24.2W/(m·℃)；

σ_s——屈服强度，可按表1-12选取；

d，d_z——分别为管材外径和穿孔针直径；

D——挤压筒直径。

1.4 铝合金挤压时几个常用参数的计算

1.4.1 变形系数的计算

变形系数按下列公式计算：

挤压系数：
$$\lambda = \frac{F_0}{\Sigma F_1} \tag{1-11}$$

变形程度：
$$\varepsilon = \frac{F_0 - \Sigma F_1}{F_0} \times 100\% \tag{1-12}$$

$$\lambda = \frac{1}{1 - \varepsilon} \tag{1-13}$$

$$\varepsilon = \frac{F_0 - \Sigma F_1}{F_0} = 1 - \frac{\Sigma F_1}{F_0} = \left(1 - \frac{1}{\lambda}\right) \times 100\% \tag{1-14}$$

式中　F_0，F_1——分别表示挤压筒和单根产品的断面积，cm^2。

1.4.2 填充系数的计算

填充系数按下式计算：

$$i = \frac{F_0}{F_1} \tag{1-15}$$

式中　F_0，F_1——分别表示挤压筒和铸锭的面积，cm^2。

1.4.3 挤压筒比压的计算

挤压筒比压 $P_{比}$ 按下式计算：

$$p_{比} = \frac{P}{F_{筒}} \tag{1-16}$$

式中　P——挤压机的压力，kN；

$F_{筒}$——挤压筒内孔的面积，cm^2。

1.4.4　分流比的计算

通常把分流孔的断面积与型材断面积之比称作分流比 K_1，即：

$$K_1 = \frac{\Sigma F_{分}}{\Sigma F_{型}} \tag{1-17}$$

式中　$\Sigma F_{分}$——分流孔的总断面积，mm^2；

$\Sigma F_{型}$——型材的总断面积，mm^2。

有时为了反映分流组合模挤压二次变形的本质，先求出分流孔断面积 $\Sigma F_{分}$ 与焊合腔断面积 $\Sigma F_{焊}$ 之比值 $K_2\left(K_2 = \frac{\Sigma F_{分}}{\Sigma F_{焊}}\right)$，然后求出焊合腔断面积 $\Sigma F_{焊}$ 与型材断面积 $\Sigma F_{型}$ 之比值 $K_3\left(K_3 = \frac{\Sigma F_{型}}{\Sigma F_{焊}}\right)$则：

$$K_1 = K_2K_3 = \frac{\Sigma F_{分}}{\Sigma F_{焊}} \cdot \frac{\Sigma F_{焊}}{\Sigma F_{型}} = \frac{\Sigma F_{分}}{\Sigma F_{型}} \tag{1-18}$$

1.4.5　锭坯长度的计算

锭坯长度按下式计算：

$$L_{锭} = \left(\frac{L_0 \times m + L_{余}}{\lambda} + h_{余}\right)i \tag{1-19}$$

式中　$L_{锭}$——锭坯长度；

i——填充系数；

L_0——定尺长度；

m——倍尺个数；

$L_{余}$——工艺余量；

$h_{余}$——压余长度；

λ——挤压系数。

1.4.6　挤压长度的计算

挤压长度按下式计算：

$$L_{挤} = \left(\frac{L_{锭}}{i} - h_{余}\right)\lambda \tag{1-20}$$

式中 $L_{挤}$——挤出长度；

$L_{锭}$——锭坯长度；

i——填充系数；

$h_{余}$——压余长度；

λ——挤压系数。

1.5 常用挤压铝合金化学成分、力学性能及其可挤压性

1.5.1 常用挤压铝合金的化学成分与力学性能

表1-14列出了我国常用挤压铝合金的化学成分，表1-15列出了挤压铝合金的挤压性和力学性能。

1.5.2 变形铝合金的可挤压性分析

定性地评价金属挤压能力可以用综合指标——可挤压性来表示。可挤压性的含义是指合金以高的流出速度与变形程度和低的压力挤压的相对能力。

此值与合金的化学成分以及型材的外形有关。有的研究者以6063合金为一个单位，与其他的合金相比较。该法由于挤压条件的不同，得出的结果也不一样。下面给出一个可挤压性 Z 与挤压过程基本因素数值间关系式：

$$Z = A\ln V_{t} \frac{C}{\sqrt{K}} \tag{1-21}$$

式中 A——比例系数；

V_{t}——流出速度，m/min；

K——合金的变形抗力，MPa；

C——型材断面的复杂程度系数。

同样也取6063合金的可挤压性为100，则按式（1-21）计算出的最广泛应用的铝合金的可挤压性列于表1-16。

表 1-14 我国常用挤压型材铝合金化学成分

合金名称	化学成分(质量分数)/%										其他杂质	
	Cu	Mg	Mn	Fe	Si	Zn	Ti	Be	Cr	Fe + Si	单个	合计
1070A	0.01	—	—	0.16	0.16	—	—	—	—	0.26	0.03	—
1060	0.01	—	—	0.25	0.20	—	—	—	—	0.36	0.03	—
1050	0.015	—	—	0.30	0.30	—	—	—	—	0.45	0.03	—
1035	0.05	—	—	0.35	0.40	—	—	—	—	0.60	0.03	—
1200	0.05	—	—	0.5	0.5	—	—	—	—	0.90	0.05	—
1200A	0.10	0.10	0.10	0.5	0.55	0.10	—	—	—	1.0	0.05	0.15
3A21	0.20	0.05	1.0 ~ 1.6	0.7	0.6	0.10	0.15	—	—	—	0.05	0.10
5A02	0.10	2.0 ~ 2.8	0.15 ~ 0.4	0.4	0.4	—	0.15	—	—	0.6	0.05	0.15
5A03	0.10	3.2 ~ 3.8	0.3 ~ 0.6	0.5	0.5 ~ 0.8	0.20	0.15	0.05	0.10	—	0.05	0.10
5A05	0.10	4.8 ~ 5.5	0.3 ~ 0.6	0.5	0.5	0.20	—	—	—	—	0.05	0.10
5A06	0.10	5.8 ~ 6.8	0.5 ~ 0.8	0.4	0.4	0.20	0.02 ~ 0.1	0.0001 ~ 0.005	—	—	0.05	0.10
5083	0.10	4.0 ~ 4.9	0.4 ~ 1.0	0.4	0.4	0.25	0.15	—	0.05 ~ 0.25	—	0.05	0.15
2A01	2.2 ~ 3.0	0.2 ~ 0.5	0.2	0.5	0.5	0.10	0.15	—	—	—	0.05	0.10
2A02	2.6 ~ 3.2	2.0 ~ 2.4	0.45 ~ 0.7	0.30	0.30	0.10	0.15	—	—	—	0.05	0.10
2A06	3.8 ~ 4.3	1.7 ~ 2.3	0.5 ~ 1.0	0.50	0.50	0.10	0.03 ~ 0.15	0.0001 ~ 0.005	—	—	0.05	0.10
2A11	3.8 ~ 4.8	0.4 ~ 0.8	0.4 ~ 0.8	0.7	0.7	0.30	0.15	Ni0.1	—	(Fe + Ni)0.7	0.05	0.10
2A12	3.8 ~ 4.9	1.2 ~ 1.8	0.3 ~ 0.9	0.5	0.5	0.30	0.15	Ni0.10	—	(Fe + Ni)0.5	0.05	0.10
2A14	3.9 ~ 4.8	0.4 ~ 0.8	0.4 ~ 1.0	0.7	0.6 ~ 1.2	0.30	0.15	Ni0.1	—	—	0.05	0.10

续表 1-14

合金名称	化学成分(质量分数)/%										其他杂质	
	Cu	Mg	Mn	Fe	Si	Zn	Ti	Be	Cr	Fe + Si	单个	合计
6A02	0.2 ~ 0.6	0.45 ~ 0.9	0.15 ~ 0.35 或 Cr	0.5	0.5 ~ 1.2	0.20	0.15	—	—	—	0.05	0.10
6063	0.1	0.45 ~ 0.9	0.10	0.35	0.2 ~ 0.6	0.10	0.10	—	0.10	—	0.05	0.15
6061	0.15 ~ 0.4	0.8 ~ 1.2	0.15	0.7	0.4 ~ 0.8	0.25	0.15	—	0.04 ~ 0.35	—	0.05	0.15
6005	0.10	0.40 ~ 0.60	0.10	0.35	0.6 ~ 0.9	0.10	0.10	—	0.10	0.12(Mn + Cr)	0.05	0.15
6005A	0.30	0.4 ~ 0.7	0.50	0.35	0.5 ~ 0.9	0.20	0.10	—	0.30	—	0.05	0.15
6082	0.10	0.6 ~ 1.2	0.4 ~ 1.0	0.50	0.7 ~ 1.3	0.20	0.10	—	0.25	—	0.05	0.15
6070	0.15 ~ 0.40	0.5 ~ 1.2	0.4 ~ 1.0	0.50	1.0 ~ 1.7	0.20	0.15	—	0.10	—	0.05	0.15
6066	0.7 ~ 1.2	0.8 ~ 1.4	0.4 ~ 1.0	0.5	0.9 ~ 1.8	0.20	0.20	—	0.40	—	0.05	0.15
6010	0.10	0.35 ~ 0.8	—	0.03	0.50	0.30 ~ 0.7	0.10	—	0.03	B0.06	0.05	0.05
6351	0.10	0.40 ~ 0.80	0.4 ~ 0.80	0.50	0.7 ~ 1.3	0.20	0.20	—	—	—	0.05	0.15
6B02	0.10 ~ 0.40	0.4 ~ 0.8	0.10 ~ 0.30	0.40	0.7 ~ 1.1	0.15	0.01 ~ 0.04	—	—	—	0.05	0.15
7A03	1.8 ~ 2.4	1.2 ~ 1.6	0.10	0.20	0.20	6.0 ~ 6.7	0.02 ~ 0.08	—	0.05	—	0.05	0.10
7A04	1.4 ~ 2.0	1.8 ~ 2.8	0.2 ~ 0.6	0.5	0.5	5.0 ~ 7.0	0.10	—	—	—	0.05	0.10
7A09	1.2 ~ 2.0	2.0 ~ 3.0	0.15	0.5	0.5	5.1 ~ 6.1	0.10	—	0.16 ~ 0.30	—	0.05	0.10
7005	0.10	1.0 ~ 1.8	0.2 ~ 0.7	0.4	0.35	4.0 ~ 5.0	0.01 ~ 0.06	—	0.06 ~ 0.2	0.08 ~ 0.2Zr	0.05	0.10
7N01	0.20	1.0 ~ 2.0	0.2 ~ 0.7	0.35	0.3	4.0 ~ 5.0	0.20	—	0.3	0.10 ~ 0.25Zr	0.05	0.15
7020	0.2	1.0 ~ 1.4	0.05 ~ 0.50	0.4	0.35	4.0 ~ 5.0	—	—	0.1 ~ 0.35	0.08 ~ 0.2Zr	0.05	0.15

表 1-15 挤压用铝合金的挤压性及典型的力学性能

合金	挤压性指数（6063 合金 = 100）	可否挤压空心型材	典型状态	力学性能标准值		
				抗拉强度 R_m/MPa	屈服强度 $R_{p0.2}$/MPa	伸长率 A/%
1100	150	可	H112	90	40	40
1200	140	可	H112	98	43	35
2014	20	不可	T4	440	310	19
2017	20	不可	T4	430	290	20
2024	15	不可	T4	490	340	18
3003	110	可	H112	110	45	35
3203	110	可	H112	110	45	35
5052	60	可（难）	H112	200	100	25
5454	40	不可（难）	H112	260	130	22
5083	20	不可（难）	H112	300	155	20
6061	65	可	T6	320	280	13
6N01	75	可	T5	280	240	13
6063	100	可	T5	195	155	13
7003	50	可（难）	T5	320	260	15
7N01	40	可（难）	T5	350	300	15
7075	10	不可	T6511	590	520	9

表 1-16　部分工业铝合金的可挤压性

合　金	V_t /m · min^{-1}	K /MPa	Z 点数		
			棒材　条材	简单型材	复杂型材
易挤压合金					
1050	75	18	200	160	120
3A21	60	20	180	145	110
中等挤压合金					
6063	50	35	100	90	80
7005	12	50	70	55	42
5A03	7	60	60	50	40
难挤压合金					
2A11	4.5	75	35	28	21
2A12	2.5	100	18	14	11
7A04	2.0	110	13	11	8
5A06	1.7	120	10	8	6

由表 1-16 可见，按可挤压性数值大小 Z 可分为三组：易挤压合金（$Z>100$）；中等挤压合金（$Z=100\sim50$）；难挤压合金（$Z<50$）。

比较不同铝合金型材挤压条件，可以确定出一个变形抗力与流出速度之间的近似经验关系式为：

$$V_t = a\frac{1}{K^2} \tag{1-22}$$

式中，a 为经验系数。即合金的变形抗力 K 越高，可达到的最大挤压流出速度 V_t 就越小。

可挤压性除了与合金的特性有关外，还与型材断面形状的复杂程度有关。这是由于变形不均匀增加，会导致挤压力增大，流出速度减小。型材的复杂程度一般是用型材的周长与断面积或重量之比来表征，此比值被称为形状系数。也可以将铝型材根据挤压的难易程度分成若干组（参见图 1-10）。但是，用形状系数来表示型材的复杂程度只是在型材断面形状比较简单时才与实际结果符合。随着断面形状的复杂化，此比值关系被破坏。因此，式（1-21）中的型材断面复杂程度用一个系数 C 来反映：对棒材和条材，$C=1$；对等壁厚对称实心断面的型材，$C=1.25$；对不等壁厚非对称空心型材，$C=1.65$；对宽厚比大于100的非对称空心或实心壁板型材，$C=1.7\sim1.80$。

表1-16中所列数据，可以根据变形抗力值来确定新的铝合金的流出速度和可挤压性，而不必进行挤压试验。用此表中的数据还可以评价用不同合金获得型材的可能性和挤压的相对难度。

可挤压性对一种合金来说也不是一个固定不变的特性，而与许多冶金因素有关，主要的影响因素有化学成分、铸锭的热处理制度、晶粒度的大小等。部分铝合金的挤压指数及可焊接挤压性能如表1-17所示。

表1-17　铝合金挤压性能评价

合 金	挤压指数	可否进行焊接挤压	合 金	挤压指数	可否进行焊接挤压
1060	150	可	6061	60	可
1100	150	可	6063	100	可
1200	150	可	6066	50	可
2011	30	否	6082	55	可
2014	20	否	6101	100	可
2017	20	否	6463	100	可
2024	15	否	7005	45	可（难）
3003	120	可	7004	60	可（难）
5052	60	可（难）	7003	80	可（难）
5054	20	否	7001	7	否
5083	20	否	7075	10	否
5086	25	否	7079	10	否
5056	20	否	7178	7	否

1.5.3　铝合金型材可挤压性和挤压条件的分析

金属的可挤压性体现在挤压力的大小、最大挤压速度（生产效率）、挤压制品的质量、成品率、模具寿命等指标上。影响金属可挤压性的因素有挤压坯料、挤压条件、模具质量等，如图1-44所示。

- 坯料
  - 合金成分
  - 铸造组织
  - 均匀化处理变形抗力
- 挤压条件
  - 坯料温度
  - 工模具温度
  - 润滑条件
  - 挤压温度速度控制技术
- 模具
  - 结构
  - 工作带尺寸
  - 工作带表面品质
  - 金属流动控制（如导流模）

⇨可挤压性
- 挤压力
- 制品流出速度
- 模具寿命
- 制品形状尺寸
- 制品表面品质
- 成品率

图 1-44　影响金属可挤压性的因素

表 1-18 所示为各种铝合金的可挤压性指数（也称可挤压性指标）与挤压条件范围。可挤压性指数是以 6063 合金的指数为 100 时的相对经验数值，不同的生产厂家，尤其是不同的挤压条件（包括型材的断面形状与尺寸、挤压模的设计等）下，可挤压性指数的大小存在一定程度的差异。

表 1-18　铝及铝合金的可挤压性与可挤压条件

合 金	可挤压性指数①	挤压温度/℃	挤压比压	制品流出速度/m·min⁻¹	分流模挤压
1060、1100	150	400 ~ 500	~500	20 ~ 100	可
1200	125	400 ~ 500	~500	25 ~ 100	可
2011	30				
2014、2017	20	370 ~ 480	6 ~ 40	1.5 ~ 6	不可
2024	15				
3003、3004	100	400 ~ 480	6 ~ 60	1.5 ~ 30	可
3203	100	400 ~ 480	6 ~ 60	1.5 ~ 30	可
5052	60	400 ~ 500		1.5 ~ 30	较难
5056、5083	25	420 ~ 480		1.5 ~ 10	
5086	30	420 ~ 480	6 ~ 50	1.5 ~ 10	不可
5454	50	420 ~ 480		1.5 ~ 30	
5456	20	420 ~ 480		1.5 ~ 10	

续表 1-18

合 金	可挤压性指数①	挤压温度/℃	挤压比压	制品流出速度 /m · min^{-1}	分流模挤压
6061、6151	70	450 ~ 520	30 ~ 60	1.5 ~ 30	可
6N01	90	460 ~ 520	30 ~ 80	15 ~ 80	
6063、6101	100	480 ~ 520	30 ~ 100	15 ~ 100	
7001、7178	7	430 ~ 500	6 ~ 30	1.5 ~ 5.5	不可
7003	80	430 ~ 500	6 ~ 30	1.5 ~ 30	可②
7075	10	360 ~ 440	6 ~ 30	1.5 ~ 5.5	不可
7079	10	360 ~ 500		1.5 ~ 5.5	不可
7N01	60	430 ~ 500		1.5 ~ 30	可②

①以 6063 合金的可挤压指数为 100 时的相对值。

②大断面型材的挤压较困难。

1.6 铝合金挤压工模具的工作条件及材料的合理选择

1.6.1 挤压工模具的工作条件

一般来说，在挤压铝合金制品时，模具要承受长时间的高温高压、激冷激热、反复循环应力的作用；承受偏心载荷和冲击载荷作用；承受高温高压下的摩擦作用等恶劣因素，工作条件是十分严峻的。

1.6.2 对挤压工模具材料的要求

（1）高的强度和硬度值。挤压工模具一般在高比压条件下工作，在挤压铝合金时，要求模具材料在常温下 σ_b 大于 1500MPa。

（2）高的耐热性。即在高温（挤压铝合金的工作温度为 500℃左右）下，有抵抗机械负荷的能力（保持形状的屈服强度以及避免破断的强度和韧性），而不过早地（一般为 550℃以下）产生退火和回火现象。在工作温度下，挤压工具材料的 σ_b 不应低于 850MPa；模具材料的 σ_b 不应低于 1200MPa。

（3）在常温和高温下具有高的冲击韧性和断裂韧性值，以防止模具在应力条件下或在冲击载荷作用下产生脆断。

（4）高的稳定性。即在高温下有高抗氧化稳定性，不易产生氧化皮。

（5）高的耐磨性。即在长时间的高温高压和润滑不良的情况下，表面有抵抗磨损的能力，特别是在挤压铝合金时，有抵抗金属的“粘结”和磨损模具表面的能力。

（6）具有良好的淬透性。以确保工具的整个断面（特别是大型工模具的横断面）有高的且均匀的力学性能。

（7）具有激冷、激热的适应能力。抗高热应力和防止工具在连续、反复、长时间使用中产生热疲劳裂纹。

（8）高导热性。能迅速地从工具工作表面散发热量，防止被挤压工件和工模具本身产生局部过烧或过多地损失其力学强度。

（9）抗反复循环应力性能强。即要求高的持久强度，防止过早疲劳破坏。

（10）具有一定的抗腐蚀性和良好的可氮化特性。

（11）具有小的膨胀系数和良好的抗蠕变性能。

（12）具有良好的工艺性能。即材料易熔炼、锻造、加工和热处理。

（13）容易获取，并尽可能符合最佳经济原则，即价廉物美。

1.6.3 挤压工模具材料的发展概况和主要品种

近几十年来对挤压工模具材料进行了广泛的研究并取得了很大的进展，研发出了不少有用的工模具钢种。但各国模具钢化学成分不一，牌号名目繁多。前苏联常用的工模具钢有 5XHM、5XГM、5XHB、3X2B8Φ、4X2B2ΦC、4X2B5ΦM、4X4HMBΦ、ЭИ929M、ЭИ867A、BM2 等；美英等国常用的有 H10、H10A、H11 ~ H14、H19、H21、H23、H24、H26、V57、A286、inco718 NiMonk90 等；日本常用的有 SKT4、SKT6、SKD5、SKD61、SKD62 等；德国常用的有 X30WCrV53、X38CrMoV51、X32CrMoW33、30WCrV3411、50NiCrMoV7、GX170CoCrW3325、X28CrCoWMo1010 等，我国常用的有 3Cr2W8V、5CrNiMo、5CrMnMo、5CrMnSiMoV1、4CrSiMnMoV、5CrNiMoSiV1、4Cr5MoSi1、4Cr5MoSiV 等。

1.6.4 铝型材挤压工模具材料合理选择

为了提高模具的使用寿命，降低生产成本，提高产品质量，应根据产品的批量大小、工模具的结构、形状和大小、工作条件以及钢材本身的熔铸、锻造、加工和热处理工艺性能，钢材的价格和货源等方面的情况，综合权衡利弊，选择经济而合理的工模具钢材。归纳起来，选择铝合金挤压工模具材料时一般应考虑以下几个方面的因素。

1.6.4.1 被挤压金属或合金的性能

根据被挤压合金的性能来选择最合理、最经济的工模具材料。表1-19列出了美国被挤压合金选取模具材料的部分情况。日本的情况与美国相似。英国根据不同被挤压合金选择工模具材料的情况列于表1-20。前苏联在挤压铝合金时，模具的材料一般推荐采用ЭИ383、3X2B8Φ、ЭИ431、4X2B2C。我国主要采用3Cr2W8V、4CrMoSiV1、4Cr5MoSiV钢作为挤压铝合金的模具材料，选择3Cr2W8V、4Cr5MoSiV1、5CrNiMo、5CrMnMo作为基本工具的材料。

表1-19 美国常用的热挤压模具钢及其硬度

被挤压合金	挤压温度/℃	模具硬度HRC	模具钢牌号
铜与铜合金	648～1093	36～45	H21、H23、H26
铝合金	343～510	36～50	H12、H13
镁合金	343～426	46～50	H12、H13

表1-20 英国热挤压工模具用钢及其硬度

工模具名称	被挤压金属或合金	
	铜和铜合金	铝合金和镁合金
模子	CVM2,CVM3,HSM/W9A,HRC40～48	CVM2,CVM3,HRC46～50
模垫	CVM2,CVM3,HRC45～48	CVM2,CVM3,HRC48～52
挤压垫	PLMBI或CVM,HRC42～46	PLMBI或CVM,HRC44～52
穿孔针	CVM, CVM2, CVM3HSM/W9A, HRC40～48	CVM2,CVM3,HW4,HRC48～52
挤压筒	En24,En26,CV8,CVM,HB300～350	En24,En26,CV8,CVM,HB300～350
衬套	CVM2,CVM3,HSM/W9A,HB400～475	CVM或2%Cr、2%NiMo钢,HB400～475
挤压轴	CVM,CVM2或2%Cr、2%NiMo钢, HB450～500	CVM,CVM2或2%Cr、2%NiMo钢, HB450～500

1.6.4.2 挤压工模具的材料选用

挤压圆棒和圆管时,采用中等强度的5CrNiMo、5CrMnMo、5CrNiW等钢材,或强度更低的钢材(如45号钢)来制造工模具;而挤压复杂形状的空心型材和薄壁管材时,应选用3Cr2W8V、4Cr5MoSiV1等较高级的材料来制造工模具;对形状复杂的空心型材以及宽厚比大于50的扁宽薄壁型材和带筋壁板型材,则要求选用更高级的模具材料;对于品种单一、专业化程度高、批量大和要求壁薄、精度高、表面优良的民用建筑型材,则应选择具有高强、高耐热、耐磨、高抗蠕变且具有良好可氮化性能的钢材(如日本选用AE31钢)来制造模具。

1.6.4.3 挤压方法、工艺条件与设备结构

模具材料选择与挤压方法有很大关系，热挤压模具材料要求有高的热强度和热硬度、高的热稳定性和耐磨性等；而冷挤压工模具必须在很高的压力下工作，一般压力可高达1500～2000MPa。当连续生产时，模具工作部分的局部温度可达150～200℃，同时，由于冷挤压的工具运动速度快，受冲击力作用较大，故工模具材料除要求具有高的强度和良好的韧性、碳化物偏析少以外，还必须有良好的热处理性能；静液挤压模具处于高压液包围之中，模子呈预应力状态，同时，静液挤压时的挤压力比正、反向挤压时的挤压力都要低，故可选用3Cr2W8V等模具钢来制造工模具。

在挤压过程中，当工艺条件变化时，工模具材料也应做适当的变化，如穿孔挤压的针尖和针后端，水冷或氮气冷却挤压用的模具等，应使用良好抗激冷激热的材料来制造；正向无润滑热挤压与润滑挤压时，模具材料的主要区别是前者应选择耐磨性更高、热表面硬度和氮化性能更好的材料。

在某些情况下，设备结构不同也影响工模具材料的选择。如T.A.C反向挤压轴的特殊结构，装在其中的模子、密封环和填充块都要承受相当大的压力，故一般需采用3Cr2W8V或H11～H13（美国）材料；而普通的反挤压轴及配套件，可用5CrNiMo钢制造。

1.6.4.4 挤压工模具的结构形状与尺寸

普通实心型材的平面模，可选择5CrNiMo或3Cr2W8V钢制造；形状复杂的特殊型材模（如带筋壁板模、变断面型材模等）和空心

型材用舌型模、平面分流组合模等，必须用3Cr2W8V或4Cr5MoSiV1钢或更高级的材料制造。

一般情况下，选用5CrNiW、5CrNiMo、5CrMnSiMoV等钢材制造挤压筒。但制造小型挤压筒、高比压挤压筒，特别是扁挤压筒时，其内套应选用3Cr2W8V或4Cr5MoSiV1钢，中套可选用5CrNiMo，而外套可选用45号锻钢。其他的挤压工具，如挤压轴、针支承等，在高比压时，也可做成组合式，其中工作部分采用3Cr2W8V或4Cr5MoSiV1钢，而基座部分选用5CrNiMo钢材。T. A. C反挤压轴的导套则可用3号锻钢制造。

工模具的尺寸也是选择材料时应考虑的一个重要因素，受重载荷的小尺寸工模具选用3Cr2W8V或更高级的材料来制造；而对于尺寸大、重量超过1000kg的模具和10000kg的基本工具，由于钢材的熔铸、铸造加工和热处理质量难以保证，故一般不宜采用3Cr2W8V钢。

1.6.4.5 材料的价格及其他因素

为了降低挤压总成本，除了提高模具质量，满足工艺要求的情况下，应优先选择价格更低的材料。

开发与选用工模具材料是一项十分复杂的工作，除技术上、经济上的需要与可能外，还应与本国和本地区的具体情况相适应。如某些钢材需要采用特殊的熔炼、锻造和热处理工艺，而某些国家目前尚无此类工艺装备或工艺技术；有一些国家的钨藏量比较丰富，而另一些国家缺乏镍金属等。总之，应根据技术上的需要和可能，选择既经济又合理的工模具材料。

表1-19列出美国常选用工模具材料，表1-20为英国常选用的部分工模具材料，表1-21列出日本常选用工模具材料，表1-22为我国常选用的部分工模具材。

表1-21 日本常选用的挤压工模具部分钢

工具名称	使用硬度 HRC	现用钢种	
		一般用途	特殊用途
模　子	40～50	KDA，KDB	KDH1
挤压轴	47～52	KDA，KDB	KDH1

续表 1-21

工具名称	使用硬度 HRC	现用钢种	
		一般用途	特殊用途
挤压垫片	43 ~ 48	KDB	KDH1
穿孔针	45 ~ 50	KDA，KDB	KD4
模　座	42 ~ 47	KTV，KDB	KDA
挤压筒内套	45 ~ 49	KDA，KDB	KDH1
挤压筒外套	45 ~ 50	KDB，KTV	KD3，KD4
模　架	45 ~ 50	KTV，KDB	KDH1
模　套	45 ~ 52	KDB	马氏体时效钢

表 1-22　我国的部分挤压工模具材料选用表

挤压工具名称	材　料		要求硬度 HRC	备注
	选用的	代用的		
125MN 挤压机圆挤压筒内、中、外套	5CrNiMo、4Cr5MoSiV1	5CrNiW，5CrMnMo	42 ~ 48	
125MN 挤压机扁挤压筒内套	3Cr2W8V	4Cr5MoSiV1，5Cr2NiMoVSi	45 ~ 50	
125MN 挤压机扁挤压筒中、外套	5CrNiMo、4Cr5MoSiV1	5CrNiW，5CrMnMo	42 ~ 48	
35 ~ 50MN 挤压机挤压筒	5CrNiW、5CrNi2SiWV	5CrNiMo、4Cr5MoSiV1	45 ~ 50	
7.5 ~ 25MN 挤压机挤压筒内套	3Cr2W8V、4Cr5MoSiV1	5CrNiW	45 ~ 50	
7.5 ~ 25MN 挤压机挤压筒外套	5CrNiMo	5CrNiW	42 ~ 48	
所有扁挤压筒内套	3Cr2W8V	4Cr5MoSiV1	45 ~ 50	
5 ~ 25MN 挤压机挤压轴	3Cr2W8V、4Cr5MoSiV1	5CrNiW	45 ~ 50	

续表 1-22

挤压工具名称	材料		要求硬度 HRC	备注
	选用的	代用的		
35 ~ 125MN 挤压机挤压轴	5CrNiMo	5CrNiW	42 ~ 48	
小挤压轴轴头	3Cr2W8V、4Cr5MoSiV1、4Cv5MoSiV	4Cr5MoSiV1,	48 ~ 52	
大挤压轴轴头	5CrNiW	30CrMnSiAl	40 ~ 46	
挤压轴支承器	5CrNiMo	5CrNiW	42 ~ 48	
ϕ130mm 以下挤压垫片	3Cr2W8V、4Cr5MoSiV1	7Cr3	48 ~ 52	
ϕ130mm 以上挤压垫片	5CrNiMo、4Cr5MoSiV1	5CrNiW	45 ~ 50	
各种模子	3Cr2W8V、4Cr5MoSiV1	ЭИ160	49 ~ 52	
平面组合模、舌形模内套	3Cr2W8V、4Cr5MoSiV1	ЭИ160	48 ~ 52	
平面组合模、舌形模外套	3Cr2W8V、4Cr5MoSiV1	ЭИ160	48 ~ 52	
模子垫	5CrNiW、4Cr5MoSiV1	5CrNi2SiWV	44 ~ 50	
模支承	5CrNiW、5CrNiMo、4Cv5MoSiV	6CrNi3Mo, 40CrNiMoAl	42 ~ 48	

注：ЭИ160 为俄罗斯牌号。

1.7 工模具在铝挤压生产中的特殊地位及发展概况

1.7.1 工模具在铝挤压生产中的重要地位

在现代化的大生产中，工具和模具对实现整个铝挤压过程有着十分重要的意义。模具使用寿命是评价某一挤压方法或挤压工艺经济可行的决定因素，工模具的设计与制造品质是实现铝挤压生产高产、优质、低耗、高效、低成本的重要保证之一。具体表现在以下几方面：

（1）合理的工模具结构是实现任何一种挤压工艺过程的基础，在目前的条件下，还不能想象无挤压筒、无模具的挤压工艺。

（2）模具是保证产品成形，具有正确形状、尺寸和精度的基本工具。

(3) 工模具是保证产品内外表面质量最重要的因素之一。

(4) 合理的工模具结构、形状和尺寸，在一定程度上可控制产品的内部组织和力学性能，特别是在控制空心制品的焊缝组织和力学性能方面，分流孔的大小和形状及其分布位置，焊合腔的形状和尺寸，模芯的结构等起着决定性的作用。挤压垫片、挤压筒和模子的结构形状与尺寸，对控制产品的粗晶环和缩尾、成层等缺陷也有一定的作用。

(5) 工模具的结构形状与尺寸对挤压时金属的流变、挤压温度-速度场、应力-应变场等有很大影响，从而对提高生产效率、产品品质和减少能耗有重大作用。

(6) 合理的工模具设计对提高其装卸与更换速度，减少辅助时间，改善劳动条件和保证生产安全等方面意义重大。

(7) 新型的工模具结构，对于开发新产品、新工艺，研制新材料和新设备，不断提高挤压技术水平起着很大作用。如扁挤压筒、舌形模、组合模、多层预紧应力模、变断面模等。

(8) 高比压优质圆挤压筒和扁挤压筒及特种型材模和异形管材模的设计与制造技术是铝挤压生产的核心和关键技术，其技术含量占整个挤压技术的比例很高。

(9) 对于中等批量的铝挤压产品，工模具的成本往往占挤压总成本的30%以上。如将其使用寿命提高5~10倍，则产品的成本可大幅度下降。

因此，铝挤压界广泛流传一句口号：产品是生命，设备是基础，模具是关键，工艺是保证。

1.7.2 铝挤压工业的高速发展对工模具提出了越来越高的要求

随着国民经济的高速发展，科技的进步，铝合金挤压工业获得了空前发展。2007年我国铝加工材产量达到1176万t，超过美国居世界第一。铝合金挤压材产量达644万t/a，成为世界最大的挤压材生产国，其中，铝合金挤压型材逾540万t，每年需耗模80万套/a以上，不仅数量增加，品种也大大增多。特别是随着铝合金挤压材向大型化、复杂化、精密化、多规格、多用途方面发展，对挤压工模具提出了越来越高的要求。不仅出现了像平面分流组合模、宽展模、保护模、变断面模等多种新型结构的模具，成功地研制出多种 σ_b 达 1500MPa 以上的高级耐热高强度工模具材料，而且开发了多种大型的基本挤压工具。这些工具便于装卸，先进可靠，但结构复杂，尺寸规格大，难于设计制造。如 200MN 卧式挤压件上配备□300mm × 1200mm × 2500mm 扁挤压筒，由 3 ~ 4 层衬套红装而成，外径为 ϕ3000mm，净重达 140t，需要 250 余 t 高级合金钢坯，采用先进的设计理论和计算方法，使用大型的专用设备及先进的加工方法才能制造出来，而且设计加工周期往往长达一年，耗资 1000 万元以上。与□300mm × 1200mm 扁挤压筒配套的扁挤压轴、扁挤压垫片、扁压套、扁压型嘴等大型扁挤压工具，也要求结构新颖、装卸方便才能满足生产形状复杂的大型整体宽薄壁板型材的要求。又如，200MN 卧式挤压机上的大型特种组合型材模具，模具组装尺寸为 ϕ1800 × 500mm，重达 10t，需 15t 高强耐热合金钢坯，其设计、制造、使用和维修都十分复杂。

为了提高工模具寿命，发展挤压技术，各国对工模具的设计、制造、使用和维修等方面都开展了广泛的研究，并取得了可喜的进展。

1.7.3 铝挤压工模具的发展水平与趋势

1.7.3.1 铝合金挤压工模具技术涉及的范围和重要内容

模具技术历来不是一门独立学科，而是一门多学科的综合性边缘科学，特别是铝及铝合金挤压工模具技术更是如此。它涉及的面很广，需要解决的矛盾很多，产品的质量要求非常严格，采用的技术手段十分复杂，是一个复杂的系统工程。一个真正有作为的铝合金挤压工模具工作者，不仅要有深厚的数学功底和物理化学知识、丰富的机械制图机械设计与机械加工制造经验，而且要精通金属学及其热处理、有色金属压力加工工艺，特别是铝合金挤压成形的金属流变、应力-应变场、温度-速度场的规律，同时，还要熟悉电子计算机技术，熟练掌握 CAD \ CAM \ CAE 系统，具有丰富的现代化管理理论与实践等，因此，每一个铝挤压工模具工作者都要在各自的岗位上为发展挤压工模具技术做出贡献。

铝及铝合金挤压工模具技术的主要内容包括：

（1）挤压工模具的材料的成分、组织、性能与使用条件及选择应用原则与研制开发趋势。

（2）工模具的结构方案确定，技术要素设计与尺寸计算及强度校核。

（3）工模具的加工工艺路线确定及各工序的参数设计与设备选择。

（4）工模具热处理与表面处理工艺制定与操作技巧。

（5）工模具的质量检测、组装与使用。

（6）工模具的试模、清洗、修正与氮化技术。

（7）工模具的失效与寿命分析。

（8）工模具的科学管理。

1.7.3.2 铝合金挤压工模具技术的发展现状及水平分析

A 国内外铝挤压工模具技术发展现状

随着铝合金挤压材向大型化、复杂化、精密化、多规格、多品种、多用途方面发展，对挤压工模具提出了越来越高的要求。

为了提高工模具寿命，发展挤压技术，各个国家对工模具的设计、制造、使用和维修等方面都开展了广泛的研究，并取得了可喜的进展。CAD/CAM/CAE 技术已进入实用阶段，而且开发出了各种实用软件。表 1-23 列出了国内外铝挤压工模具设计制造的发展水平和主要差距。

表 1-23 国内外铝挤压工模具技术制造的发展水平

指 标	国际先进水平	国内目前水平
设计理论和方法	普遍采用动态热分析与热模拟及有限元和电子计算机分析技术，研发出了多种先进的新结构模具（如蝶形模、子母模、多孔空心模等）及设计软件，建立了巨型数据库与专家库，正在研发零试模技术	基本采用传统方法，开始研究和开发新理论、新方法，开始重视新结构模具研发与软件开发，有限元开始用于模具结构优化。正准备建立数据库和专家库，开发虚拟设计软件

续表 1-23

指　标	国际先进水平	国内目前水平
CAD/CAM/CAE 技术	普遍推广应用 CAD/CAM/CAE 技术,并已从二维向三维发展,开发了大量的平面模和组合模及其他结构模具的应用软件且商品化	已开发出简单形状的平面模和平面分流组合模二维实用软件,正向三维推进,CAD/CAM 已趋成熟,CAE 系统正在开发推广
新结构大型工具	广泛采用高比压,优质圆、扁挤压筒,固定挤压垫,快速换模装置及高效反挤压工具	开始研发扁挤压工具和固定挤压垫及快速更换装置,反向挤压工模具也开始改进
模具材料	以 H13 及改进型钢为主,采用电渣重熔、炉外在线精炼,冶金质量稳定可靠,并开始研制陶瓷高温和粉末合金等新型模具材料,与先进热处理工艺结合,可大大提高模具使用寿命	以 H13 替代 3Cr2W8V 钢,H13 的冶金质量正在逐步提高,同时开始开发新型模具材料和陶瓷材料,但进展不大,模具寿命特别是复杂精密模具的使用寿命不高
模具加工技术	机加工、电加工和热加工水平很高,机床的 NC/CNC 程度达 95% 以上,加工中心基本普及实现全线自动化生产,可批量制造复杂多腔、多孔空心模	推行机-电-热综合加工方法,传统的手工加工法仍占相当大的比重,机床的 NC/CNC 程度为 50% 左右,加工中心开始应用,复杂多腔、多孔空心模制造技术尚未过关
热处理技术	普遍推广预处理、真空和保护气氛热处理工艺。开发出了等温淬火、多级淬火和多次回火等新工艺	传统热处理法占 60% 以上,开始采用真空、保护气氛热处理工艺,并开始研发新热处理工艺
表面处理技术	普遍采用各种表面处理技术,可处理窄缝(0.6mm)模孔,表面硬度可达 HV2500 ~ 4000	开发并正在推广几种有效的表面处理技术,可处理 0.76mm 以上的窄缝,模孔表面硬度可达 HV2000 ~ 2500
品种与规格	可根据产品合金、形状、规格与用途研制特大、特小、精密、多腔、多孔的复杂工模具,能满足市场需求	特大、特精、多孔、多腔的特种模具及特大型工模具的制造尚未完全过关
质量检查与控制	普遍采用先进仪器在线自动快速检测模具的尺寸精度、硬度和表面粗糙度,三坐标形状检测仪基本普及	用人工(手工)与仪器相结合的方法检测模具质量,三坐标仪开始使用

续表 1-23

指　标	国际先进水平	国内目前水平
使用、清洗、修模、氮化技术	普遍推行试模、清洗、修正、氮化一条龙在线修模使用方法，高效、省材、环保的清洗及先进修模与氮化法普遍使用	开始推广一条龙在线修模法，但模具清洗、修模、氮化技术还有待改进。
现代化科学管理	广泛推行 CAD/CAM/CAE 计算机现代化科学管理模式	广泛建立工模具档案库，开始推行计算机管理
生产方式及专业化、标准化程度	高度专业化、集约化生产，专业化、标准化程度达 85% ~95%	多采用大而全、小而全生产方式，专业化、标准化程度小于 50%
模具平均使用寿命与质量	平面模：30 ~50t/模 组合模：20 ~25t/模 一次上机合格率：70% 左右，平均允许修理次数约 2.5 次	平面模：8 ~20t/模； 组合模：5 ~15t/模； 一次上机合格率：50% 左右； 平均允许修理次数≥3 次
挤压材成品率	82% ~90%（以 6063T5 建材为例）	75% ~85%（以 6063T5 建材为例）

由表 1-23 可知，铝挤压工模具已成为一门先进的内涵丰富的学科，在理论上和技术上获得了重大的进展，国内外的工模具技术发展也很快，并显示出很大的创新亮点，国内近年来有了很大进步，但与国际先进水平仍有较大的差距，主要表现在以下三点：

（1）工模具材料的品种、质量和使用寿命大大落后于国际先进水平，与此相关的热处理和表面处理技术也有较大的差距，致使国内模具的使用寿命仅为国际先讲水平的 1/3 左右。

（2）设计理论、方法和结构选择等方面，大大落后于国际先进水平。国外在热模拟技术、虚拟设计及软件开发等方面有了许多创新点，基本上实现零试模或大大减少试模次数，而国内尚未建立完整的、大型的数据库和专家库，软件开发刚刚起步，差距较大。

（3）在模具结构创新和精密现代化加工方面有较大差距。国外已开创出多种新的先进结构的模具，加工精度达到了很高水平，复杂的多孔、多腔空心型材模和微型多孔超精密发展模具等已能大批量生产，产品质量十分稳定，我国在这方面还处于起步阶段。

B 铝合金挤压工模具设计与制造水平分析

模具设计与制造是挤压技术的两个最重要的方面，随着科学技术的进步和挤压技术的发展，这两个方面都达到了相当高的水平。

a 模具设计水平分析

工模具的设计一般包括设计理论和设计方法的选择、结构的设计计算、尺寸的确定、强度的校核和模具材料的选择以及经济技术指标的评价等。模子、穿孔针、挤压垫片、挤压筒内衬等直接参入金属变形的工具，其设计不同于一般的机械零件设计，而是介于机械加工与压力加工之间的一种工艺性设计。除了要考虑机械设计要遵循的原则以外，尚需考虑挤压条件下各种工艺因素，因此，模具设计远比其他工具的设计要复杂，要设计出合理而经济的挤压工具和模具是一件十分困难的工作。

在挤压技术发展的初期，一般根据机械设计的原理，用普通的古典强度理论结合设计者的实践经验来设计棒材、管材和普通实心型材模子。随着弹性理论和挤压基础理论的发展，许多新的理论与实验方法已用于挤压工模具的设计和计算。如工程计算法、金属流动的坐标网络法、光弹光塑法、密栅纹云法、滑移线法、上限理论等广泛用来确定工模具的结构、工艺要素和强度校核。近年来，有限元法，以及计算机虚拟设计和热挤压模拟法等发展很快，并取得了良好效果。随着电子计算机技术的发展，挤压工模具的电子计算机辅助设计（CAD）技术已进入实用阶段，使挤压工模具的设计进入了一个崭新的时代。目前，在工业发达国家，挤压工模具设计不再是单个的凭经验的手工操作了，而变成一个连续的电子计算机自动控制的优化设计过程了。

我国对铝合金挤压工模具的 CAD/CAM 技术方面应用软件采用模块化结构，具有图形输入，二维变换对模具进行优化设计，型材截面几何性质计算，分流孔个数、形状尺寸及布置的设计，分流桥、模芯及焊合腔的尺寸确定，模具强度校核，剖面图和上下模视图的绘制，图形剪裁，模垫设计等功能模块。能完成平面模和组合模设计的全过程，显著提高了复杂模具的设计效率和质量，操作简单，运行可靠，达到了国外同类系统的先进水平。开发了铝型材导流模设计方法，搞清了型材挤压过程的金属流动规律和导流模控制金属流速的机制，建立了导流模模孔结构尺寸设计的数字模型和完成了三维刚-黏塑性有限元模拟铝型材挤压过程的试验研究。经工厂生产考核，证明所开发的导流模设计方法正确可靠，对提高模具设计一次成功率、提高型材质量和模具使用寿命具有积极作用，有明显的经济效益。此外，所开发的 CAD 软件还包括模具温度场计算、热疲劳和应力分布的分析功能。CAD 系统根据 CAD 得到的图形，自动生成模孔腔线切割纸带输出，在屏幕上进行模拟加工，效验所生成的程序，实现计算机设计—编程—加工一体化，可完成从型材图纸输入到模具设计图纸及模孔数控线切割纸带输入的全过程，实现了铝合金挤压模 CAD/CAM 一体化。用该系统设计制造的挤压模具量达到国外同类系统的水平。

几年来，CAD/CAM/CAE 一体化系统也取得了进展。目前，兴顺模具厂和华南理工大学、兴发铝材与清华大学以及国内其他单位正在进行分流组合模的虚拟设计与热模拟挤压试验，以求减少试模次数，逐渐实现零试模。

b　模具材质及热处理技术

为了提高模具的使用寿命，世界各国对模具材料进行了广泛的研究，目前铝合金挤压模大都采用热加工模具钢。热加工模具钢应满足多种性能要求，其中最重要的是热强性、热稳定性、热疲劳强度和耐磨性，此外还要求有足够的韧性和良好的表面处理性能。最常用的是含碳量（质量分数）为 0.3% ~0.4% 的亚共析奥氏体合金钢。苏联在 1932 年研制成功的 3X2B8ϕ 钢是出现最早、用得最广泛的钢种，美、英、德、日及我国均有相应的牌号。但 3X2B8ϕ 钢有疲劳强度低、塑性韧性差、钨含量高、价格昂贵等缺点。因此，随着冶金技术和挤压技术的发展，相继有 20 多种新钢种出现，其中综合性能好，有取代 3X2B8ϕ 钢趋势的钢种有美国的 H13、日本的 SDK61-62、俄罗斯的 4X2B5ϕM、4X4HMBϕ 以及我国的 4Cr5MoSiV1、5CrNiMoVSi、5Cr4WMo2V 等。近年来，俄罗斯采用 27X2H2MϕC 钢制造内径为 ϕ800 ~1100mm、单位压力为 450 ~600MPa 的大型挤压筒获得了成功。此外，Fe-Ni-Cu 高温合金、钼合金，氧化锆陶瓷、硬质合金，粉末烧结耐热钢等模具材料的研制成功，可使工模具使用寿命大为提高。近年来我国开发的 SRm-1 高温高强热挤压工模具钢，其高温强度比 H13 钢可提高一倍，有望替代 H13 成为新一代挤压工模具材料。

在研制新型模具材料的同时，在改进原材料质量，改善钢材的熔炼、铸造、锻造、加工、热处理工艺等方面也达到了很高的水平。如高纯材料的采用，电弧二次重熔或电渣熔炼、浇包精炼法的应用，等温锻造，预处理，可控气氛热处理和真空热处理，流态粒子热处理等新技术的广泛应用都大大改善了模具质量，提高了模具使用寿命。

c 制模技术和修模技术

目前，世界各国普遍采用机械加-电火花线切割联合加工法制模。近年来，由于大力发展数控、数显、计算机控制技术，模具加工设备的 CNC 水平不断提高并逐渐普及。同时研制出了各种高速、高效、精密的制模设备和装置，如高速锯、阳极切割、激光切割、激光打孔、高速磨床、高强力磨床、数控连续坐标磨床，CNC 低速走丝精密线切割、数控电火花、高精度坐标电火花、精密小型电解磨削，电解成形、精密双孔镗、三坐标测量机和各种数控铣床、加工中心自动线、柔性制造系统等复合加工装置，以及挤压珩磨、超声抛光、电解抛光、机电抛光、液态喷射抛光、光学抛光、复合抛光等先进抛光装置。并把挤压模具的电子计算机辅助设计和辅助制造与辅助工程（CAD/CAM/CAE）紧密结合，大大提高了制模的技术水平。新的制模方法（Hobson 制模法等）和新型的制模加工工艺，提高了制模生产效率和模具质量，提高模具使用寿命和产品质量，降低材料消耗和能耗，大大降低制模成本。

同时各国也出现了各种新的修模方法、修模工具和装置、并把修模和表面氮化处理有机的结合起来，形成一个良性循环，从而提高了模具使用寿命。

d 模具表面处理技术的开发和应用

近年来，世界各国把模具的表面处理技术作为提高模具使用寿命的关键技术进行研究、开发与推广应用，根据模具材料的种类、模孔形状与宽窄开发了多种表面处理新方法新工艺，它们主要是：

（1）离子硫、碳、氮三元共渗工艺。适合于处理模孔大于1mm的模子，通过控制共渗气氛和工艺参数可获得组织良好、层深适度、热疲劳和热磨损性能好、自润滑性能良好的共渗层。

（2）离子复合处理工艺。适合于处理0.7mm以上窄缝窄槽的薄壁型材模子，效果良好。

（3）气体氮化处理工艺。对壁厚1mm以上的模具进行处理，可提高模子的耐磨性和型材表面质量，该工艺容易操作，效果良好，铝合金挤压厂家大多采用这种方法。

（4）气体软氮化处理工艺。是一种低温碳-氮共渗方法，可提高模子的抗咬合性、抗磨损性能，而不受模孔宽窄和复杂性的影响。

（5）低温电渗硼化处理工艺。可适用于0.68mm以上的窄缝，而且不受复杂性的影响，由于渗硼层硬度（HV）高达15GPa以上，具有极高的耐磨、耐蚀、耐高温和抗黏附的能力，使得模具使用寿命大幅度提高，挤压型材表面质量优于其他方法处理的质量。

（6）PVD-TIC涂层工艺。PVD涂层不仅可使表面硬度提高5～6倍，且使力学性能保持原型基底材料的高水平，较氮化处理的强度高20%，塑性高70%～80%，涂层均匀、可靠、无公害，涂层表面硬度（HV）达35GPa，耐磨性提高150倍。

C　现代铝挤压工模具技术的发展趋势

随着科学技术的进步，国民经济的高速发展以及人民生活水准的提高，对各类产品的需求量越来越大。各式各样的新产品也层出不穷，因此要求以最快的速度生产出更好的各类模具。为了适应这种形势的发展，世界各国从人力、物力和财力方面进行了不懈的努力，成立模具学院和研究机构，许多学者、专家和工程技术人员进行了大量的开发和研究工作，并取得了可喜的进展。铝挤压工模具加工生产技术向以下几个方面发展。

a　模具需求量增加

模具量将继续增长，尤其是机械、动力能源、电子电器、日用五金、民用建筑、交通运输等工业部门的铝合金挤压材用模量将大大增加，电子计算机、宇航、通讯等尖端产品所需高精度模具越来越多。随着产品的大型化、复杂化，大型复杂模具的用量也会不断增多，据初步估计，各种模具用量每年将以8%左右的速度增长。

b 近几年铝合金挤压材模具新材料的开发应用

除了继续以合金成分配制，熔炼铸造、开坯改锻、预先处理、热处理和表面处理等方面改进现有的H系列和其他系列合金钢的质量以外，采用粉末冶金工艺制作的粉末高速钢、陶瓷材料以及复合材料可用作高级模具材料。粉末高合金钢既解决了原来钢种在熔炼过程产生一次碳化物粗大和偏析而影响材质的问题，而且由于碳化物细化，组织均匀，材料无异向性，因此具有韧性高、耐磨性好、长时间使用尺寸稳定等特点，是一种很有发展前途的模具材料。用这种方法制得的陶瓷模具材料，虽然韧性较低，但其耐热性与耐磨性极好，价格也比较便宜，是一种制作模芯、拉伸模、芯头等的好材料。

在提高模具材料质量方面，先进的热处理和表面处理技术起着重大的作用，各国已经应用或正在广泛研究的模具热处理方法有：双重热处理工艺，强韧化处理等温淬火，多级淬火，多级回火，真空热处理，可控气氛热处理，特种盐浴热处理，悬浮体淬火以及优质预处理和稳定化处理等；表面处理技术有：离子氮化，气体软氮化，气体氮化，多元复合共渗处理，低温硼处理，PVD、CVD技术以及各种表面沉积处理和表面化学处理等。这些技术的发展正方兴未艾，预计将获得进一步的发展，对提高模具的质量，特别是模具使用寿命做出重大贡献。

c 新型模具结构的开发

为了提高产品的尺寸精度、形位精度，开发形状异常复杂的产品，进一步提高模具使用寿命，世界各国正在寻求新结构的模具设计。各种标新立异的模具新结构，如新型的组合模、镶嵌模、复合模、预应力模、多型多孔模等将出现新的突破。

d CAD/CAM/CAE技术及热模拟、虚拟设计等技术的开发

随着电子计算机技术的发展，计算机已应用到模具生产的各国领域，其中包括模具的设计、制造、检测、使用、维修和管理等方面。据初步测算，工业发达国家已将100%的模具由计算机自动绘图和由CNC机床自动加工制造，作为设计与制造之间联系纽带的图纸已失去主要作用。CAD/CAM/CAE技术的发展，使软件技术在模具设计

和制造中的地位越来越高。

二维模具的CAD系统已有一定的模具设计软件和单元图形软件，但有待进一步完善。三维模具的CAD系统，由于设计软件难度大，三维单元图形软件也比较复杂，尚不能满足实际设计技术要求。因此，进一步发展软件，提高设计自动化程度仍是今后的主攻方向。CAM用于二维模具的加工，已有较完善的编程系统可供利用，而对于三维自由曲面的编程尚不完善，在许多场合下，CAM的编程还要制作工件的模型。因此应继续研究、开发不需制作模型、包含自由曲面的模具CAD/CAM/CAE系统；应进一步研究基础软件和应用软件，通过模拟挤压、虚拟设计各种复杂组合模在挤压过程中的应力-应变场、温度场和金属流变场的真实情况，以提高模具的设计质量和使用寿命，逐渐实现零试模。在此之前，应建立大型数据库和专家库以及有效的软件系统。

e　模具复合加工技术的开发和应用

模具复合加工就是将机械加工—电加工（电化学）—超声波等技术综合在一起进行综合加工。这种复合加工技术兼有两种或两种以上工艺的特点，可取得比单一工艺更好的效果。例如，电加工后涂覆TIC和WC，可强化模具的工作表面；电加工加超声波振动，可提高各种效率；电加工后进行研磨抛光，可消除硬化层，减少表面粗糙度，模具复合加工技术有广阔的发展前景，是今后的主攻课题之一。

f　模具自动加工系统的研制和发展

由于各种数控和计算机控制机床的迅速发展，模具在制造上出现了自动加工系统，如日本三菱公司建立了计算机设计NC带—加工中心—真空热处理—成型磨床—电加工—坐标磨床—装配试模的自动加工系统，大大缩短了制造周期，减少了制造误差，提高了模具质量，为模具的设计制造过程全线自动化打下了基础，特别是为在大挤压机上生产多腔、多孔复杂型材创造了条件。

g　激光加工在模具制造中的应用

近年来，激光加工技术发展很快。在模具加工技术上主要用来切割样板和打孔，可望用二维的板片加工代替三维的空间曲面加工，简化模具加工工艺。此外，用激光热处理可强化模具表面，提高模具表面硬度及耐磨性。激光技术在模具上应用刚刚开始，可望获得重大突破。

h 研磨抛光技术的发展方向

目前模具的研磨抛光工序大部分仍靠手工作业，这不仅花费工时，劳动条件也很恶劣，特别是对一些复杂的空间曲面，手工抛光不能达到良好的效果。因此，模具表面的粗糙度不能大幅度降低。近年来，国外相继出现了自动抛光机、带电子计算机的数控研磨机、挤压珩磨机及自动喷丸机、机械-超声波二合一抛光机、机械-电化学-超声波三合一抛光机等自动研磨抛光设备，使模具的研磨抛光技术向自动化方向迈出了一大步。借助于电子计算机的带有磨损补偿送进装置的数控研磨机可实现三维曲面模具表面的自动研磨抛光工作，这不仅节省了工时，减少了劳动量，改善了劳动条件，而且大大降低了模具表面粗糙度和改善了表面状态，为了消除研磨表面产生的磨痕，可采用弹性模具或带状、线状的模具磨削曲面，以代替手工研磨抛光工序。模具表面的自动研磨抛光技术的发展将大大促进模具技术的发展。

i 铝挤压工模具标准化和产业化的发展方向

随着生产技术水平的提高及模具工业方式转向数控化设备，模具的 CAD/CAM/CAE 技术广泛应用后，模具的设计与制造依靠人工技艺的比重逐渐减少，而脑力劳动量增加。铝合金挤压工模具制造已成为一个可大批生产的产业化行业。由于铝挤压工业的高速发展，铝挤压材的品种大大增多，产量大大增加，工模具的数量和质量也大大提高。因此，铝合金挤压工模具企业在逐渐向“专业化”和“大型化”方向发展。国际上已建成若干有名的大型专业化模具厂，如日本的高取制作所、韩国的中央精密、德国的 M + S 公司等，我国近年来也逐渐建成了上百家专业铝挤压模具厂，其中年产 30000 套以上的大型专业厂有十余家，如南海的兴顺模具厂、顺德的万红模具厂、江阴江顺模具厂、天津北方模具厂以及吉林的飞跃模具厂等。

为了提高生产效率，便于生产管理，提高模具质量，降低成本，挤压模具的“专业化”、“标准化”和“通用性”程度将会进一步提高。

2 铝合金挤压工具的优化设计

2.1 铝合金挤压工具的分类及组装形式

2.1.1 铝合金挤压工具的分类

（1）大型基本挤压工具。这类工具的特点是尺寸较大，重量也较大，通用性强，使用寿命也较长，在挤压过程中承受中等以上的负荷。每台挤压机上根据产品的工艺要求，一般配备 3～5 套不同规格的基本工具。挤压筒、挤压轴、轴座、轴套、挤压垫片、模支承、支承环、模架、压型嘴、针支承、针座、堵头等都属于这类工具。其中挤压筒是尺寸规格最大、重量最大、受力最严重、工作条件最恶劣、结构设计最复杂、加工最困难、价格最昂贵的大型基本工具。

（2）模具。模具包括模子、模垫、针尖等直接参与金属塑性成型的工具。其特点是品种规格多、结构形式多，需要经常更换，工作条件极为恶劣，消耗量很大，因此，应千方百计提高模具使用寿命，减少消耗，降低成本。

（3）辅助工具。为了实现挤压工艺过程所必须的配套工具，其中较为常用的有导路、牵引爪子、辊道、吊钳、修模工具等，这些工具对提高生产效率和产品质量都有一定的作用。

2.1.2 铝合金挤压工具的组装形式

铝合金液压挤压机上工具装配形式一般可按设备类型、挤压方法和挤压产品的不同分为若干种基本形式，图 2-1～图 2-10 为应用最广泛的四种组装形式举例。

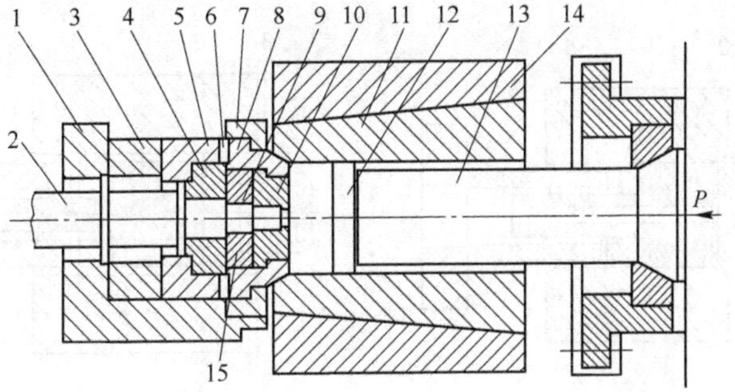

图 2-1 卧式挤压机正挤压型、棒材工具装配形式
（带压型嘴结构）
1—压型嘴；2—导路；3—后环；4—前环；5—中环；6，15—键；
7—压紧环；8—模支承；9—模垫；10—模子；11—挤压筒内套；
12—挤压垫片；13—挤压轴；14—挤压筒外套

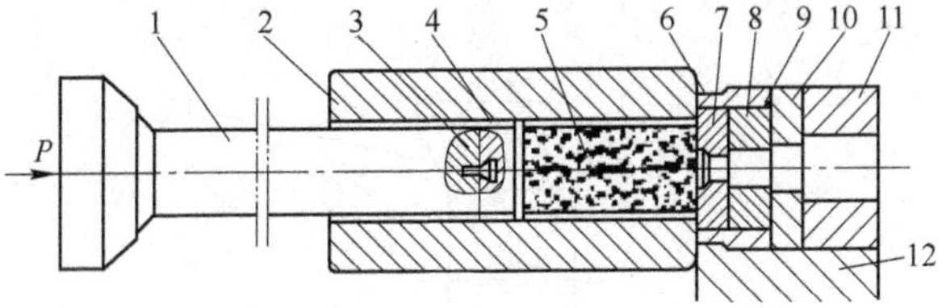

图 2-2 卧式挤压机正挤压型、棒材工具装配形式
（不带压型嘴结构）
1—挤压轴；2—挤压筒内套；3—连接销；4—挤压垫片；5—铸锭；6—模套；
7—模子；8—模垫；9—定位销；10—前环；11—后环；12—模架

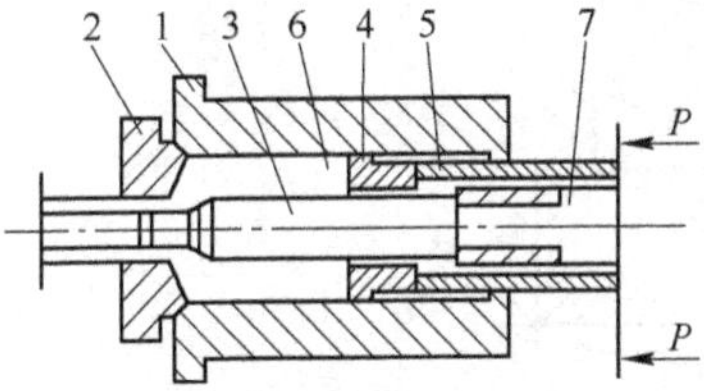

图 2-3 用固定的圆锥-阶梯针
正挤压管材工具装配图
1—挤压筒内套；2—模子；3—挤压针；
4—挤压垫片；5—挤压轴；
6—铸锭；7—针支承

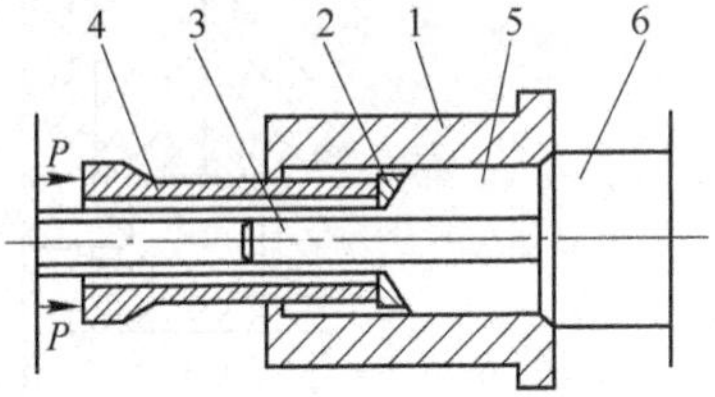

图 2-4 带堵头反向挤压
管材工具装配图
（挤压轴运动，挤压筒与堵头固定）
1—挤压筒内套；2—模子；3—挤压针；
4—挤压轴；5—铸锭；6—堵头

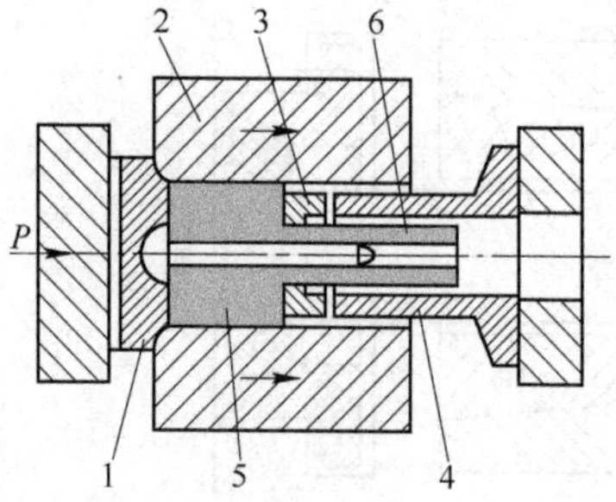

图2-5　带堵头反挤压管材工具装配图

（堵头与挤压筒同步运动，

挤压轴与挤压模固定）

1—堵头；2—挤压筒；3—挤压模；

4—挤压轴；5—锭坯；6—挤压制品

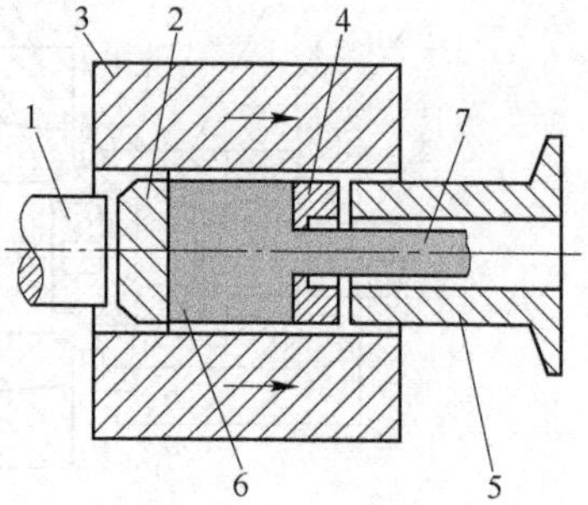

图2-6　用双挤压轴的反向挤压工具装配图

1—挤压轴；2—挤压垫；3—挤压筒；

4—挤压模；5—空心挤压轴；

6—锭坯；7—挤压制品

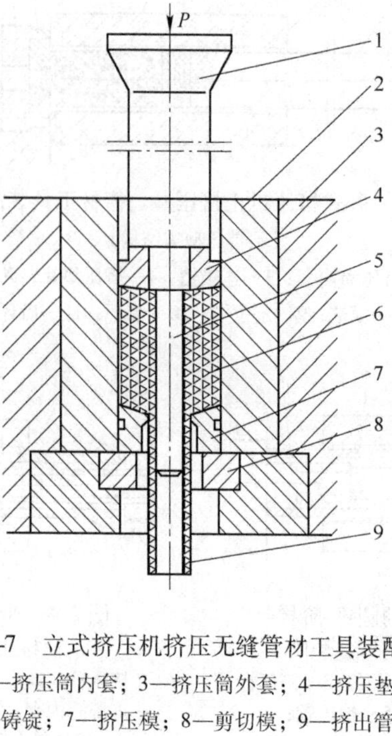

图2-7　立式挤压机挤压无缝管材工具装配图

1—挤压轴；2—挤压筒内套；3—挤压筒外套；4—挤压垫；5—挤压针；

6—铸锭；7—挤压模；8—剪切模；9—挤出管材

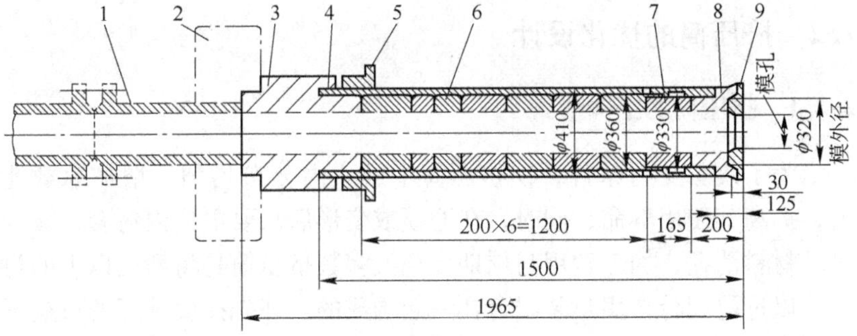

图 2-8 卧式挤压机多孔反向挤压棒材时反向轴装配图例

1—配重导路；2—压型嘴；3—底座；4—轴套管；5—压紧环；

6—压挤块；7—模支承双半环；8—模支承；9—模子

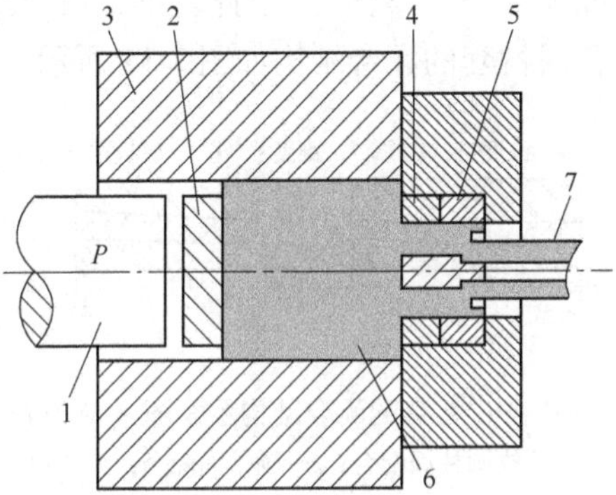

图 2-9 焊合管材、空心型材正向挤压的工具装配图

1—挤压轴；2—挤压垫；3—挤压筒；4—上模；

5—下模；6—锭坯；7—挤压制品

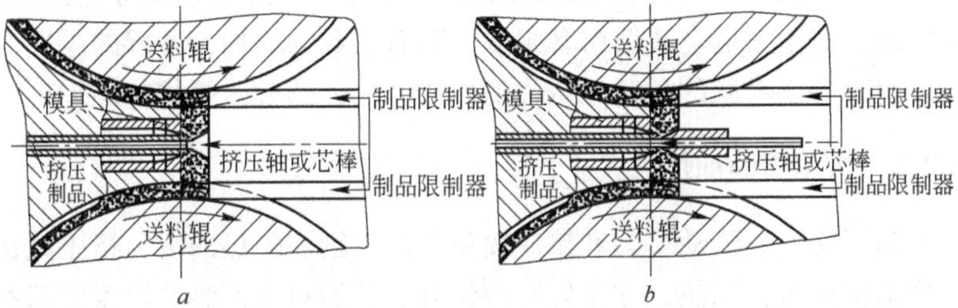

图 2-10 Conform 挤压法的工具装配图

a—挤压包覆型材装配图；*b*—挤压管材装配图

2.2　挤压筒的优化设计

2.2.1　挤压筒的结构形式

为了改善受力条件，使挤压筒中的应力分布均匀，增加承载能力，提高其使用寿命，同时，在磨损或变形后只要更换内衬套，减少筒的材料消耗、加工费用与周期，绝大多数挤压筒是将两层以上的衬套，以过盈配合，用热装组合在一起构成的。即先按设计好的过盈量分别加工和处理好各层衬套，将第二层套（外面的）加热到一定温度使内孔膨胀，然后将内衬套（里面的）“红”装入第二层衬套中，冷却后第二层套就对第一层套产生了足够大的预紧压应力，把第一层紧紧箍住，使之成为一个“整体”。依此类推，就可组成多层套的挤压筒。挤压筒中各层衬套的配合结构如图 2-11 所示。

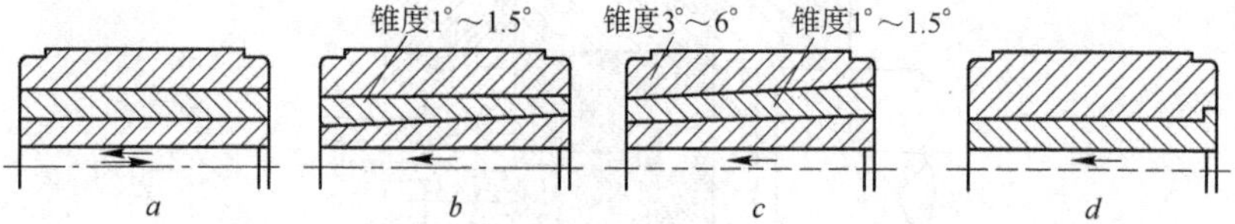

图 2-11　挤压筒中各层衬套的配合结构示意图（箭头表示挤压方向）
a—圆柱面配合；*b*—圆锥圆柱面配合；*c*—圆锥面配合；*d*—带台阶的圆柱面配合

挤压筒衬套的层数应根据其工作内套的最大压力来确定。在工作温度条件下，当最大应力不超过挤压筒材料的屈服强度的 40% ~ 50% 时，挤压筒一般由两层套组成；当应力超过材料屈服强度的 70% 时，应由三层套或四层套组成。随着层数的增加，各层的厚度变薄。由于各层套间的预紧压应力的作用，应力的分布就越趋均匀。

2.2.2　挤压筒的加热方式

为了使金属流动均匀和挤压筒免受过于剧烈的热冲击，挤压筒在工作前应进行预加热，在工作时应保温。预加热与保温的温度应基本接近被挤压金属的温度，挤压铝合金为 450 ~ 500℃，加热的方法有：

（1）开始挤压前，把加热好的铸锭放入挤压筒内，或用煤气，或用特制的加热器从筒内加热。

(2) 在挤压筒加热炉内加热。

(3) 用电阻元件从挤压筒外部加热。

(4) 用预先设置在挤压筒中间的加热孔进行电阻加热或感应加热。

目前，一般采用装在挤压筒衬套中的电感应器加热（图 2-12）和电阻丝外加热器加热（图 2-13）两种方式对挤压筒进行保温加热。近年来，为了更精确控制挤压筒和铸锭温度，研发出了分区控制电阻加热法，如图 2-14 所示。

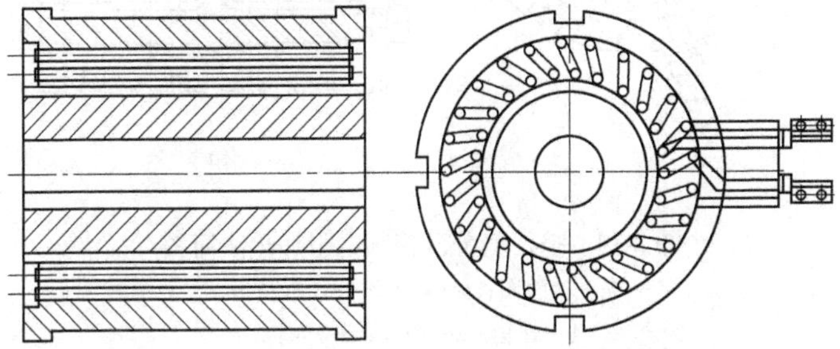

图 2-12 装在挤压筒衬套中的电感应加热器示意图

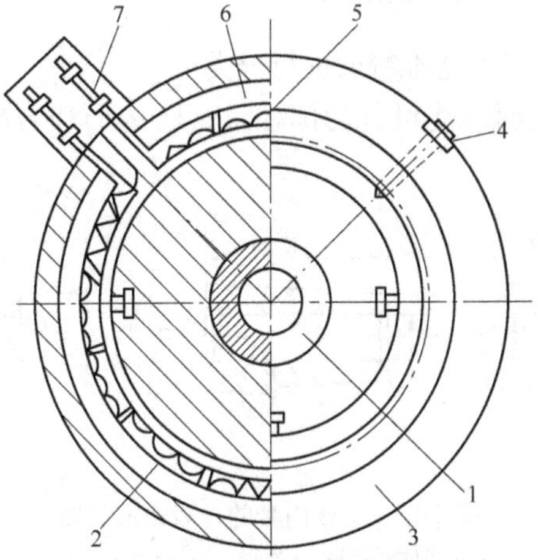

图 2-13 挤压筒的外电阻加热器布置图
1—内衬套；2—外衬套；3—外壳；4—热电偶；
5—电阻丝；6—加热导管；7—接线柱

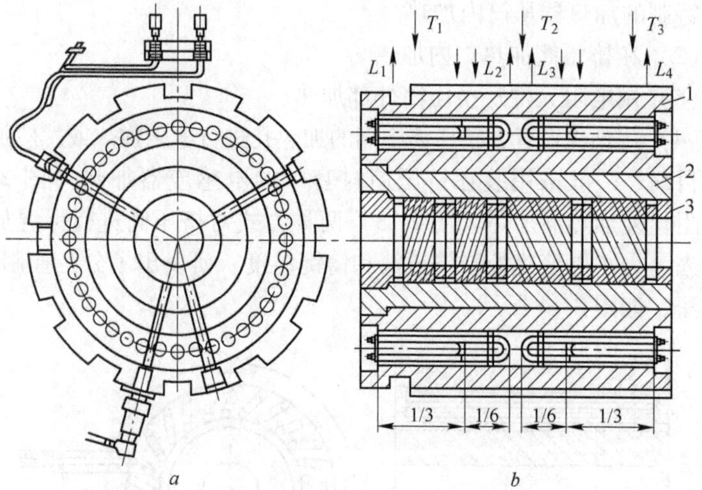

图 2-14　挤压筒分区控制电阻加热法简图

a—接线图；*b*—电阻丝分区布置图

1—外套；2—中套；3—内套

2.2.3　挤压筒工作内套的结构

其结构可按三个基本特征进行分类：

（1）按外表面结构可分为圆柱形、圆锥形和台肩圆柱形，如图 2-15 所示。

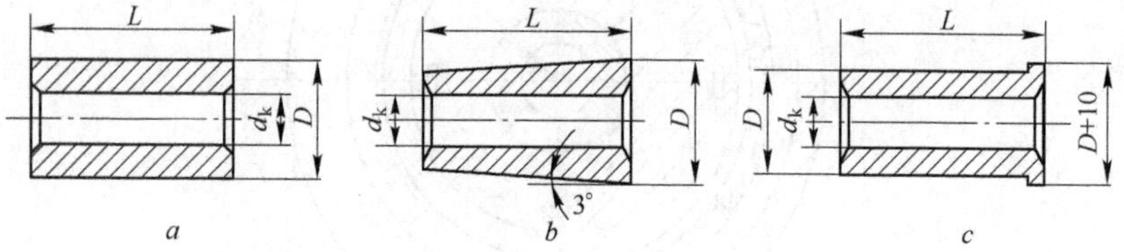

图 2-15　工作内套的外表面形状图

a—圆柱形；*b*—圆锥形；*c*—台肩圆柱形

（2）按整体性可分为整体内套和组合内套；在组合内套中又分为圆柱形组合、锥形组合、分瓣组合三种，如图 2-16 所示。

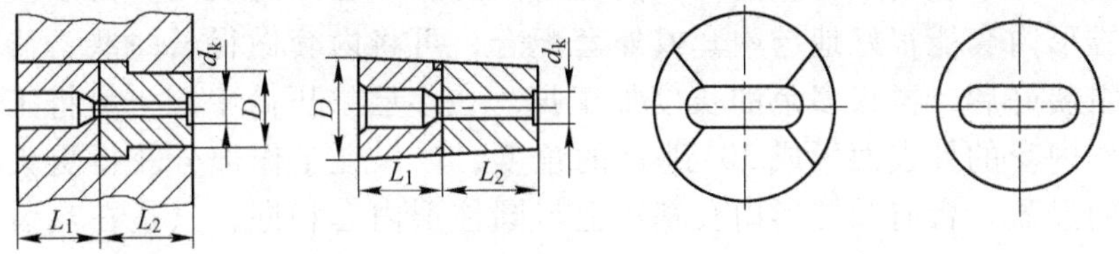

a b c d

图 2-16 工作内套按整体性分类示意图

a—圆柱形组合式；b—锥形组合式；c—分瓣组合式；d—整体式

(3) 按内腔形状分为圆形、扁形和其他形状，如图 2-17 所示。

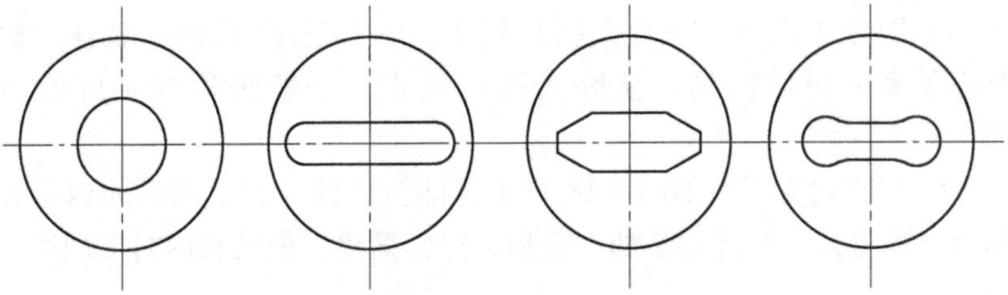

a b c d

图 2-17 挤压筒的内孔形状图

a—圆形；b—扁形；c—多边形；d—哑铃形

在中小型挤压机上主要采用圆柱形内套，20MN 以上的挤压机采用圆锥形内套，最近几年来大型挤压机上也普遍采用圆柱形内套。圆柱形内套易于加工和测量尺寸；更换衬套时尺寸配合问题较少；工作部分磨损后可以调头使用，有利于提高使用寿命。但更换或损坏时退套较困难，当过盈量选择不当，配合面磨损以及挤压筒加热温度过高或内外温差大等情况下，在推出压余或从挤压筒中推出挤压不动的铸锭以及模座靠近挤压筒时，可能将内衬套顶出挤压筒。圆锥形内套（锥度一般为 3° ~5°）便于更换，损坏时易于从挤压筒中退出，甚至在有的挤压机上可直接装上或卸下内套，而不需要将外套从挤压筒支架内取出，这可大大节省停工时间，提高生产效率，但锥面不易加工，对较长的内衬套外锥面的平直度不易保证，锥面各断面的尺寸也不易检测。为了使锥形内套能很好地与中套或外套配合，可将内套做得长一些，待组装好后，再将多余的长度加工掉。在多层挤压筒中，一般将工作内套的外表面做成30′到1°的角度，以保证工作部分获得更大的过盈。台肩圆柱形内套基本上与圆柱形内套相同，只是在热装时可不必先找准热装位置，依靠台肩自动找正比较方便，同时，台肩可防止内套从挤压筒中脱出。

2.2.4　挤压筒与模具平面的配合方式

挤压筒的工作内套与模具间的配合方式应根据被挤合金种类、产品品种与形状、挤压方法、工模具结构和挤压筒与横向压紧力大小等因素来设计。在立式挤压机上，一般把模子的一部分或整个模子套入挤压筒内。在卧式挤压机上，一般采用两种配合方式：

（1）平封方式，如图2-18所示，即挤压筒与模子端面间以平面接触方式密封。其优点是加工容易，操作简单，模具和内衬端面所受

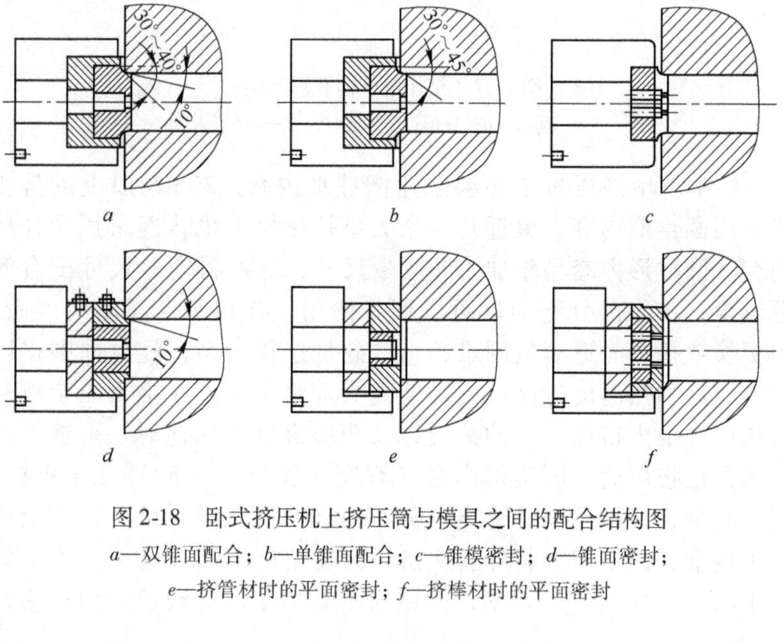

图2-18　卧式挤压机上挤压筒与模具之间的配合结构图

a—双锥面配合；*b*—单锥面配合；*c*—锥模密封；*d*—锥面密封；*e*—挤管材时的平面密封；*f*—挤棒材时的平面密封

的单位压力都比较小，不易压碎和变形。缺点是，密封性较差，如果靠紧力不够，或接触面不平，变形金属容易从接触面溢出而形成“大帽”。

（2）锥面配合密封，如图2-18所示，即模子与挤压筒之间依靠锥面或双锥面配合密封。其主要优点是密封性强，金属不易溢出而形成“大帽”，易对准中心，有自动调心作用，可保证管材的壁厚均匀。缺点是接触面较小，工作内套常因高的面压或应力集中产生局部压塌。

带斜面锁键的挤压机，一般采用双锥方式；带平锁键的挤压机一般采用锥封；管材挤压机上一般采用锥封，而型、棒挤压机上一般采用平封；用锥形模、舌形模挤压管材和空心型材时，一般采用锥封，而用平面模、平面组合模挤压棒、型材和壁板时，一般采用平封。采用平封时，应保证挤压筒与模座接触面上的单位压紧力比作用在挤压垫片上的单位压力大10%左右。

2.2.5 挤压筒结构尺寸的设计与强度校核

2.2.5.1 圆挤压筒内孔直径的确定

挤压筒工作内套的内孔直径 $D_{筒}$ 主要根据挤压机的能力及其前梁结构，挤压制品的允许挤压系数 λ，以及被挤压合金变形所需要的单位压力 $P_{比}$ 来确定。$D_{筒}$ 的最大值应保证作用在挤压垫片上的单位挤压力 $P_{比}$ 不低于被挤压材料的变形抗力。对一定能力的挤压机来说，$D_{筒}$越大，则 $P_{比}$ 就越小，因而挤压系数大、形状复杂的高强耐热合金制品就越困难。

在挤压铝合金时，一般要求 $P_{比}$ 不低于250~450MPa；挤压复杂的薄壁型材、薄壁管材和宽厚比大于50壁板型材时，要求 $P_{比}$ 大于450~750MPa；用舌形模或平面组合模挤压形状极复杂的空心型材时，则要求 $P_{比}$ 高达500~1000MPa。另外挤压筒的最大内孔直径还受到挤压机前梁空间的限制，如果前梁开口空间较小，则挤压筒的外径就不能过大，因而 $D_{筒}$ 就会受到限制，否则会影响挤压筒本身的强度。挤压筒的最小直径应保证工具的强度，特别是挤压轴的强度。此外，$D_{筒}$ 过小，$P_{比}$ 过大，对挤压筒内套本身和挤压垫片、模子等工具的使用寿命等也有影响。$D_{筒}$ 的最小值还与挤压机的能力有关，对于小型挤压机来说，由于挤压筒的工作内套和挤压轴等工具的尺寸太小，可选用3Cr2W8V 等高级材料，故允许承受较高的 $P_{比}$。

在考虑上述情况下，再根据生产的产品品种、规格等来确定挤压筒工作内套的内孔直径。一台挤压机上一般配备 2～3 种规格的圆挤压筒，万能性较强的大型卧式挤压机上可配置 4～5 种规格的圆挤压筒，而专业性强的中小型建筑型材用卧式挤压机上有时只配备 1～2 种规格的圆挤压筒。表 2-1 列出了常用圆挤压筒的规格。

表 2-1　各种挤压机上配备的圆挤压筒的规格

挤压机能力/MN	挤压筒内孔直径/mm	挤压筒内孔长度/mm	比压/MPa	挤压机能力/MN	挤压筒内孔直径/mm	挤压筒内孔长度/mm	比压/MPa
3.5	64～100	340	1088～446	25	200～260	650	796～471
4	85～100	340	1199～509	31.5	220～350	1000	829～328
5	90～125	500	786～407.7	35	250～380	1000	713～309
6	95～135	500	846～419	50	300～420	1250	708～361
6.3	95～135	450	889～440	60	300～500	1500	849～306
7.5	105～145	560	866～454	72	330～520	1500	842～339
8	105～160	700	924～398	80	360～580	1600	786～303
12	125～185	750	978～477	90	400～600	1700	717～318
12.5	125～200	800	1019～398	96	420～630	1800	693～308
15	150～210	815	849～433	120	500～700	2000	611～312
16	155～220	815	848～421	125	420～800	2000	903～249
16.3	150～230	750	923～392	200	650～1200	2100	603～176
20	170～230	815	882～482				

2.2.5.2　扁挤压筒内孔尺寸的确定

扁挤压筒的工作内套具有小边为圆弧面的矩形内腔。以 $A_{扁}$ 表示扁挤压筒的长轴尺寸，$B_{扁}$ 表示其短轴尺寸，则 $A_{扁}/B_{扁}$ 之比一般可在 2.5～3.5 变化。扁挤压筒内孔尺寸与产品宽度、挤压系数、被挤压合金的性能、挤压机前梁出口尺寸等因素有关。内孔的长轴尺寸与挤压筒外径之比值最好为0.4～0.45，当超过此比值时，扁挤压筒的强度就很难保证。另外，$A_{扁}$ 增大，相应地要求增大前梁出口尺寸，在特殊的情况下，可设计制造宽前梁开口的挤压机。扁筒内孔短轴尺寸决定于挤压强度最高、宽度最宽、宽厚比大的薄壁壁板型材所需的单位挤压力 $P_{比}$。当 $\lambda = 15 \sim 50$ 时，扁挤压垫片上的单位挤压力 $P_{比}$ 不应小于450～600MPa，在某些情况下，要求为600～1200MPa。但是，$B_{扁}$ 也不能太小，否则，扁挤压轴的强度和稳定性得不到保证，扁挤压筒本身的强度也会受到影响。一般情况下，扁筒的单位挤压力 $P_{比}$ 设计为450～800MPa。目前，大多数重型挤压机上都配置有1～2种规格的扁挤压筒的规格（表2-2）。

表2-2 各种挤压机扁挤压筒的规格

挤压机能力/MN	扁挤压筒规格/mm×mm	扁挤压筒长度/mm	比压/MPa
20	230×90	820	1150
20	355×100	760	603
50	575×200	1250	525
50	570×150 570×170 570×190	1250	619 551 531
50	550×155	1250	574
72	675×230	1200	738
80	900×240	1300	539
80 80	815×200 900×240	1300 1300	500 450
93 96	850×240 760×240	1500 1500	485 589
120	815×350 850×320	2000	450 450

续表 2-2

挤压机能力/MN	扁挤压筒规格/mm×mm	扁挤压筒长度/mm	比压/MPa
120	1200×230	2000	450
120	900×240 850×240	2000	590 626
125	850×250 850×320	2000	630 500
200	1200×450 1100×300 2000×250	2100	403 630 450

2.2.5.3　挤压筒长度的确定

挤压筒长度 $L_{筒}$ 与 $D_{筒}$ 大小、被挤压合金的性能、挤压力的大小、挤压机的结构、挤压轴的强度等因素有关，挤压筒越长，可以采用较长的铸锭，因而提高生产率和成品率，但同时也增大了挤压力，而且由于挤压轴的细长比增大，削弱了挤压工具的强度。特别是对于高比压的小挤压筒和扁挤压筒来说，如果 $L_{筒}$ 过大，会降低挤压轴的稳定性，即使在正常挤压情况下，挤压轴也容易变弯。

在一般情况下，$L_{筒}$ 可用以下公式确定：

$$L_{筒} = (L_{max} + l) + t + s \tag{2-1}$$

式中　L_{max}——铸锭的最大长度，对型棒材（实心铸锭），L_{max} 为（3~4）$D_{筒}$；对管材（空心锭），L_{max} 取（2~3）$D_{筒}$；对于扁挤压筒，L_{max} 一般为（3~5）$B_{扁}$（$B_{扁}$ 为扁筒的短轴尺寸）。

l——铸锭穿孔时金属向后倒流所增加的长度；

t——模子进入挤压筒的深度；

s——挤压垫片的厚度，一般取（0.4~0.6）$D_{筒}$，小挤压机取上限，大挤压机取下限。在实际生产中，挤压筒长度与直径之比 $L_{筒}/D_{筒}$ 一般不超过 3~4。表 2-1、表 2-2分别列出了部分圆、扁挤压筒的长度。

2.2.5.4　挤压筒各层衬套厚度的确定

挤压筒衬套的层数越多，各层厚度比值越合理，则应力就越小。

挤压筒外径应为内径的 3～5 倍，每层壁厚则根据内部受压的空心圆筒各层内衬套直径比值相等时的强度最大原则来确定。如取挤压筒外径和内径的比值为 4 时，则对两层挤压筒为 $D_2/D_1=D_1/D_0=2$，对三层挤压筒为 $D_1/D_0=D_2/D_1=1.58$。

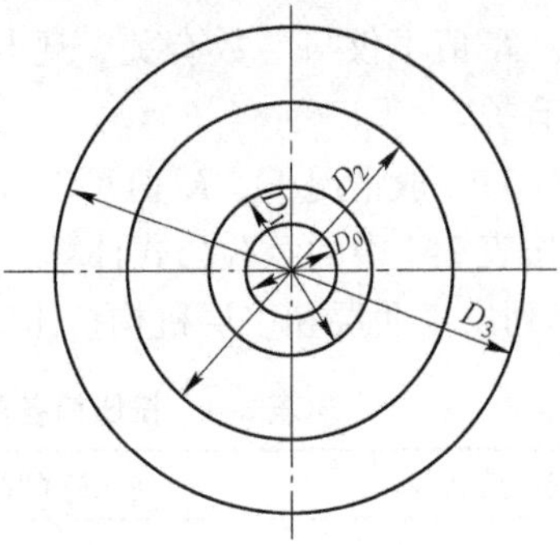

图 2-19 挤压筒衬套尺寸示意图

但在生产实践中，考虑外层套里有加热孔以及键槽等而引起的强度降低，各层直径比应保持为 $D_1/D_0<D_2/D_1<D_3/D_2$ 的关系（图2-19）。表 2-3 为俄罗斯使用的部分挤压筒的各层厚度比。

表 2-3 俄罗斯部分挤压筒的各层厚度比

图　示	比压/MPa	D_1/mm	D_2/mm
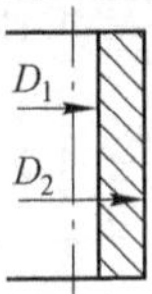	三层挤压筒		
	1000	$1.6D_0$	$1.8D_1$
	800	$1.6D_0$	$1.6D_1$
	630	$1.6D_0$	$1.5D_1$
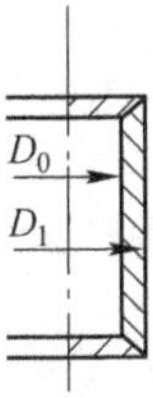	两层挤压筒		
	500	$2.0D_0$	—
	400	$1.8D_0$	—
	350	$1.6D_0$	—
	250	$1.4D_0$	

多层挤压筒的各层厚度之间存在一个“经济比”或者称为“直径最佳比”，以 K 表示，则

$$K=D_{bi}/D_{Hi}$$

式中 D_{bi}——表示第 i 层内径，mm；

D_{Hi}——表示第 i 层外径，mm。

直径最佳比表示各层厚度的合理性。

K 值不仅与层数有关，还与各层所受的拉应力和材料的许用应力有关。

在一般情况下，K 值可取 0.2～0.5，在确定各层衬套厚度时也可按表 2-4 中的经验公式计算，而后进行强度校核修正。表 2-5 和表 2-6列出了两层和多层机构挤压筒尺寸实例。

表 2-4 挤压筒各层套之间合理直径比值表

挤压筒结构	挤压筒简图	各层套间的直径比
两层	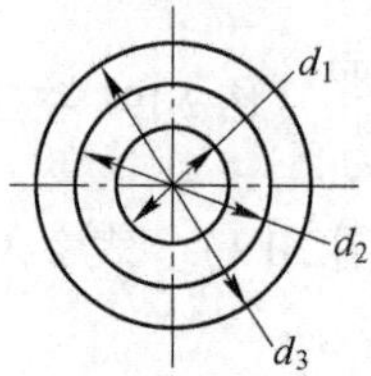	$\frac{d_3}{d_1}=2.5\sim4$ $\frac{d_2}{d_1}=0.2\frac{d_3}{d_1}+1=1.4\sim1.8$
三层	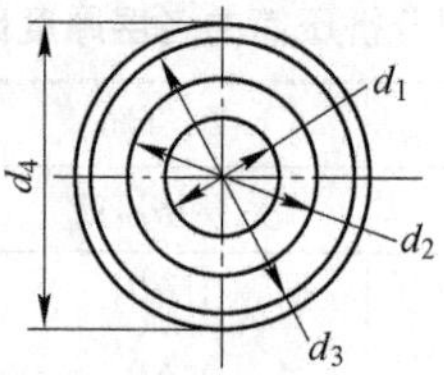	$\frac{d_4}{d_1}=4\sim5$ $\frac{d_2}{d_1}=0.07\frac{d_4}{d_1}+1.15$ $\frac{d_3}{d_2}=0.1\frac{d_4}{d_1}+1.2$
四层	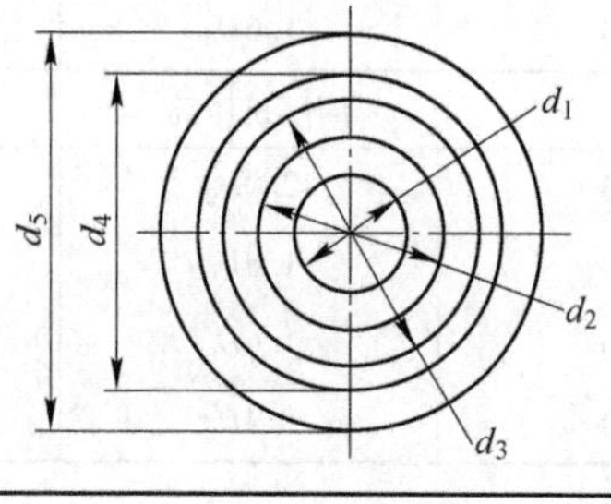	$\frac{d_2}{d_1}=1.38$ $\frac{d_3}{d_2}=1.34$ $\frac{d_1}{d_3}=1.34\sim1.38$ $\frac{d_5}{d_4}=1.74\sim1.36$

表 2-5 两层结构挤压筒尺寸

挤压机能力/MN	各衬套尺寸/mm			各层直径比		比压/MPa	筒长/mm	备 注
	d_1	d_2	d_3	d_2/d_1	d_3/d_2			
50	360	550	1350	1.53	2.45	491	1200	水 压
35	280	635	1250	2.7	1.97	568	1000	水 压

续表 2-5

挤压机能力/MN	各衬套尺寸/mm			各层直径比		比压/MPa	筒长/mm	备注
	d_1	d_2	d_3	d_2/d_1	d_3/d_2			
20	200	380	920	1.9	2.42	636	815	水 压
20	170	400	810	2.35	2.03	882	810	油 压
16.3	170	200	710	1.70	2.45	769	735	油 压
12.5	130	300	710	2.31	2.37	942	680	油 压
12	115	300	750	2.61	2.50	1155	715	水 压
7.5	85	300	750	3.53	2.50	1325	555	水 压
6	100	215	545	2.15	2.53	760	400	水 压

表 2-6 多层套结构挤压筒尺寸

挤压机能力/MN	挤压筒内孔尺寸/mm	各层衬套的尺寸/mm					各层套直径之比值						备注
		d_1	d_2	d_3	d_4	d_5	d_2/d_1	d_3/d_2	d_4/d_3	d_5/d_4	d_4/d_1	d_5/d_1	
20	□230 × 90	230 × 90	324	540	920	—	1.43	1.66	1.71	—	4.0	—	三层套扁筒
125	ϕ420	420	800	1500	1810	2100	1.90	1.88	1.21	1.16	4.31	5.0	四层套圆筒
125	ϕ650	650	1130	1810	2100	—	1.74	1.60	1.16	—	3.23	—	三层套圆筒
125	ϕ800	800	1130	1810	2100	—	1.41	1.60	1.16	—	2.63	—	三层套圆筒
125	□850×320	850 × 320	1130	1500	1810	2100	1.33	1.33	1.21	1.16	2.13	2.47	四层套扁筒

2.2.5.5 挤压筒各衬套间配合过盈的确定

在设计挤压筒时，为了改善筒的受力状况，一般都采用多层的，并以热装形式组合，多层之间都应选一定的过盈值。过盈值选择合适，可使挤压筒的使用寿命提高 3 ~4 倍。应该力求使每层衬套中的等效应力 σ 最大值尽可能接近，且不超过材料的许用应力值。这可通过合理选择挤压筒各层套间的尺寸和装配公盈来达到。过盈量越大，则产生的预紧压应力也越大，有时甚至除完全抵消径向拉应力外，尚出现合成压应力，使挤压筒在非工作状态下产生压缩变形，也会给更换挤压筒内套带来困难。

合理的过盈值与挤压筒的比压、各层厚度和层次等因素有关。挤压筒的比压越大，过盈值也应选大些。多层套挤压筒越靠近内套的层次，其过盈值应选大些。装配时的尺寸越大，衬套的壁厚越大，则过盈值应选得大些。一般由过盈值引起的热装应力以不超过挤压工作时最大单位挤压力的70%为宜。公盈值过小不能有效降低等效应力值，对圆柱形筒有时产生掉套。挤压筒配合面的最小过盈量，应根据最小径向压力 $P_{\min}$ 确定。公式为：

$$\delta_{\min} = \frac{2P_{\min}d}{E} \cdot \frac{d(d^2 d_{2i} - d_{1i}^2)}{(d_{2i}^2 - d_{1i}^2)(d_{2a}^2 - d_{2i}^2)} \tag{2-2}$$

式中 $\delta_{\min}$——最小过盈量；

$P_{\min}$——最小装配压力，$P_{\min} \geqslant \frac{P}{\pi d_{配} l\mu}$；

d——配合面直径；

d_{2a}——中衬外径；

d_{1i}——内衬内径；

d_{2i}——中衬内径；

E——弹性模量；

l——铸锭长度；

μ——金属与挤压筒内衬内表面摩擦系数；

P——挤压机名义压力。

不同尺寸的装配过盈可按装配处直径的1/500 ~ 1/800 来选取。最佳过盈量的选择如表2-7 所示。

表 2-7 几种挤压筒的最佳过盈量表

挤压筒结构	配合直径/mm	公盈值/mm
双层套	200 ~ 300	0.45 ~ 0.55
	310 ~ 500	0.55 ~ 0.65
	510 ~ 700	0.70 ~ 1.0
三层套	800 ~ 1130	1.05 ~ 1.35
	1600 ~ 1810	1.4 ~ 2.35
四层套	1130	1.65 ~ 2.2
	1500	2.05 ~ 2.3
	1810	2.5 ~ 3.0

在挤压筒装配前，外套内径略小于内套外径，其差值就是过盈量。装配时将外套加热，装入内套，冷却后则两套之间紧密配合，并产生热装应力 P_k，它使内套受到外压力，其引起的切向压应力为 $\sigma_{t压}$，同时对外套产生内压力，引起的切向应力为拉应力 $\sigma_{t拉}$，热装产生的应力就是预应力。

当挤压时，内套又受到工作单位压力 P_i，它使内套产生切向拉应力 $\sigma_{t拉}$。与装配时的切向压应力 $\sigma_{t压}$ 相抵消一部分，使实际的切向拉应力 $\sigma_{t拉}$ 减小；外套由于工作压力 P_i 引起的切向拉应力 $\sigma_{t拉}$，与热装时产生的 $\sigma_{t拉}$ 相加，而使总拉应力增加，这样就可使内、外层切向应力趋于均匀分布，增大挤压筒的承载能力。

2.2.5.6 挤压筒的强度校核

A 圆挤压筒的强度校核

多层挤压筒的强度校核可按承受内外压力的厚壁筒各层同时屈服的条件来进行计算，如果假设：

(1) 沿挤压筒长度方向的单位压力等于挤压垫片上的比压 $P_{比}$；

(2) 轴向压应力可忽略不计；

(3) 挤压筒内外各层的温度均匀；

(4) 把挤压筒的应力状态看成平面问题。

那么，挤压筒壁上的切向和径向应力为：

$$\sigma_t = P_{比}\frac{r^2}{R^2 - r^2}\left(1 + \frac{R^2}{\rho^2}\right) \tag{2-3}$$

$$\sigma_r = P_{比}\frac{r^2}{R^2 - r^2}\left(1 - \frac{R^2}{\rho^2}\right) \tag{2-4}$$

式中 σ_t、σ_r——分别为挤压筒壁上的切向和径向应力；

r、R——分别为挤压筒的内、外半径；

ρ——从挤压筒轴线到所求应力点距离；

$P_{比}$——挤压筒的比压。

按第三强度理论，等效应力 $\sigma_{等效}$ 为：

$$\sigma_{等效} = \sigma_t - \sigma_r = \frac{P_{比}2r^2R^2}{(R^2 - r^2)\rho^2} \tag{2-5}$$

由以上三式看出，在挤压筒内表面上（$\rho = r$）出现最大应力值为：

$$\sigma_{t}^{内} = P_{比}\frac{R^2 + r^2}{R^2 - r^2} \tag{2-6}$$

$$\sigma_{t}^{内} = -P_{比} \tag{2-7}$$

$$\sigma_{等效}^{内} = P_{比}\frac{2R^2}{R^2 - r^2} \tag{2-8}$$

用$K = \frac{r}{R}$表示挤压筒的壁厚系数，那么上述公式可改写成如下形式：

$$\sigma_{t}^{内} = P_{比}\frac{1 + K^2}{1 - K^2} \tag{2-9}$$

$$\sigma_{r}^{内} = -P_{比} \tag{2-10}$$

$$\sigma_{等效}^{内} = P_{比}\frac{2}{1 - K^2} \approx [\sigma] \tag{2-11}$$

那么，整个挤压筒上的最大允许压力 P_{max} 为：

$$P_{max} = \frac{1 - K^2}{2}[\sigma] \tag{2-12}$$

由式（2-12）可得出以下结论：

（1）挤压筒最大允许压力 $P_{max} < 0.5\ [\sigma]$；

（2）挤压筒壁厚系数 K 取 0.35～0.50 为宜；多层挤压筒各层最佳厚度比 K 可取 0.45～0.60；

（3）单层挤压筒受力状态极不合理。当最大应力不超过材料屈服强度的 50% 或 $P_{比} < 700\text{MPa}$ 时，可用两层套结构。当最大应力大于 70% 材料屈服极限或 $P_{比} > 700\text{MPa}$ 时，应由三层或四层套组装而成，如图 2-20 所示。

B　扁挤压筒的强度校核

通常用弹性力学原理来分析扁挤压筒的应力状态。将挤压筒内腔某一对称图形 K 外形保角映像为单位圆外形，如图 2-21 所示。

Z 点在 xy 平面的坐标为（x，y），$Z = x + iy$，在 UV 平面内与 Z 对应的点 λ 用（U，V）表示，$\lambda = U + iV$，则：

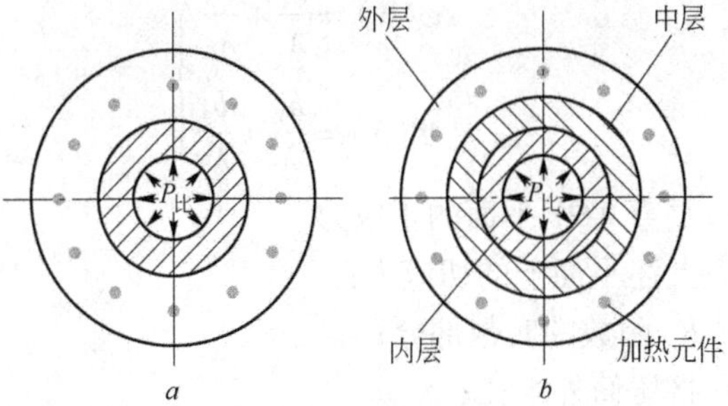

图 2-20 圆挤压筒的层数与 $P_比$ 的关系图

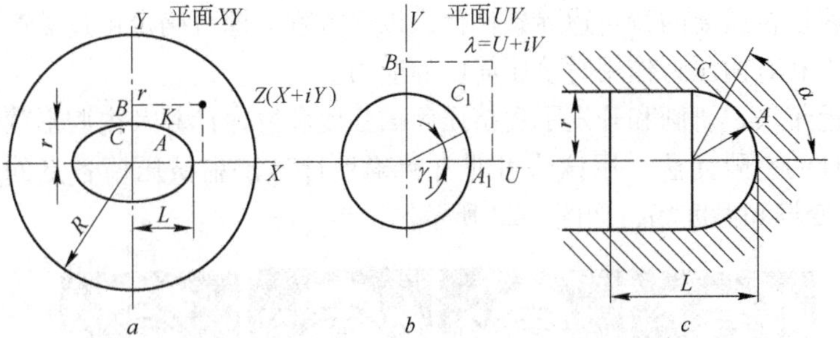

图 2-21 计算扁挤压筒应力状态原理分析图

a—扁挤压筒的横截面；*b*—在单位圆外形上扁挤压筒内腔轮廓的映像；*c*—典型的扁挤压筒内腔轮廓

$$Z = H(\lambda) = a\left(\lambda + \frac{b}{\lambda} + \frac{c}{\lambda^3}\right) \tag{2-13}$$

式中，*a*、*b*、*c* 为待定系数。

挤压筒外壳任意点的应力由方程组来确定：

$$\begin{cases} \sigma_x + \sigma_y = 4R_e\Phi(Z) & (2\text{-}14) \\ -\sigma_x + \sigma_y + 2i\tau_{xy} = 2[\bar{Z}\Phi'(Z) + F(Z)] & (2\text{-}15) \end{cases}$$

式中 $\Phi(Z) = \left[\frac{\varphi'(\lambda)}{H'(\lambda)} + \frac{\beta_1}{R} + 3\beta_3\frac{Z^2}{R^3}\right]$

$$F(Z) = -\left[\frac{\alpha_1}{R} + 3\alpha_3\frac{Z^2}{R^3} - 6\frac{\beta_3}{R}\right] + \frac{\Psi'(\lambda)}{H'(\lambda)}$$

$$\left.\begin{aligned}\varphi(\lambda) &= \frac{\alpha_1}{\lambda} + \frac{\alpha_3}{\lambda_3} \\ \Psi(\lambda) &= \frac{b_1}{\lambda} + \frac{b_3}{\lambda_3}\end{aligned}\right\}$$

σ_x、σ_y——垂直 XOY 平面的正应力；

τ_{xy}——上述平面上的切应力；

R_e——R_e 函数的实数部分；

R——挤压筒外半径；

$\overline{Z}$——Z 共轭点，$\overline{Z} = X - iY$；

α_j、β_j——待定系数。

将扁挤压筒的特定边界条件代入以上方程，即可确定由过盈产生的应力和有内压力作用时挤压筒中的应力。

近年来，研制和开发了扁挤压筒的强度和寿命计算及内腔形状优化设计的有限元法，用该法可非常精确地计算出扁挤压筒各点的应力-应变场和温度场，如图 2-22 所示。

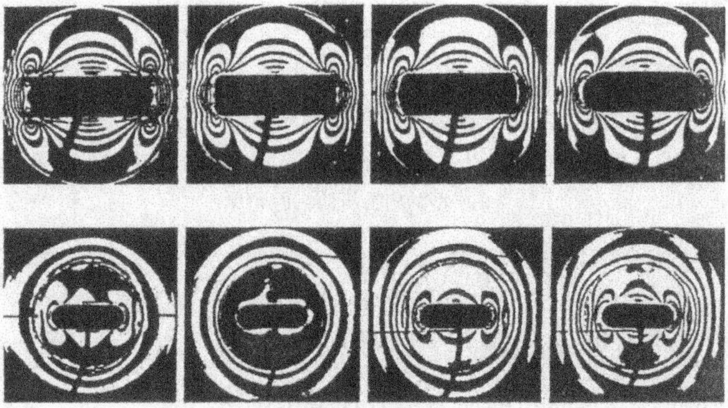

图 2-22　扁挤压筒中应力分布图（FEM 法）

用扁挤压筒挤压大型宽幅薄壁型材是一种最有效的办法。但是，由于红装过盈及内套孔腔四周出现很大温差，致使挤压筒产生不均匀变形，有时沿短轴方向变形量达 2mm 以上。另外，扁挤压筒应力状态复杂，局部拉应力很大，容易在危险断面产生裂纹。最新研究的扁挤压筒优化模式为：

(1) 挤压筒外套与内套均为整体结构，但内套沿轴向可分为2~3段。

(2) 挤压筒内衬套方孔短边设计成两次圆弧过渡，可使危险区的应力集中降至最小。

(3) 扁挤压筒红装过盈量应较圆挤压筒的高2~3倍。

(4) 挤压筒外套与内套选用4Cr5MoSiV1或3Cr2W8V电渣重熔钢锻造坯料，不允许出现白点等缺陷。在粗加工之后必须进行调质处理，最终热处理是淬火、2~3次回火。外套HRC为37~40，内套HRC为45~48。

(5) 整个挤压筒结构不允许出现尖角，挤压垫形状随挤压筒内套形状变化而改变。

(6) 内套外露部分必须过盈红装压应力圈，严防裸露。

(7) 扁挤压筒必须由多层套组装而成，当$P_{比}<600\text{MPa}$, $B:H\leqslant 2.0:1$时，可考虑用两层套。当$P_{比}\geqslant 600\text{MPa}$、$B:H>2.0:1$或$P_{比}<650\text{MPa}$, $B:H\geqslant 2.5:1$时必须采用三层或多层套结构，如图2-23所示。

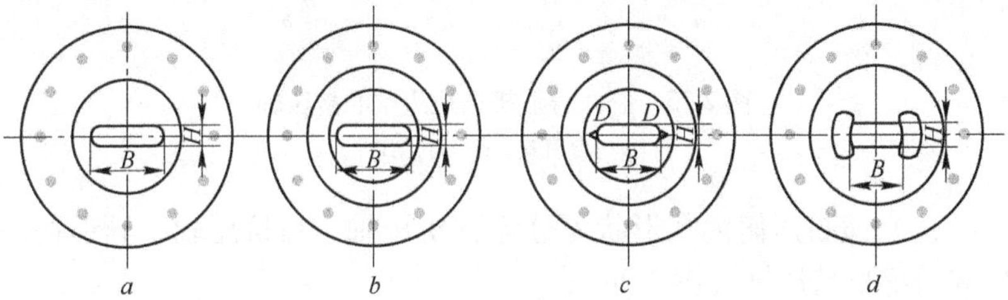

图2-23 扁挤压筒的层数与$P_{比}$和$B:H$的关系图

a—$P_{比}<600\text{MPa}$, $B:H>2.0:1$；*b*—$P_{比}\geqslant 600\text{MPa}$, $B:H\leqslant 2.0:1$或$P_{比}<650\text{MPa}$, $B:H<2.5:1$；*c*—$P_{比}\geqslant 600\text{MPa}$或$P_{比}<650\text{MPa}$, $B:H\geqslant 2.5:1$；*d*—$P_{比}\geqslant 600\text{MPa}$或$P_{比}<650\text{MPa}$, $B:H\geqslant 2.5:1$

2.3 挤压轴的设计

2.3.1 挤压轴的结构形式

挤压轴的结构形式与挤压机主体设备的结构、挤压筒的形状和规格、挤压方法、挤压产品种类以及挤压过程的力学状态等诸因素有关，一般可分为以下几类：

（1）按挤压机的结构类型可分为无独立穿孔系统挤压机用实心挤压轴（图 2-24）和带独立穿孔系统挤压机用空心挤压轴（图 2-25）；

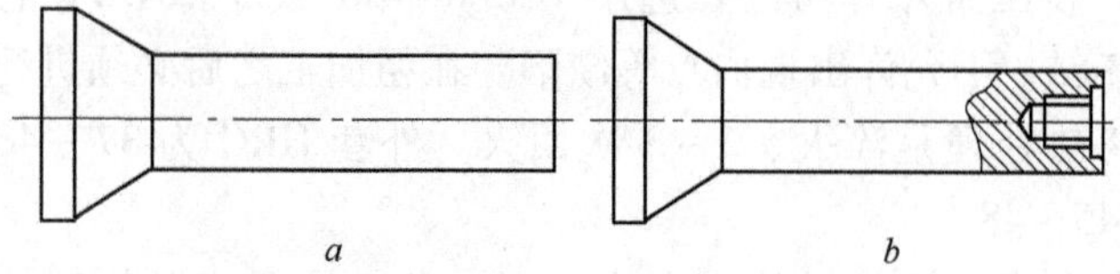

图 2-24　卧式棒形挤压机用实心挤压轴

a—挤压实心产品用；*b*—挤压空心产品用

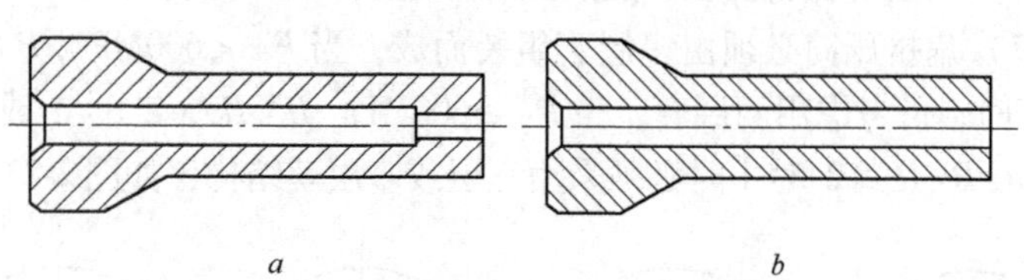

图 2-25　卧式管形挤压机用空心挤压轴

a—台肩式；*b*—通孔式

（2）按挤压筒内孔形状可分为圆挤压轴、扁挤压轴、异形挤压轴和阶梯形挤压轴（图 2-26）；

（3）按挤压轴的组装结构可分为整体挤压轴、装配式圆柱形挤压轴、扁挤压轴、阶梯形挤压轴（图 2-27）；

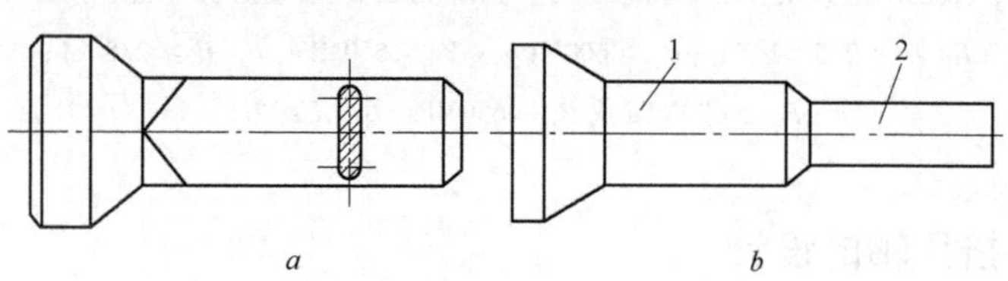

图 2-26　异形挤压轴

a—扁挤压轴；*b*—阶梯形挤压轴

1—轴座；2—轴杆

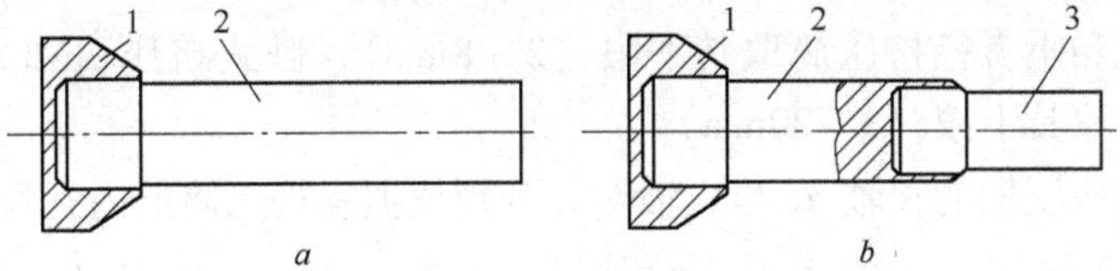

图 2-27 装配式挤压轴
a—圆柱形挤压轴；*b*—阶梯形挤压轴
1—轴座；2—轴杆；3—中间轴

（4）按挤压方法可分为正挤压轴和反挤压轴（图 2-28）。

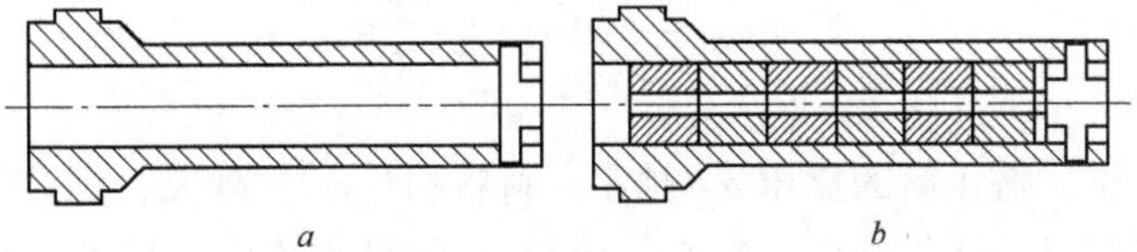

图 2-28 反向挤压轴
a—整体空心反向挤压轴；*b*—组合装配反向挤压轴

2.3.2 挤压轴尺寸的确定

2.3.2.1 实心挤压轴断面尺寸的确定

如图 2-29 所示，圆挤压轴的外径 d_1，根据挤压筒工作内孔直径

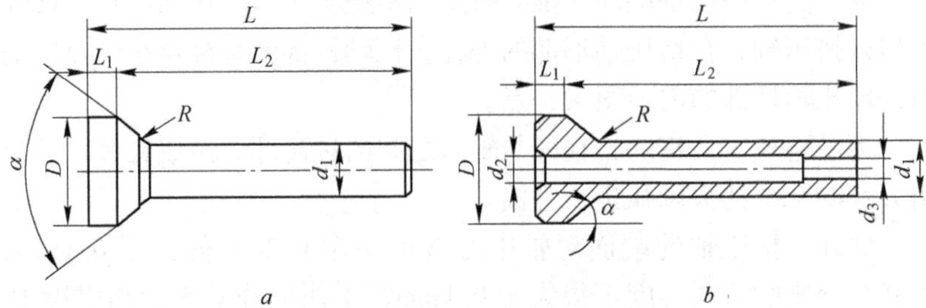

图 2-29 挤压轴尺寸设计图
a—实心轴；*b*—空心轴

$D_{筒}$ 来确定。为了便于出入挤压筒，d_1 一般比 $D_{筒}$ 小 2 ~ 20mm，立式挤压机和小直径挤压筒取其下限（2 ~ 8mm），卧式挤压机和大直径挤压筒取其上限（8 ~ 20mm）。

扁挤压轴的长轴 a_1 与短轴 b_1，分别根据扁挤压筒的内孔尺寸 $A_{筒}$ 和 $B_{筒}$ 来确定。一般来说，a_1 比 $A_{筒}$ 小 5 ~ 15mm，b_1 比 $B_{筒}$ 小 3 ~ 10mm。

2.3.2.2　空心挤压轴内孔直径的确定

空心挤压轴内孔直径 d_2 的最大值应根据空心轴的环形面上所承受的压应力不超过材料的许用应力范围来确定，即：

$$d_{2\max} = \sqrt{d_{筒}^2 - \frac{4p_{比}}{\pi[\sigma_s]}} \tag{2-16}$$

可见，挤压筒的比压 $p_{比}$ 越小，材料的 $[\sigma_s]$ 越大，则挤压轴的内孔就可以设计得越大。空心轴内径 d_2 的最小值由针后端的尺寸来确定，一般来说，d_2 应比针后端的外径大 5mm 以上，以便于穿孔针在挤压轴中自由移动。

2.3.2.3　挤压轴长度的确定

挤压轴的总长度 $L = L_1 + L_2$，式中 L_1 为轴座的长度，根据轴支承的相应部分的长度来确定，L_2 为轴杆的长度。为了保证可靠地把压余和挤压垫片从挤压筒内推出，L_2 应比挤压筒的长度大 15 ~ 20mm。

为了防止挤压轴端面压推后挤压轴不便于出入挤压筒，针后端便于出入挤压轴，在挤压轴端部的外径应比轴杆部的直径略小一点，而内径要比轴杆部的内径稍大一点。

为了避免应力集中，轴杆与轴座之间的过渡部分做成锥体，且应用 $R \geqslant 100$mm 的大圆弧进行过渡。

此外，挤压轴的端面对轴中心线的不垂直度不得大于 0.1mm，轴杆与轴座的不同心度不得大于 0.1mm，工作部分的表面粗糙度 R_a 应达到 3.2 ~ 1.6μm，表 2-8、表 2-9 分别列出了实心、空心挤压轴的设计尺寸。

表 2-8 常用实心挤压轴的主要尺寸

挤压机能力 /MN	挤压筒直径 /mm	挤压轴尺寸				
		D/mm	d_1/mm	L/mm	L_1/mm	α/(°)
125	ϕ420	800	410	2760	40	30
125	ϕ500	800	490	2760	40	30
125	ϕ650	1000	640	2760	80	30
125	ϕ800	1000	790	2760	80	30
125	□850×250	1000	□840×240	2760	80	连接斜度
50	ϕ300	685	290	1600	40	60
50	ϕ360	685	350	1600	40	60
50	ϕ420	685	410	1600	40	60
50	ϕ500	685	590	1600	40	60
50	□570×170	685	560×162	1600	40	60
20	ϕ200	300	195	1020	50	90
20	ϕ170	300	165	1020	50	90
20	ϕ150	300	145	1020	50	90
20	□230×90	328	223×85	1020	50	90
12.5	ϕ130	295	126	875	10	45
12.5	ϕ115	295	110	875	10	45
8	ϕ95	295	93	780	25	30
7.5	ϕ95	230	93	715	10	45
6.3	ϕ85	129.5	83	522	40	30
6.3	ϕ100	129.5	96	522	40	30
6.3	ϕ120	203	116	500	5	25

表 2-9 常用空心挤压轴的主要尺寸

挤压机能力 /MN	挤压轴直径 /mm	挤压轴尺寸							
		D /mm	d_1 /mm	d_2 /mm	d_3 /mm	L /mm	L_1 /mm	L_2 /mm	α /(°)
125	ϕ420	800	410	230	230	2760	40	—	30
	ϕ500	800	490	310	310	2760	40	—	30
	ϕ650	1000	640	385	335	2760	80	—	30
	ϕ800	1000	790	530	530	2760	80	—	30

续表 2-9

挤压机能力 /MN	挤压轴直径 /mm	挤压轴尺寸							
		D /mm	d_1 /mm	d_2 /mm	d_3 /mm	L /mm	L_1 /mm	L_2 /mm	α /(°)
35	ϕ280	660	274	165	102.0	1615	185	150	30
	ϕ320	660	314	185	132.0	1615	166	150	30
	ϕ370	660	364	205	162.0	1615	166	150	30
25	ϕ200	440	194	100	82.5	1260	35.0	150	25
	ϕ230	440	224	120	102.5	1260	35.0	150	25
	ϕ280	440	224	150	132.5	1260	35.0	150	25
	ϕ180	440	174	100	82.5	1260	35.0	150	25

2.3.3 挤压轴强度校核

2.3.3.1 面压计算

$$P_{面} = \frac{P}{F} \leqslant [\sigma_{压}] \tag{2-17}$$

式中 P——挤压机名义压力；

F——挤压轴杆部断面截面积；

$[\sigma_{压}]$——挤压轴材料的许用压缩应力，在 450℃ 时，5CrNiMo 钢取 800MPa；3Cr2W8V 取 1000MPa；4Cr5MoSiV1 钢取 900MPa。

2.3.3.2 纵向弯曲应力计算

在挤压时，挤压轴所受的全应力等于由力 P 和弯曲力矩 M 所产生的应力总和，即

$$\sigma = \sigma_1 + \sigma_2 \tag{2-18}$$

式中 σ_1、σ_2——分别为由力 P 和弯曲力矩 M 所产生的应力，MPa。

挤压轴长通常不超过直径的 4 ~5 倍，所以对挤压轴的稳定性可以不进行单独计算，而把挤压轴看成压缩杆，把强度和稳定性的条件结合起来，按下式校核强度：

$$\sigma_1 = \frac{p}{\varphi F} \leqslant [\sigma_{许}] \tag{2-19}$$

式中 φ——许用压缩应力折减系数，取决于挤压轴的细长比 λ 和挤压轴材料；

F——挤压轴的横截面积；

$[\sigma_{许}]$——稳定条件下的许用应力，MPa。

$$[\sigma_{许}] \approx \Phi[\sigma]$$

$$\lambda = \frac{\mu L}{i} \tag{2-20}$$

式中 μ——泊松系数；

L——挤压轴的工作长度，mm；

i——断面的惯性半径，mm。

对圆形断面，$i = \frac{d}{4}$；对扁形挤压轴，$i = 0.289a_1$；对空心挤压轴，$i = \frac{1}{4}\sqrt{d_{外}^2 - d_{内}^2}$。知道了 λ 和挤压轴的材料，就可以确定 φ，为简化计算，一般可取 $\varphi = 0.9$。

弯曲力矩所产生的应力为：

$$\sigma_2 = \frac{M_{弯}}{W} = \frac{PL}{W} \tag{2-21}$$

式中 W——截面模数，mm³；实心轴，$W = 0.1d^3$；空心轴，$W = 0.1d^3\left(1 - \frac{d_{内}^4}{d_{外}^4}\right)$；扁挤压轴，$W = \frac{b_1 a_1^2}{6}$。

2.3.3.3 稳定性的计算

当挤压轴的细长比大到 $\lambda > 100$ 时，应按欧拉公式校核其稳定性：

$$P_{临} = \frac{P}{n} \tag{2-22}$$

式中 P——挤压机名义压力，MN；

n——强度安全系数，$n = 1.3 \sim 1.5$；

$P_{临}$——许可的最大临界载荷，MN。

$$P_{临} = \frac{\pi^2 EJ}{4L^2} \tag{2-23}$$

$$n = \frac{\pi^2 EJ}{4L^2 P} \geqslant 1.3 \sim 1.5 \tag{2-24}$$

式中 E——弹性模量，$E = 2.16 \times 10^5$ MPa；

J——断面惯性矩，实心轴，$J = \frac{\pi D_{外}^4}{64}$；挤压轴，$J = \frac{\pi}{64}(d_{外}^4 - d_{内}^4)$；扁挤压轴，$J = \frac{1}{12} b_1 d_1^3$；其中，$d_{内}$、$d_{外}$ 分别为挤压轴杆部的内外直径，mm；

L——挤压轴的有效长度，mm。

若 $P_{临} \geqslant \frac{P}{n}$，则挤压轴安全；若 $P_{临} < \frac{P}{n}$时，则挤压轴可能失稳。

一般来说，当挤压轴的工作长度与直径之比小于 5 时，不会产生纵向失稳。

2.4 穿孔系统的设计

2.4.1 穿孔系统的结构与穿孔针的分类

卧式挤压机的典型穿孔系统如图 2-30 所示。由图可知，穿孔系统主要包括针前端、针后端、针支承、支承座、穿孔压杆、压杆套以及套筒、背帽等。立式挤压机上可配备独立的穿孔系统，也可以把穿孔针固定在挤压轴上。

穿孔系统一般采用螺纹连接。这种连接的缺点是装卸不方便，劳

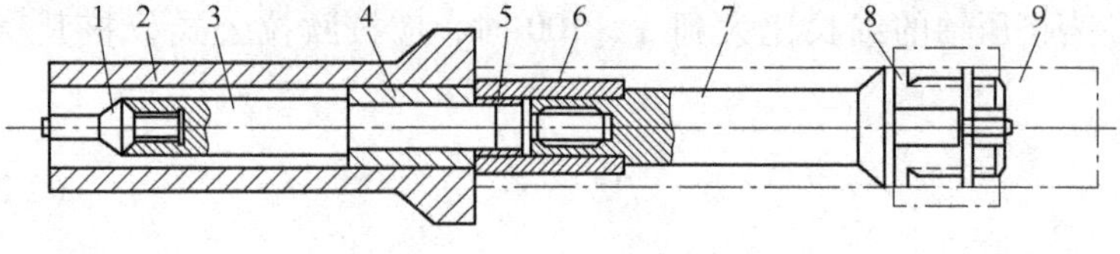

图 2-30 典型穿孔系统构成图

1—针前端；2—挤压轴；3—针后端；4—套筒；5—背帽；6—导套；7—针支承；8—压杆背帽；9—穿孔系统（接穿孔柱塞）

动强度大，但可将很长的穿孔系统分为若干段，能减少其总的弯曲度，节省高级合金钢材。如125MN卧式挤压机的穿孔系统可分为针尖、针后端、针支承、穿孔压杆和压杆套几部分。它们之间分别用螺纹首尾连接，最后将穿孔压杆用螺纹连接到穿孔缸上，组成一个总长度达16900mm的独立穿孔装置，而仅前端长度约为500mm的针尖用3Cr2W8V或4Cr5MoSiV1钢制造，其他部分可用5CrNiMo钢材制造。

穿孔针是穿孔系统中最重要的部分。它的结构取决于挤压机的结构、挤压方法和产品的种类。铝合金挤压用穿孔针一般可分为以下几种类型，如图2-31所示。挤压外径大、厚壁而长度短的筒形铝合金产品时，往往用挤压轴作穿孔针进行反挤压（图2-32）。

除此之外，穿孔针的工作表面必须光滑，螺纹连接部分与工作部分之间应有均匀的过渡区，工作表面的硬度应适应，不宜过高，以免产生龟裂。当采用3Cr2W8V钢时，HRC = 42 ~ 46，而螺纹部分一般不进行淬火处理。穿孔各部分直径的不同心度不应大于0.1mm，总长度上的弯曲度不得大于0.1 ~ 0.2mm。在550 ~ 600mm工作长度上应做0.5 ~ 0.6mm圆锥度，过小会增大摩擦，进而增大穿孔针表面的拉应力；圆锥度过大会影响挤压制品的尺寸。

2.4.2 穿孔针尺寸的确定

2.4.2.1 穿孔针尖尺寸的确定

A 针尖直径

针尖直径按下式计算：

$$d_{针} = d_{内} - 0.7\% d_{内} \tag{2-25}$$

式中 $d_{内}$——管材的名义内径。

B 针尖工作部分长度

针尖工作部分长度 $L_{尖}$ 按下式计算：

$$L_{尖} = h_{定} + l_{出} + l_{余} \tag{2-26}$$

式中 $l_{出}$——针尖伸出模子定径带的长度；

$h_{定}$——模子定径带的长度；

$l_{余}$——余量。

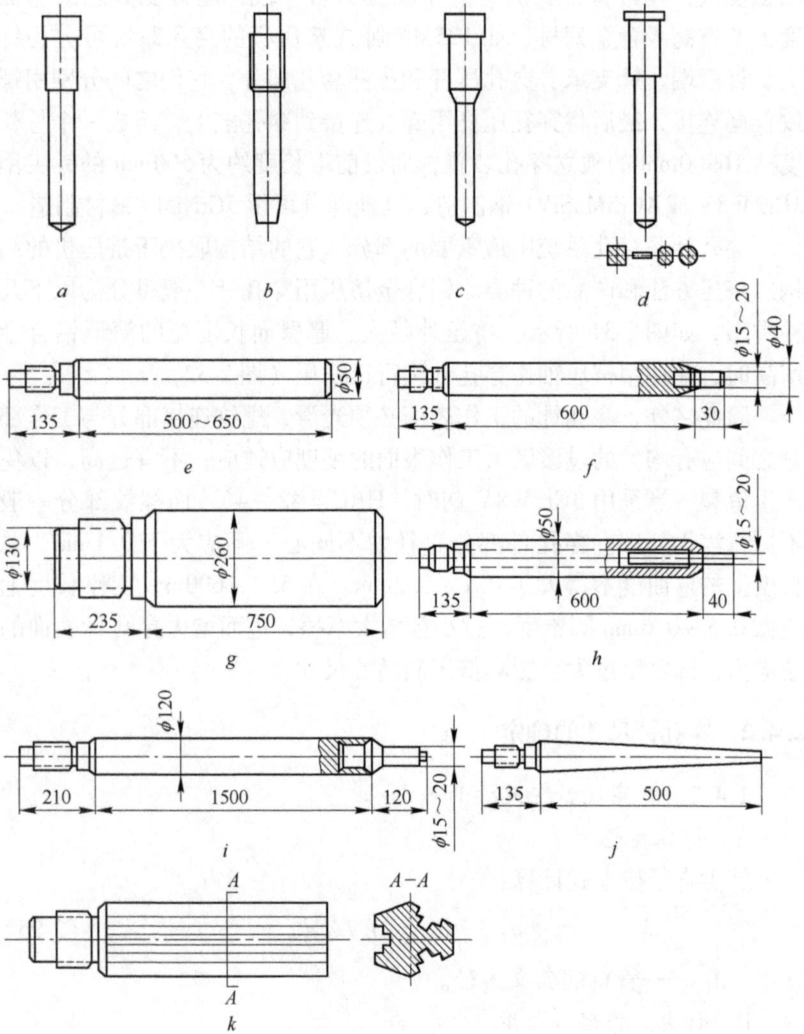

图 2-31 铝合金挤压穿孔针的主要结构示意图

a—固定在挤压轴上的圆柱形针；*b*—浮动针（不固定在挤压轴上）；
c、*e*—固定在独立穿孔装置上的圆柱形针；*d*—异形针；*f*、*i*—瓶状针（整体的或组合式的）；*g*—大径单一针；*h*—小浮动针（空心）；
j—锥形针（变断面）；*k*—表面带有型孔的特殊针

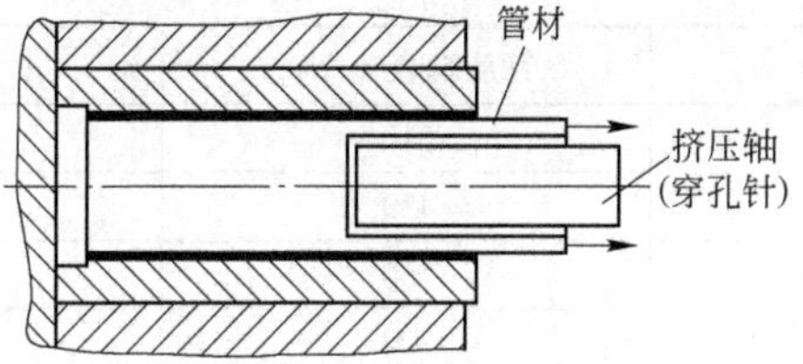

图 2-32 用挤压轴代替穿孔针反挤压管材

$l_{余}$一般不应大于残料的厚度，以免金属倒流入空心挤压轴中。$l_{出}$的长度一般取 10～20mm，过短管材尺寸不稳定，过长会影响管材内表面品质。

C 针尖与针后端过渡区的确定

针尖与针后端过渡区应圆滑，过渡锥角取 30°～45°。过渡区的长度视针与针后端直径之差而定，但这种直径差不宜过大。

2.4.2.2 针后端尺寸的确定

A 针后端直径

针后端的最大直径取决于挤压轴的最大内孔直径 $d_{内}^{max}$：

$$d_{内}^{max} = \sqrt{D_{筒}^{2} - \frac{4P}{\pi[\sigma_s]}} \tag{2-27}$$

式中 $D_{筒}$——挤压筒的内径；

P——挤压机的名义压力；

σ_s——挤压轴材料的许用屈服应力，对 5CrNiMo 取 650MPa。

为了便于出入挤压轴，$d_{后}$ 一般较 $d_{内}^{max}$ 小一些。

针后端的最小直径由压缩强度和稳定性来确定。先用压缩应力计算出针后端的最小直径，即

$$d_{后}^{min} = \sqrt{\frac{4P}{\pi[\sigma_s]}} \tag{2-28}$$

然后，用稳定性来进行校核。最后，根据挤压机工具的系列化，将针后端的直径进行规整。一般，每种挤压筒规格上配备 2～3 种规格的针后端，表 2-10 至表 2-12 分别列出了 125MN 和 35MN 卧式挤压机上的配针规格表。图 2-33 所示为穿孔针尺寸示意图。

表 2-10 125MN 卧式挤压机的配针表

挤压筒直径/mm	针后端直径/mm	针前端直径/mm
800	510	490 ~ 415
	430	410 ~ 345
650	360	335 ~ 280
	300	270 ~ 230
	250	225 ~ 185
500	300	285 ~ 230
	250	220 ~ 160
	210	180 ~ 110
420	210	180 ~ 135
	150	130 ~ 85

表 2-11 35MN 挤压针上配件规格

挤压筒直径/mm	针后端直径/mm	针规格/mm	M1	M2	L_1/mm	L_2/mm	ϕ_3/mm	ϕ_4/mm
280	$\phi_1$100	ϕ_2 13 ~ 49（间隙 1）	M100	13/8″	1585	220	56	57
	$\phi_1$100	$\phi_2$50 ~ 78（间隙 1）	M100	M52 × 3	1585	240	79	80
	$\phi_1$125	$\phi_2$79 ~ 125（间隙 1）	M130	M130	1585	300	119	120

表 2-12 35MN 挤压机单一针的结构尺寸

筒直径 D/mm	d/mm	d_1/mm	M
370	200	135	M130
	125	135	M130
280	125	104.6	M130

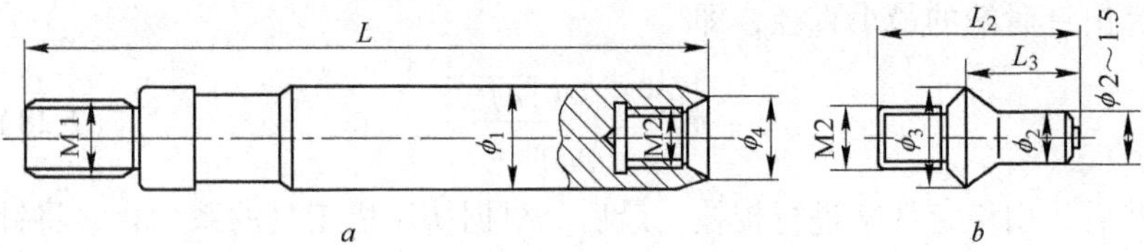

图 2-33 穿孔针尺寸设计示意图

a—针后端；*b*—针前端

B　穿孔针长度的确定

针后端长度 L 主要是由稳定性来校核确定的。此外，与装配方式、穿孔系统的分段设计等也有一定关系。

C　其他穿孔系统工具尺寸的确定

其他工具主要包括针支承、压杆套和压杆以及导筒、背帽等。这些工具主要根据挤压机的结构、装卸方式、稳定性校核来设计，一般来说，每种挤压筒应选配一种规格的工具。

2.4.3　穿孔系统的强度校核

穿孔时针的稳定性的计算、抗弯强度校核和抗拉强度校核可参考材料力学有关公式进行。

2.5　挤压垫片的设计

2.5.1　挤压垫片的结构设计

在挤压铝合金时，为了减少挤压垫片与金属之间的粘接摩擦，一般采用带凸缘（工作带）的垫片。图 2-34 示出了一般挤压机上常用的实心垫片和空心垫片结构示意图。图 2-35 则示出了某些特殊挤压方法用的挤压垫片结构图。近年来，为了简化工艺，提高生产效率和

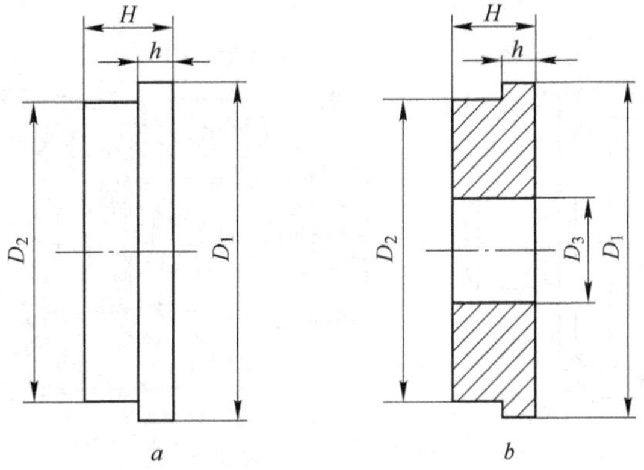

图 2-34　挤压垫片结构示意图

a—实心垫片；*b*—空心垫片

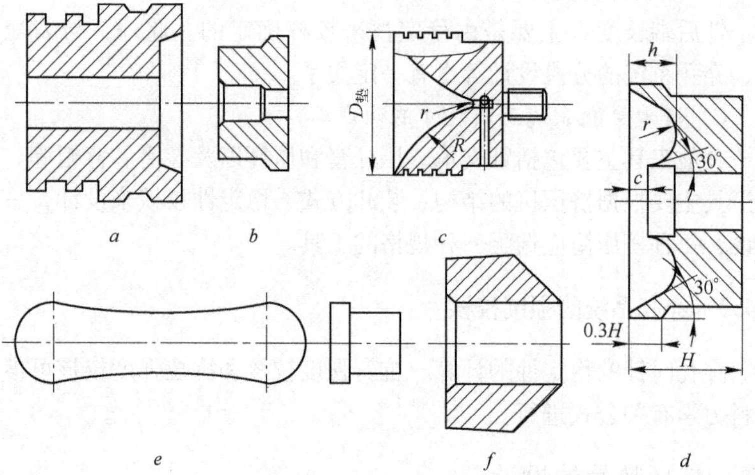

图 2-35 特殊挤压方法用挤压垫片示意图

a—反向挤压用；b—穿孔挤压用；c—无残料连续挤压实心产品用；
d—无残料连续挤压空心产品用；e—扁挤压用；f—立式挤压管材用

减少残料，提高成品率，研制成功了一种先进的固定垫生产方法，如图 2-36 所示。目前，90% 以上的单动挤压机均采用固定挤压垫片挤压。

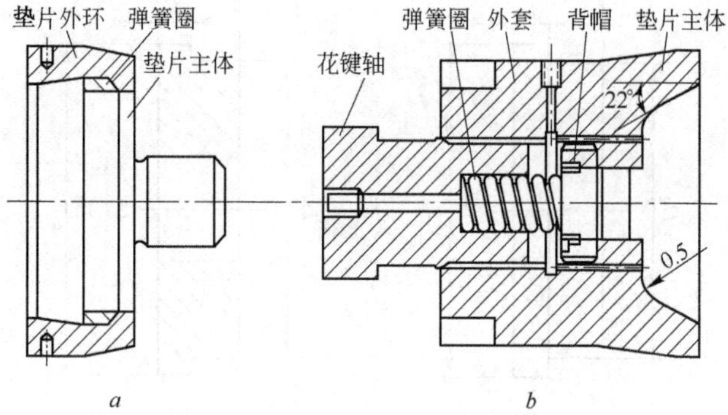

图 2-36 固定式挤压垫片结构示意图

a—弹簧式；b—锥塞式

2.5.2 挤压垫片的尺寸确定

2.5.2.1 空心挤压垫片外圆直径

空心挤压垫片外圆直径 $D_{外}$ 主要取决于挤压筒直径，挤压筒与挤压垫外径之差值 ΔD 与挤压机的技术特性、能力和筒径均有关系。在卧式挤压机上，ΔD 值一般取 0.15 ~ 1.15mm，在立式挤压机上，ΔD 值一般取 0.15 ~ 0.4mm。大直径挤压筒的取上限，小直径挤压筒的取下限。

ΔD 必须选取合适才能使挤压生产顺利进行。ΔD 过大会引起金属倒流，有时会把垫片和挤压轴包住，造成分离残料（压余）困难，挤压轴粘有金属还会影响制品的表面质量。用粘铝较多的挤压轴进行生产，铝型材成层和起皮等废品会明显增加。

ΔD 过小时，往挤压筒送垫片困难，挤压筒的磨损增加，操作者稍有失误就可能啃伤挤压筒内壁，或卡在挤压筒中很难弄出来。因此，确定合适的 ΔD 值，对于提高生产效率、减少停机的时间、减轻劳动强度、保护挤压筒和挤压轴前端、提高工具使用寿命都十分重要。

在确定值 ΔD 之前，必须对挤压筒的内孔尺寸进行仔细的测量和分析，应根据挤压筒的内孔尺寸的最小值来配置挤压垫。当挤压筒磨损严重时，必须进行修复后重新配垫片。

扁挤压垫片的尺寸，除了要考虑挤压筒的内孔尺寸外，尚需考虑挤压筒的断面位置。由于扁挤压筒在热装配后加热使用过程中，内孔形状尺寸会发生变化。当长轴和短轴方向存在很大温差时，变形更加严重，所以，在设计扁挤压垫片时，其 ΔD 值应从两侧半径部分的 0.5 ~ 0.6mm，逐渐过渡到垫片中间部分的 1.0 ~ 1.5mm。图 2-37 示出了 125MN 和 50MN 挤压机上□850mm × 250mm 和□570mm × 170mm 扁挤压筒用垫片的设计尺寸。

有时为了提高挤压机效率，节省垫片的传递时间，挤压时要用两个以上挤压垫倒换使用。这里必须保证同时使用的几个垫片的外径大体一致，对使用的两个以上垫片的直径差做明确的规定，如表 2-13 所示。

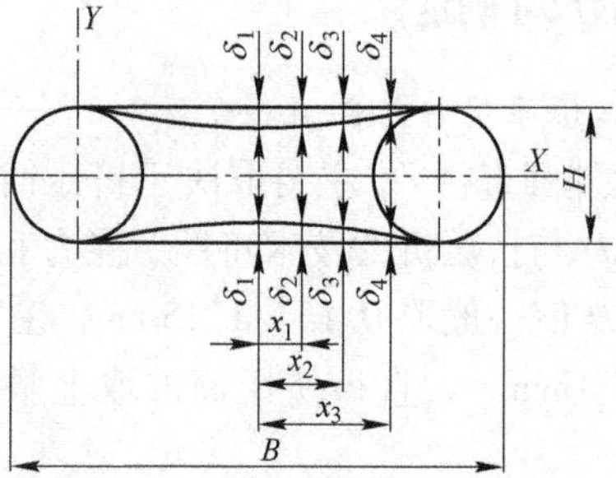

扁筒规格	扁垫设计尺寸/mm								
(mm)	B	H	x_1	x_2	x_3	δ_1	δ_2	δ_3	δ_4
□850×250	848.5	249.2	100	200	300	1.8	1.2	0.8	0.4
□570×170	569.2	169.4	70	140	210	1.2	0.9	0.6	0.2

图 2-37　扁挤压筒用垫片的设计尺寸

表 2-13　垫片径差

挤压机/MN	5.88	7.35	11.78	19.6	34.1	49
垫片径差/mm	0.05	0.08	0.1	0.1	0.1	0.15

脱皮挤压时，ΔD 值取 2～3mm，其值大一些可以保证脱皮充分。有时铸锭表面品质不好，有夹杂物、偏析等缺陷，脱皮挤压可将 ΔD 值取大一些。

2.5.2.2　空心挤压垫片内腔直径

空心挤压垫片内腔直径 $D_{内}$ 主要取决于后端直径 $D_{后}^{针}$，若 $D_{后}^{垫} - D_{后}^{针} = \Delta D$，则 ΔD 的数值与挤压机能力有关。对卧式挤压机，ΔD 一般取 0.3～1.2mm，对立式挤压机 ΔD 一般取 0.15～0.5mm。

ΔD 过大，不仅起不到调节挤压针中心的作用，同时可能会引起金属回流，严重时会把针包住，使挤压不能顺利进行。ΔD 过小，针后端进出困难，操作不便，有时可能卡伤挤压针，所以必须慎重选取值 ΔD。

2.5.2.3　挤压垫厚度

挤压垫厚度 $H_{垫}$ 主要根据挤压筒直径和比压来确定，一般情况下，$H_{垫} \approx (0.2 \sim 0.4) D^{垫}_{外}$。$H_{垫}$ 过厚，较笨重，浪费钢材；$H_{垫}$ 过小容易变形和损坏。

2.5.2.4 挤压垫工作带厚度的确定

一般情况下，挤压垫工作带厚度取 $h_{垫} \approx \left(\frac{1}{3} \sim \frac{1}{4}\right) H_{垫}$。$h_{垫}$ 过小，容易磨损压塌；过大时，磨损阻力增大，容易黏金属。

表 2-14 和表 2-15 分别列出了圆形挤压筒实心垫片和空心垫片的外形尺寸。

表 2-14 圆形实心挤压垫片的外形尺寸

挤压机能力/MN	挤压筒直径 $D_{筒}$/mm	垫片尺寸/mm				
		D_1	D_3	D_2	h	H
6.3	85	84.7	D针后端 +0.2mm	82	20	50
	95	94.7	D针后端 +0.2mm	92	20	50
7.5	90	89.7	—	85	20	50
	100	99.7	—	95	20	50
12.5	130	129.6	—	125	30	70
20	170	169.6	—	165	30	70
	200	199.5	—	195	30	70
30	280	279.50	130.5	275	30	90
35	320	310.50	130.5	315	40	100
50	300	299.5	—	290	40	120
	360	359.6	—	350	40	120
	420	419.4	211，151	412	50	150
125	500	499.2	301，251，211	490	50	150
	650	649	361.2，301，251	640	50	150
	800	798.8	511.2，431.2	790	50	150

表 2-15 圆形空心挤压垫片的外形尺寸

挤压机能力 /MN	挤压筒直径 /mm	d_1/mm	d_2/mm	d_3/mm	h/mm	H/mm
6. 17	85	84. 4	81	30. 4	20	50
24. 5	280	279. 5	275	130. 5	30	90
34. 3	320	319. 5	315	130. 5	40	100
122. 5	800	798. 8	790	511. 2	50	150

2. 5. 3 挤压垫片的强度校核

挤压垫片的变形与损坏的程度与挤压力的大小、挤压温度和连续挤压时间等有关。当挤压垫片承受的压力超过材料允许应力时，其工作就会产生压溃变形。因此，必须进行压缩强度校核。

$$\sigma_{压} = \frac{P_{max}}{F_{垫}} \leqslant [\sigma_{压}] \tag{2-29}$$

式中 P_{max}——最大挤压力；

$F_{垫}$——垫片工作部分的断面积；

$[\sigma_{压}]$——材料的许用抗压强度，$[\sigma_{压}] \approx (0.9 \sim 0.95)\ \sigma_s$；

σ_s——材料的屈服强度。

对于内孔直径大的空心垫片，还应按薄板计算公式校核弯曲应力。

2. 6 其他挤压工具的设计

大型挤压工具还包括模支承、模座、压型嘴、活动模架、剪刀、冲头、分离器、切割模、夹料装置，堵头以及导路等，其设计应根据挤压机的结构、装配特点、用途、产品类别和规格的不同，以及挤压条件的差异等予以综合权衡考虑。

3 铝合金挤压模具的优化设计

3.1 挤压模具的类型及组装方式

3.1.1 挤压模具的分类

挤压模具可以按以下方法分类：

（1）按模孔压缩区断面形状可分为：平模、锥形模、平锥模、流线形模和双锥模等，如图 3-1 所示。

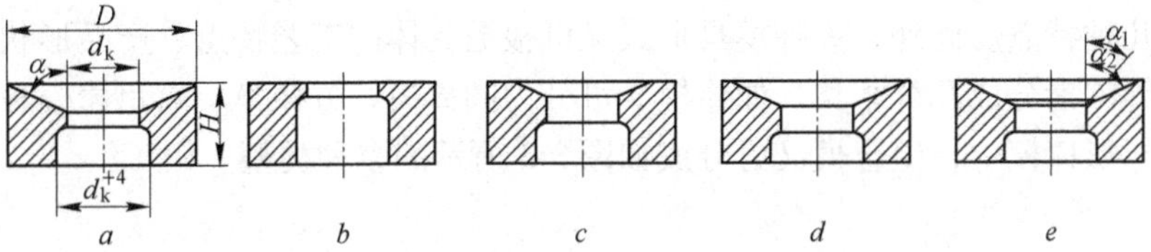

图 3-1　挤压模的模孔压缩区断面形状图

a—锥形模；*b*—平模；*c*—平锥模；*d*—流线形模；*e*—双锥模

（2）按被挤压的产品品种可分为棒材模、普通实心模、壁板模、变断面型材和管材模、空心型材模等。

（3）按模孔数目可分为单孔模和多孔模。

（4）按挤压方法和工艺特点可分为热挤压模、冷挤压模、静液挤压模、反挤压模、连续挤压模、水冷模、宽展模、卧式挤压机用模和立式挤压机用模等。

（5）按模具结构可分为整体模、分瓣模、可卸模、活动模、舌型组合模、平面分流组合模、镶嵌模、叉架模、前置模和保护模等。

（6）按模具外形结构可分为带倒锥体的锥模、带凸台的圆柱模、带正锥体的锥模、带倒锥体的锥形-中间锥体压环模、带倒锥体的圆柱-锥形模和加强式模具等，如图 3-2 所示。

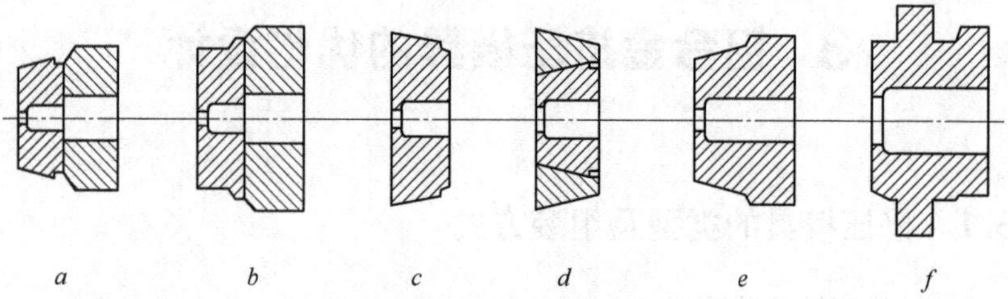

图 3-2 挤压模的外形结构图

a—带倒锥体的锥形模；*b*—带凸台的圆柱形模；*c*—带正锥体的锥形模；*d*—带倒锥体的锥形-中间压环锥形模；*e*—带倒锥体的圆柱-锥形模；*f*—外形加强模

上述分类方法是相对的，往往是一种模具同时具有上述分类中的几种特点。此外，一种模具形式又可根据具体的工艺特点、产品形状等因素分成几个小类，如棒模又可分为圆棒模、方棒模、六角棒模和异形棒模等，组合模又可分成如图 3-3 所示的多种类型。

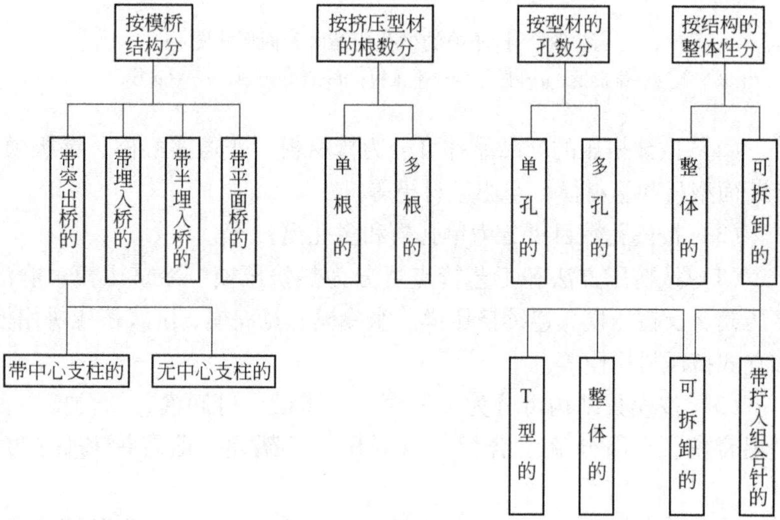

图 3-3 组合模的分类

3.1.2 挤压模具的组装方式

模具组件一般包括模子、模垫以及固定它们的模支承或模架（在挤压空心制品时，模具组件还包括针尖，针后端，芯头等）。根据挤压机的机构和模座形式（纵动式，横动式和滚动式等）的不同，模具的组装方式也不一样。

在带压型嘴的挤压机上，在模具支承内或直接在压型嘴内固定模具，主要有三种方式：

（1）将模具装配在带倒锥体的模支承内，锥体母线的倾斜角为3°~10°，见图3-4*a*。这种固定方法能保证模子与模垫的牢固结合，增大模具端部的支承面，可简化模具装卸的工作量。模子和模垫用销子固定，并用制动销将模具固定在模支承上。

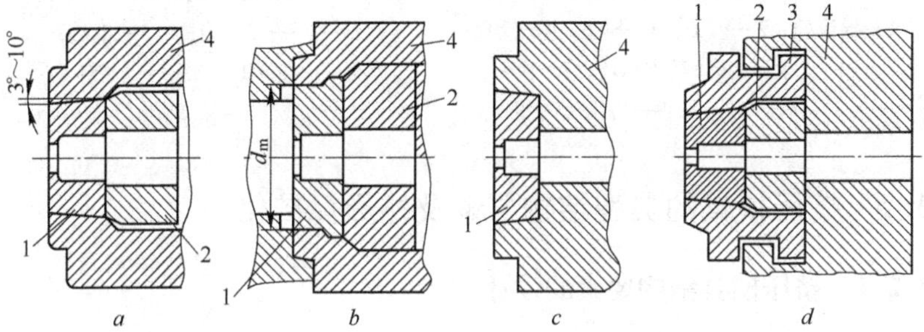

图3-4 挤压模具组装图

a—装配在倒锥体的模支承内；*b*—装配在圆柱形的模支承内；*c*—装配在带正锥体的模支承内；*d*—不带压型嘴挤压机上的模具组装方式图

1—模子；2—模垫；3—压环；4—模支承

（2）将模具装配在带环形槽的模支承内。直径大于挤压筒工作内套内孔直径的模具宜用这种方法固定（见图3-4*b*）。

（3）将模具装配在带正锥体的模支承内，如图3-4*c*所示，采用此种方法固定需制造专用工具。因此，只有在挤压大批量断面形状复杂的型材时，才使用这种组装方式。

在不带压型嘴的挤压机上安装矩形或方形断面的压环，将模子和模垫装入压环内，再将压环安装在横向移动模架或旋转架中。模具在模架中的固定方式如图3-5和图3-6所示。

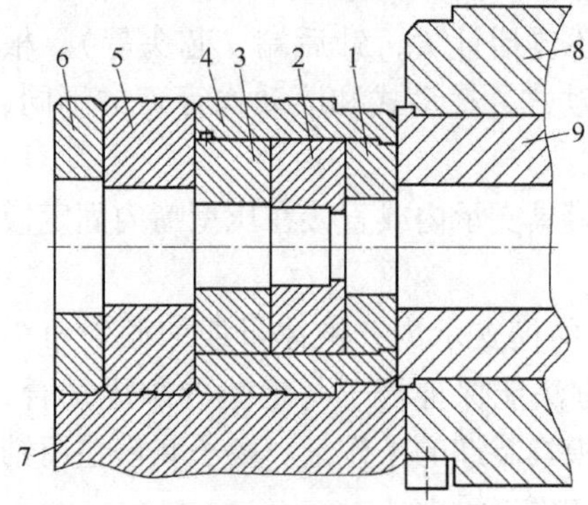

图3-5 模具在模架中的组装方式（1）

1—导流模；2—模子；3—模垫；4—模套；5—前支承环；6—后支承环；7—模架；8—挤压筒外套；9—挤压筒内套

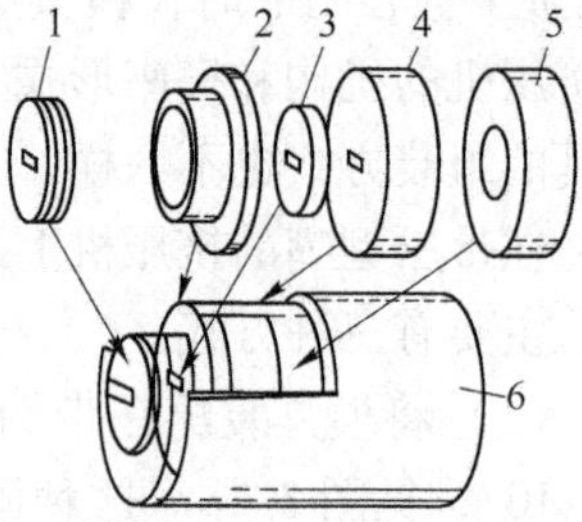

图3-6 模具在模架中的组装方式（2）

1—模子；2—模座；3—模垫；4—前支承环；5—后支承环；6—模架；

3.2 挤压模具的典型结构要素及外形标准化

3.2.1 挤压模具结构要素的设计

3.2.1.1 模角

模角α是挤压模设计中的一个最基本的参数，它是指模子的轴线与其工作端面之间所构成的夹角，如图3-7所示。

模角α在挤压过程中起着十分重要的作用，其大小对挤压制品的表面品质与挤压力都有很大影响。平模的模角α等于90°其特点是在挤压时形成较大的死区，可阻止铸锭表面的杂质、缺陷、氧化皮等流到制品的表面

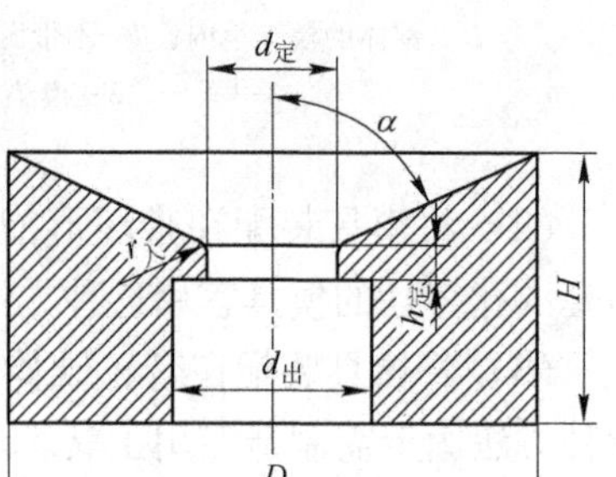

图3-7 挤压模的结构要素设计图示

上，以获得良好制品表面。采用平模挤压时，消耗的挤压力较大，模具容易产生变形，使模孔变小或者将模具压坏。从减少挤压力、提高模具使用寿命的角度来看，应使用锥形模。根据模角 α 与挤压力的关系，当 $\alpha = 45° \sim 60°$ 时，挤压力出现最小值，但当 $\alpha = 45° \sim 50°$ 时，由于死区变小，铸锭表面的杂质和脏物可能被挤出模孔而恶化制品的表面品质。因此，挤压铝合金用锥形模的模角 α 一般可取 $45° \sim 65°$。

为了兼顾平面模和锥形模的优点，出现平锥模和双锥模，如图 3-1*c*，*e* 所示。双锥模的模角为 $\alpha_1 = 60° \sim 65°$，$\alpha_2 = 10° \sim 45°$。在挤压铝合金管材时，为提高挤压速度，最好取 $\alpha_2 = 10° \sim 13°$。

挤压铝合金型材多采用平面模，因其加工比较简单；锥模主要用来挤压铝合金管材。

3.2.1.2　定径带长度和直径

定径带又称工作带，是模子中垂直模子工作端面并用以保证挤压制品的形状、尺寸和表面质量的区段。

定径带直径 $d_{定}$ 是模子设计中的一个重要基本参数。设计 $d_{定}$ 大小的基本原则是：在保证挤压出的制品冷却状态下不超出图纸规定的制品公差范围的条件下，尽量延长模具的使用寿命。影响制品尺寸的因素很多，如温度、模具材料和被挤压金属的材料，制品的形状和尺寸，拉伸矫直量以及模具变形情况等，在确定模具定径带直径时一般应根据具体情况着重考虑其中的一个或几个影响因素。

定径带长度 $h_{定}$ 也是模具设计中的重要基本参数之一。定径带长度 $h_{定}$ 过短，制品尺寸难于稳定，易产生波纹、椭圆度、压痕、压伤等废品。同时，模子易磨损，会大大降低模具的使用寿命。定径带长度 $h_{定}$ 过长时，会增大与金属的摩擦作用，增大挤压力，易于粘结金属，使制品的表面出现划伤、毛刺、麻面、搓衣板形波浪等缺陷。

定径带长度 $h_{定}$ 应根据挤压机的结构形式（立式或卧式）、被挤压的金属材料、产品的形状和尺寸等因素来确定。

3.2.1.3　出口直径或出口喇叭锥

模子的出口部分是保证制品能顺利通过模子并保证高表面品质的

重要参数。若模子出口直径 $d_{出}$ 过小，则易划伤制品表面，甚至会引起堵模；出口直径 $d_{出}$ 过大，则会大大削弱定径带的强度，引起定径带过早的变形、压塌，明显地降低模具的使用寿命。因此，在一般情况下，出口带尺寸应比定径带尺寸大 3 ~ 6mm，对于薄壁管或变外径管材的模子此值可适当增大。为了增大模子的强度和延长模具的使用寿命，出口带可做成喇叭锥。出口喇叭锥角（从挤压型材离开定径带开始时）可取 1°30′ ~ 10°（此值受锥形端铣刀角度的限制）。特别是对于壁厚小于 2mm 而外形十分复杂的型材模子，为了保证模具的强度必须做成喇叭出口。有时为了便于加工，也可设计成阶梯形的多级喇叭锥。

为了增大定径带的抗剪强度，定径带与出口带之间可以 20° ~ 45°的斜面或以圆角半径为 1.5 ~ 3mm 的圆弧连接。

3.2.1.4 入口圆角

模子的入口圆角 $r_{入}$ 是指被挤压金属进入定径带的部分，即模子工作端面与定径带形成的端面角。制作入口圆角 $r_{入}$ 可防止低塑性合金在挤压时产生表面裂纹和减少金属在流入定径带时的非接触变形，同时也减少在高温下挤压时模子棱角的压塌变形。但是，圆角增大了接触摩擦面积，可能引起挤压力增高。

模子入口圆角 $r_{入}$ 值的选取与金属的强度、挤压温度和制品尺寸、模子结构等有关。挤压铝及铝合金时，端面入口角应取锐角，但近来也有些厂家，在平面模入口处做成 $r_{入}$ = 0.2 ~ 0.75mm 的入口角；在平面分流组合模的入口处做成 $r_{入}$ = 0.5 ~ 5mm 的入口角。

3.2.1.5 其他结构要素

除了上述几个最基本的结构要素以外，铝合金挤压模具设计结构要素还包括有：阻碍角，止推角（或促流角），阶段变断面型材模中的“料兜”，过渡区，组合模的凸脊结构，分流孔和焊合室的形状、结构和尺寸，以及穿孔针的锥度和过渡形式，模子的外廓形状和尺寸等。

3.2.2 模具的外形尺寸及其标准化

本小节主要论述常用棒材模、管材模以及实心断面型材模的外形结构、尺寸及其标准化。空心型材用模具和其他特殊结构和用途的模具将在有关章节中专门讨论。

3.2.2.1 外形结构

根据挤压机的结构形式、吨位、模架结构、制品的种类和形状不同，目前广泛采用的有以下几种不同外形结构的挤压模。

(1) 带倒锥体的锥形模。它与模垫一起安装在模支承内（图3-2*a*），广泛应用在7.5～20MN卧式挤压机上挤压各种断面形状的型材，其优点是具有足够的强度，可节省模具的材料。

(2) 带凸台圆柱形模具。它直接安装在压型嘴内而不需使用模垫（图3-2*b*）。主要用于挤压横断面形状不太复杂的型材。虽然在制造时消耗的钢材略有增加，但使用寿命可大大延长。

(3) 带正锥体的锥形模。它直接安装在压型嘴内而不需要使用模垫（图3-2*c*）。主要用于挤压横断面上带有凸出部分的型材。为了增大支承面，需要制造专用的异形压型嘴。其主要缺点是模具在压型嘴内装配时，需要带有自锁锥体（约4°的锥度），这会使得模孔的修理和挤压后由压型嘴内取出模子的操作变得复杂化。

(4) 带倒锥体的锥形-中间压环锥体模（图3-2*d*）。主要用于挤压横断面积相当大的简单型材。因为不带模垫，模具直接安装在普通的非异形压型嘴内，增大了模子的弯曲和压缩应力，可能导致模子的损坏。这种结构的模具应用范围较窄。

(5) 带倒锥的圆柱-锥形模具。模子与模垫做成一个整体（图3-2*e*），主要用来挤压断面带有悬臂部分（悬臂的高宽比由3∶1到6∶1）的型材。由于悬臂较长，型材断面的外接圆应超过挤压筒直径的0.6倍。在7.5～20MN吨卧式挤压机上，这种结构的模子与专用的异形压型嘴配套使用。

(6) 按模支承的外形尺寸制造的加强式整体模具（图3-2*f*）。主要用来挤压带有长悬臂部分的型材，与异形压型嘴或专用垫、环配合使用。因为加工复杂，成本较高，只有在特殊情况下才使用。

3.2.2.2 外形尺寸的确定原则

模具的外形尺寸是指模子的外接圆直径 $D_{模}$ 和 $H_{模}$ 以及外形锥角。模具外形尺寸主要由模具的强度确定，同时，还应考虑系列化和标准化，以便管理和使用。具体来说，应根据挤压机的结构形式和挤压力、挤压筒的直径、型材在模子工作平面上的布置、模孔外接圆的直径、型材断面上是否有影响模具和整套工具强度的因素等来选择模具外形尺寸。

为了保证模具所必须的强度，推荐用以下的公式来确定模具的外接圆直径：

$$D_{模} \approx (0.8 \sim 1.5) D_{筒}$$

模具的 $H_{模}$ 取决于制品的形状、尺寸和挤压力，挤压筒的直径以及模具和模架的结构等。在保证模具组件（模子 + 模垫 + 垫环）有足够的强度的条件下，模具的厚度应尽量薄，规格应尽量少，以便于管理和使用。一般情况下，对中、小型挤压机 $H_{模}$ 可取 25 ~ 80mm，对于 80MN 以上的大型挤压机，$H_{模}$ 可取 80 ~ 150mm。

模子的外形锥度有正锥的和倒锥的两种，带正锥的模子在装模时顺着挤压方向放入模支承里。为便于装卸，锥度不能太小，但锥度过大，则模架靠紧挤压筒时，模子容易从模支承中掉出来，因此一般取为 1°30′ ~ 4°。带倒锥体模子在操作时，逆着挤压方向装到模支承中，其外圆锥度为 3° ~ 15°，一般情况下可取 6° ~ 10°，为了便于加工，在锥体的尾部一般加工出 10mm 左右的止口部分。

3.2.2.3　外形尺寸的标准化和系列化

实际生产中，在每台挤压机上归整为几种规格的模具，即挤压模具实现了标准化和系列化。

外形尺寸的标准化、系列化有以下必要性：

（1）减少模具设计与制造的工作量，降低产品成本，缩短生产周期，提高生产效率。

（2）通用性大，互换性强，只需配备几种规格的模支承或模架，可节省模具钢，容易备料，便于维修和管理。

（3）标准化有利于提高产品的尺寸精度。

确定模具系列的基本原则为：

（1）便于装卸、大批量生产，能满足大生产的要求。

（2）能满足该挤压机上允许生产的所有规格产品品种模具的强度要求。

(3) 能满足制造工艺的要求。

一般情况下，每台挤压机均采用2～4种规格的外圆直径$D_{模}$和厚度$H_{模}$的标准模子，如表3-1所示。

表3-1 模具外形标准尺寸（参考用）

挤压机能力/MN	挤压筒直径/mm	外径$D_{模}$/mm	厚度$H_{模}$/mm	外锥度α/(°)
7.5	105，115，130	135，150，180	20，35，50	3
12～15	115，130，150	150，180，210，250	35，50，70	3
20～25	170，200，230	210，250，360，420	50，70，90	3
30～36	270，320，370	250，360，420，560	50，70，90	3
50～60	300，320，420，500	360，420，560，670	60，80，90	6
80～95	420，500，580	500，600，700，900，1100	70，120，150	10
120～125	500，600，800	570，670，900，1300	80，120，150，180	10
200	650，800，1100	570，670，900，1300，1500	120，150，200，260	10，15

3.3 模具设计原则与步骤

3.3.1 挤压模具设计时应考虑的因素

挤压模具设计是介于机械加工与压力加工之间的一种工艺设计，除了应参考机械设计所需遵循的原则以外，尚需考虑热挤压条件下的各种工艺因素：

(1) 由模子设计者确定的因素。挤压机的结构，压型嘴或模架的选择或设计，模子的结构和外形尺寸，模子材料，模孔数和挤压系数，制品的形状、尺寸及允许的公差，模孔的形状、方位和尺寸，模孔的收缩量、变形挠度，定径带与阻碍系统的确定，以及挤压时的应力、应变状态等。

（2）由模子制造者确定的因素。模子尺寸和形状的精度，定径带和阻碍系统的加工精度，表面粗糙度，热处理硬度，表面渗碳、脱碳及表面硬度变化情况，端面平行度等。

（3）由挤压生产者确定的因素。模具的装配及支承情况，铸锭、模具和挤压筒的加热温度，挤压速度，工艺润滑情况，产品品种及批量，合金及铸锭品质，牵引情况，拉矫力及拉伸量，被挤压合金铸锭规格，产品出模口的冷却情况，工模具的对中性，挤压机的控制与调整，导路的设置，输出工作台及矫直机的长度，挤压机的能力和挤压筒的比压，挤压残料长度等。

在设计前，拟订合理的工艺流程和选择最佳的工艺参数，综合分析影响模具效果的各种因素，是合理设计挤压模具的必要和充分条件。

3.3.2 模具设计的原则与步骤

在充分考虑了影响设计的各种因素之后，应根据产品的类型、工艺方法、设备与模具结构来设计模腔形状和尺寸，但是，在任何情况下，模腔的设计均应遵守如下的原则与步骤。

3.3.2.1 确定设计模腔参数

确定设计模腔参数包括：设计正确的挤压型材图，拟订合理的挤压工艺，选择适当的挤压筒尺寸、挤压系数和挤压机的挤压力，决定模孔数。这一步是设计挤压模具的先决条件，可由挤压工艺人员和设计人员根据生产现场的设备条件、工艺规程和大型基本工具的配备情况共同研究决定。

3.3.2.2 模孔在模子平面上的合理布置

所谓合理的布置就是将单个或多个模孔，合理地分布在模子平面上，使之在保证模子强度的前提下获得最佳金属流动均匀性。单孔的棒材、管材和对称良好的型材模，均应将模孔的理论重心置于模子中心上。各部分壁厚相差悬殊和对称性很差的产品，应尽量保证模子平面 X 轴和 Y 轴的上下左右的金属量大致相等，但也应考虑金属在挤压筒中流动特点，使薄壁部分或难成形部分尽可能接近中心。多孔模的布置主要应考虑模孔数目、模子强度（孔间距及模孔与模子边缘的距离等）、制品的表面品质、金属流动的均匀性等问题。一般来说，多孔模应尽量布置在同心圆周上，尽量增大布置的对称性（相对于挤压筒的 X，Y 轴），在保证模子强度的条件（孔间距应大于 20 ~ 50mm，模孔距模子边缘应大于 20 ~ 50mm），模孔间应尽量紧凑和尽量靠近挤压筒中心（离挤压筒边缘大于 10 ~ 40mm）。

3.3.2.3 模孔尺寸的合理计算

计算模孔尺寸时，主要考虑被挤压合金的化学成分、产品的形状和公称尺寸及其允许公差，挤压温度及在此温度下模具材料与被挤压合金的热胀系数，产品断面上的几何形状的特点及其在挤压和拉伸矫直时的变化，挤压力的大小及模具的弹塑性变形情况等因素。对于型材来说，一般用以下公式进行计算：

$$A = A_0 + M + (K_Y + K_P + K_T)A_0 \tag{3-1}$$

式中 A_0——型材的公称尺寸；

M——型材公称尺寸的允许偏差；

K_Y——对于边缘较长的丁字形、槽形等型材，考虑由于拉力作用而使型材部分尺寸减少的系数；

K_P——考虑到拉伸矫直时尺寸缩减的系数；

K_T——管材的热收缩量，由下式计算：

$$K_T = t\alpha - t_1\alpha_1 \tag{3-2}$$

式中 t 和 t_1——分别为坯料和模具的加热温度；

α 和 α_1——分别为坯料和模具的线胀系数。

对于壁厚差很大的型材，其难于成形的薄壁部分及边缘尖角区应适当加大尺寸。对于宽厚比大的扁宽薄壁型材及壁板型材的模孔，桁条部分的尺寸可按一般型材设计；而腹板厚度的尺寸，除考虑式（3-1）所列的因素外，尚需考虑模具的弹性变形与塑性变形及整体弯曲，以及距离挤压筒中心远近等因素。此外，挤压速度，有无牵引装置等对模孔尺寸也有一定的影响。

3.3.2.4 合理调整金属的流动速度

所谓合理调整就是在理想状态下，保证制品断面上每一个质点应以相同的速度流出模孔。尽量采用多孔对称排列，根据型材的形状、各部分壁厚的差异和比周长的不同及距离挤压筒中心的远近，设计长度不等的定径带。一般来说，型材某处的壁厚越薄，比周长越大，形状越复杂，离挤压筒中心越远，则此处的定径带应越短。当用定径带仍难于控制流速时，对于形状特别复杂，或壁厚很薄，或离中心很远的部分可采用促流角或导料锥来加速金属流动。相反，对于那些壁厚大得多的部分或离挤压筒中心很近的地方，就应采用阻碍角进行补充阻碍，以减缓此处的流速。此外，还可以采用工艺平衡孔、工艺余量或者采用前室模、导流模，改变分流孔的数目、大小、形状和位置来调节金属的流速。

3.3.2.5 保证足够的模具强度

由于挤压时模具的工作条件十分恶劣，所以模具强度是模具设计中的一个非常重要的问题。除了合理布置模孔的位置，选择合适的模具材料，设计合理的模具结构和外形之外，精确地计算挤压力和校核各危险断面的许用强度也是十分重要的。目前计算挤压力的公式很多，但经过修正的别尔林公式仍有工程价值。挤压力的上限解法，也有较好的适用价值，用经验系数法计算挤压力比较简便。至于模具强度的校核，应根据产品的类型、模具结构等分别进行。一般平面模具只需要校核剪切强度和抗弯强度。舌形模和平面分流模则需要校核抗剪、抗弯、抗压强度，舌头和针尖部分还需要考虑抗拉强度等。强度校核时的一个重要的基础问题是选择合适的强度理论公式和比较精确的许用应力，对于特别复杂的模具可用有限元法来分析其受力情况与校核强度。此外，由于CAD/CAM/CAE系统的日趋成熟，电子计算机技术、虚拟技术和模拟设计技术的高速发展以及实用软件的成功开发和大型数据库、专家库的建立，铝合金挤压工模具的模拟设计与零试模技术等有了突破，挤压工模具技术进入了一个新的发展时期。

3.3.3 模具设计的技术条件及基本要求

模具的结构、形状和尺寸设计计算完毕之后，要对模具的加工品质、使用条件提出基本要求。这些要求主要是：

（1）有适中而均匀的硬度，模具经淬火、回火处理后，其硬度值HRC为45~51（根据模具的尺寸而定，尺寸越大，要求的硬度越低）。

（2）有足够高的制造精度，模具的形位公差和尺寸公差符合图纸的要求（一般按负公差制造），配合尺寸具有良好的互换性。

（3）有足够低的表面粗糙度，配合表面粗糙度 R_a 值应达到3.2~1.6μm，工作带表面粗糙度 R_a 值达到1.6~0.4μm，表面应进行氮化处理、磷化处理或其他表面热处理，如多元素共渗处理及化学热处理。

（4）有良好的对中性、平行度、直线度和垂直度，配合面的接触率应大于80%。

（5）模具无内部缺陷，一般应经过超声波探伤和表面品质检查后才能使用。

（6）工作带变化处及模腔分流孔过渡区、焊合腔中的拐接处应圆滑均匀过渡，不得出现棱角。

3.4 棒材模的设计

棒材（圆棒、方棒、方角棒）模具是一种简单的挤压模具。铝合金棒材均用平面模进行挤压，棒模的入口角为直角。

3.4.1 模孔数目的选择

多孔棒模模孔数目可按以下原则选择：

（1）合理的挤压系数 λ。根据挤压机的挤压力及挤压机受料台和冷却台的长度、挤压筒规格、对制品的力学性能与组织的要求、被挤压合金的变形抗力大小等因素来确定。对于铝合金棒材，λ 可取8~40，其中软合金取上限，硬合金取下限。

（2）足够的模子强度。为提高模具使用寿命，模孔离模子外圆的距离和模孔间的距离都应保持一定的数值。对于50MN以下的挤压机，一般取15~50mm，小吨位挤压机取下限，大吨位挤压机取上限。对于80MN以上的大型挤压机应加大到30~80mm。

（3）良好的制品表面质量。为了防止铸锭表面上的脏物流入挤压制品中，应使模孔与挤压筒的边缘保持一个最小的距离，一般取为挤压筒直径的10%~30%（大挤压机取下限，小挤压机取上限）。此外，为了防止制品表面擦伤和扭伤，减少工人的劳动强度和废品量，模孔的数目也不能过多。

（4）金属流动尽可能均匀。

目前有的棒模最多开有32个模孔，但一般为10~12个，常用2、3、4、6、8孔棒模。

3.4.2 模孔在模子平面上的布置

采用单孔棒模时，应将模孔的重心置于模子中心上。采用多孔模挤压时，应将多孔模模孔的理论重心均匀分布距模子中心和挤压筒边缘有合适距离的同心圆周上。同心圆直径与挤压筒直径$D_{同}$之间的关系由以下经验公式来确定：

$$D_{同} = \frac{D_{筒}}{a - 0.1(n-2)} \tag{3-3}$$

式中 $D_{同}$——多孔模模孔理论重心的同心圆直径；

$D_{筒}$——挤压筒直径；

n——模孔数（$n \geqslant 2$）；

a——经验系数，铝合金挤压时取2.5~2.8，n值大时取下限，$D_{筒}$值大时取上限，一般取2.6。

$D_{同}$求出之后，还必须综合考虑模具钢材的节约和工模具规格的系列化和互换性（如模支承、模垫、导路等的通用性等），以及提高生产效率和制品质量等因素，然后对$D_{同}$进行必要的调整。

3.4.3 模孔尺寸的确定

棒材模孔尺寸可由下式求出：

$$A = A_0 + KA_0 \tag{3-4}$$

式中 A_0——棒材的公称尺寸，圆棒为直径，方棒为边长，六方棒为内切圆直径；

K——经验系数，它是考虑了上述各种影响模孔尺寸因素后的一个综合系数；对于铝及铝合金来说，一般取0.007~0.01，其中纯铝、Al-Mg、Al-Mn、Al-Mg-Si系合金取上限，而硬铝合金如2A11、2A12、7A04、2A14等取下限；

在挤压高精度（9级以上）棒材时，该值应取上限；

KA_0——尺寸增量，即模孔设计尺寸与棒材公称尺寸之差。

常见的铝合金圆棒与六角棒挤压模的模孔尺寸分别如表3-2和表3-3所示。

表3-2 铝合金圆棒模孔尺寸

棒材直径 d_0/mm	挤压筒直径 $D_{筒}$ /mm	挤压孔数 n/个	挤压系数 λ	同心圆直径 /mm		尺寸增量 KA_0 /mm	模外圆直径 $D_{外}$ /mm	工作带长度 $h_{定}$ /mm
				计算值	采用值			
3.5~4	85	12	37~49	57	70	0.05	148	2
4.5~5.5	95	10	30~44	56	80	0.05	148	3
6.5~7.0	115	10	37~31	68	80	0.05	148	3
6~9	130	8	26~31	69	80	0.05~0.07	148	3
9.5~11.5	130	6	21~31	63	68	0.08	148	3
10~13	170	10	17~31	100	110	0.06~0.08	200	3
14	170	8	18.5	90	100	0.10	200	3
15~17	170	6	16~21	81	80	0.15	200	3
18	170	5	18	78	80	0.15	200	3
19~25	170	4	16~20	74	70	0.20	200	3
26~28	200	3	17~19	83	65	0.30	200	3
29~37	200	2	14~20	68	60	0.25~0.30	200	3
39~43	170	1	15~20	—	—	0.30	200	4
44~60	200	1	14~20	—	—	0.3~0.4	200	4
50~68	300	2	10~12	120	130	0.50	265	5
70~81	360	2	9.8~13	130	130	0.60	265	5
82~95	300	1	10~13	—	—	0.80	265	5
100~125	360	1	8~13	—	—	0.90~1.20	265	5
130~160	420	1	7~13	—	—	1.30~1.60	265	6
170~280	500	1	3~8.5	—	—	1.70~2.80	265	6~8
250~300	500	1	4~2.75	—	—	1.75~2.10	300	6~8

续表 3-2

棒材直径 d_0/mm	挤压筒直径 $D_{筒}$/mm	挤压孔数 n/个	挤压系数 λ	同心圆直径/mm		尺寸增量 KA_0/mm	模外圆直径 $D_{外}$/mm	工作带长度 $h_{定}$/mm
				计算值	采用值			
300~350	650	1	4.69~3.45	—	—	2.10~2.45	420	6~8
350~400	800	1	5.22~5.22	—	—	2.45~2.80	640	8~10
400~500	800	1	4.00~2.56	—	—	2.80~3.50	800	8~10
500~600	940	1	3.53~2.45	—	—	3.50~4.20	900	8~10
600~670	1100	1	3.36~2.70	—	—	4.20~4.69	1000	10~12

表 3-3 铝合金六角棒挤压模模孔尺寸

六角棒内切圆直径 d/mm	挤压筒直径 $D_{筒}$/mm	模孔个数 n/个	挤压系数 λ	同心圆直径/mm		尺寸增量 KA_0/mm	模子外圆直径 $D_{外}$/mm	工作带长度 $h_{定}$/mm
				计算值	采用值			
5~6	95	6	38~54	45	80	0.05	148	3
15~17	170	6	15~17	81	80	0.2	200	3
18~24	170~200	4	14~20	74~87	70	0.2	200	3
35~55	170~200	1	11~20	—	—	0.3~0.4	200	4
75~80	360	2	9~10	130	130	0.75~0.8	265	6
80~90	420	1	8~12	—	—	0.9~1.5	360	8
90~140	500	1	12~30	—	—	1.5~1.9	420	8
150~180	650	1	13~20	—	—	1.7~1.9	640	8
180~200	800	1	16~24	—	—	1.9~2.0	800	10
>200	800~1100	1	15~30	—	—	2.0~2.2	880	12

3.4.4 工作带长度的确定

在实际生产中，工作带的长度主要根据棒材的断面尺寸和合金性质及挤压机的挤压力等来确定。挤压铝合金棒材时，工作带长度一般取 2~8mm，最大不超过 10mm。表 3-2 和表 3-3 分别为常见的铝合金棒模模孔尺寸。

3.4.5　棒模的强度校核

棒模是一种较简单的挤压模，相对来说，它的工作条件与受力状态要比其他挤压模好，因此，其强度问题基本上已在模具外形标准化、系列化时做了安全的考虑。但是，对于多孔模，特别是异形的多孔棒模来说，仍然需要对模孔间和模边缘间的强度进行校核。配有专用模垫和垫环时只需要校核抗压强度，而在使用通用的大径模垫和垫环时，还需要计算抗剪和抗弯强度。

3.5　无缝圆管材挤压模具的设计

无缝圆管材挤压模具主要是指借助于穿孔针用空心铸锭或实心铸锭挤压管材的模子和针尖。

在挤压管材时，由于穿孔针必须置于挤压机的中心线上，所以只能进行单孔模挤压。此时，模孔的理论重心也应置于挤压机的中心线上。

3.5.1　管材模的尺寸设计

如前所述，铝合金管材主要采用模角 $\alpha=60°\sim70°$ 的锥形模进行挤压，圆管模的结构比较简单，而且多已标准系列化了的。图 3-8 所

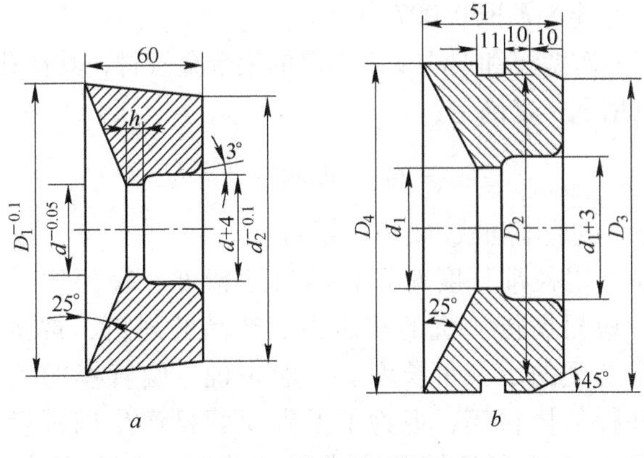

图 3-8　管材模具简图

a—卧式挤压机上用；*b*—立式挤压机上用

示为卧式和立式挤压机上用管材模简图。

管材挤压模子的定径带直径的设计比棒材模的要复杂一些，因为管模孔尺寸不仅与管材的精度等级、尺寸偏差、冷却时的收缩量、模具的热膨胀、拉伸矫直时的断面缩减量等有关，而且还要考虑管材的偏心度和壁厚差。管材的壁厚越大，则管材壁厚的收缩量越大，从而管材的直径收缩率也越大，以至趋近于棒材的收缩率。例如，按有关标准规定，管材直径的允许偏差约为公称直径的 ±1%，壁厚允许偏差约为其公称壁厚的 ±10%。当管材模孔的直径和壁厚均按正偏差考虑时，挤出的管材的直径虽然合格，但壁厚可能超出正偏差。而且，当管材出现偏心时，其直径的正偏差越大，则穿孔针允许的偏移量就越小。由此可见，在确定管材直径的偏差时，必须同时考虑壁厚尺寸和它的偏心。管材公称直径和公称厚度的比值越大，直径的正偏差就越要加以控制，以防壁厚超出正偏差。根据我国某些工厂的生产经验，提出下式确定管材挤压模定径带直径：

$$d_{定} = Kd_0 + 4\% t_0 \tag{3-5}$$

式中　$d_{定}$——管材挤压模定径带直径；

d_0、t_0——分别为管材的公称直径和公称厚度；

K——考虑各种因素对模孔直径影响的综合经验系数，对纯铝、防锈铝，K 取 0.01 ~ 0.012；对超硬铝、锻铝合金，K 取 0.007 ~ 0.01。

对于某些对壁厚和偏心要求不严的铝合金管材，其模孔的定径带直径也可以用下式来确定：

$$d_{定} = d_0 + \text{正偏差} + Kd_0 \tag{3-6}$$

式中，K 的取值范围与式（3-6）相同。

管材模子定径带长度对管材的尺寸精度、表面质量等均有重要的影响，应根据挤压机的挤压力、产品的规格、被挤压合金的性质来确定合理的定径带长度。一般来说，圆管模的工作带长度应短于同外径的棒材模，但为了不致使管材产生椭圆度，保持尺寸稳定和保证模子有足够的寿命，工作带也不能取得过短，对中、小规格的管材，一般取 2 ~ 6，对于大规格的管材，一般取

5~10。表3-4、表3-5分别列出了卧式挤压机和立式挤压机上常用管材模的设计尺寸。

表 3-4 卧式挤压机用锥形模的结构尺寸

挤压机吨位/MN	挤压筒直径 $D_{筒}$/mm	模孔尺寸 d/mm	D_1/mm	D_2/mm	$h_{定}$/mm
35	220	30~90	160	158	3
	280	41~145	230	228	4
	370	143~250	330	328	5~6
25	200~260	30~150	250	248	3~4
16.3	140~200	15~100	150	148	2~3

表 3-5 立式挤压机用锥形模的结构尺寸 (mm)

挤压筒直径 $D_{筒}$	模子尺寸				$h_{定}$
	d_1	$D_2 \geqslant D_{筒}-10$	$D_3 \geqslant D_{筒}-4$	D_4	
85	29~46	75	81	34.6~84.75 $D_{筒}-(0.25\sim0.4)$	2
100	23~54	90	96	99.6~99.75 $D_{筒}-(0.25\sim0.4)$	2
120	28~78	110	116	119.4~119.75 $D_{筒}-(0.25\sim0.6)$	3
135	30~83	124	131	134.4~134.75 $D_{筒}-(0.25\sim0.6)$	3

3.5.2 挤压针的设计

挤压针是在高温高压下对铸锭进行穿孔和确定制品内孔尺寸的重要工具，它对保证管材内表面质量和尺寸精度起着重要的作用，其结构形式不断发展，应用范围不断扩大，用穿孔针法不仅可生产无缝圆管、无缝异形管，而且还可以生产，变断面管材。

挤压铝合金管材用挤压针主要有两种基本类型，即固定针和随动针。固定针在生产过程中，针的位置相对模子工作带是固定不变的，更换产品规格时，只需要更换针尖就行了。而随动针随挤压行程而前后移动，因此针与模子工作带的相对位置是不断变化的，当变换管材规格时必须更换整根挤压针和铸锭的内孔尺寸。

为了减少因金属流动产生的摩擦力而使穿孔针受到的拉应力和提高其使用寿命，沿针的长度上应设计成一定的锥度。在卧式挤压机上，采用随动针时，其锥度应以管材壁厚的负公差为限；当采用固定针时，在针前端20～60mm或整个工作长度上的直径差为0.5～1.5mm。立式挤压机上的挤压针锥度一般取0.2～0.5mm。

在挤压内孔直径小于20～30mm的厚壁管，特别是用空心铸锭挤压铝合金管材时，最好采用组合式瓶状针。瓶状针可提高针的强度，延长其使用寿命，减少料头，提高成品率。

瓶状针由定径部分（针前端）和针后端组合而成。针前端的直径较小，而工作时与模孔工作带配合决定管材的内孔尺寸。针后端的直径较粗，以增加抗弯曲的能力。针前端和针后端用螺纹连接装配，过渡区的锥度为30°～45°，也可以做成圆滑过渡。

挤压针针前端的直径取决于管材的内径及其精度要求，以及被挤压合金的性质等。挤压铝合金管材时，一般可用下式确定：

$$d_{针} = d_0 - 0.7\% d_0 \tag{3-7}$$

式中　$d_{针}$——挤压针针前端工作带长度上的直径；

d_0——管材的公称尺寸。

挤压针针前端的工作长度可用下式计算：

$$L_{尖} = h_{定} + L_{出} + L_{余} \tag{3-8}$$

式中　$L_{尖}$——挤压针针前端的工作长度；

$h_{定}$——管模工作带长度；

$L_{出}$——针前端伸出工作带的长度，一般取10mm；

$L_{余}$——余量，此余量不能大于挤压残料的长度，以免金属倒流入空心挤压轴中，一般为20～30mm。

中小型挤压机的挤压针连接部分一般采用细牙螺纹连接，而大型挤压机上采用梯形螺纹连接。连接部分和工作部分之间应有均匀的过渡区。

挤压针的工作表面必须光滑（R_a=0.8～1.6μm）和具有足够的硬度，否则易产生划伤、起皮等废品，但挤压针工作表面的硬度不宜过高，以免发生龟裂而降低使用寿命。一般用3Cr2W8V或4Cr5MoSiV1钢制造挤压针，其工作部分在热处理后的硬度为HRC46～50（螺纹部分的硬度为HRC35～42）。针的直径不同心度不大于0.1mm。图3-9和表3-6分别列出了6MN立式挤压机用随动挤压针的结构和尺寸。图3-10和表3-7分别列出了35MN卧式挤压机用组合针的结构和尺寸。

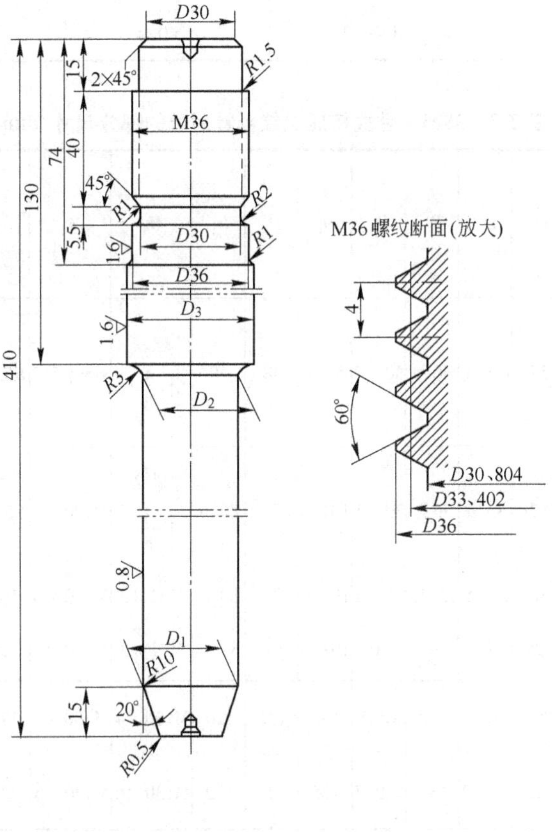

图3-9 6MN立式挤压机用随动挤压针的结构图

表 3-6 6MN 立式挤压机用随动挤压针的尺寸/mm

管材内径 d	D_1	D_2	D_3
11 ~ 25	d − 0.3	d + 0.3	30
26 ~ 35	d − 0.2	d + 0.3	40
36 ~ 40	d − 0.2	d + 0.3	50
41 ~ 45	d − 0.2	d + 0.2	50
46 ~ 55	d − 0.2	d + 0.2	60
56 ~ 65	d − 0.2	d + 0.2	70
66 ~ 75	d − 0.2	d + 0.2	80

表 3-7 35MN 卧式挤压机综合针后端的部分尺寸/mm

挤压筒直径	D_1	D_2	D_3	D_4	D_5	D_6	D_7	D_8	M_1	M_2	L_1	L_2	L_3
220	85	57	35. 9	36. 5	30. 25	57. 6	48	46	螺纹 $1\frac{3}{8}''$	M56×5. 5	95. 5	38. 1	25. 4
280	100	57	35. 9	36. 5	30. 25	101. 6	91	89. 6	螺纹 $1\frac{3}{8}''$	M100 × 6	95. 5	38. 1	25. 4
	100	80	53. 15	53. 15	45. 15	101. 6	91	89. 6	M52 × 3	M100 × 6	154	95	25. 4
	125	120	78	78	70	101. 6	91	89. 6	M72 × 3	M100 × 6	154	95	25. 4
370	160	155	102	102	92. 5	135	121	120	M100 × 4	M130 × 6	174	120	20
	230	225	135. 2	135	120. 2	135	121	120	M130 × 6	M130 × 6	230	170	32

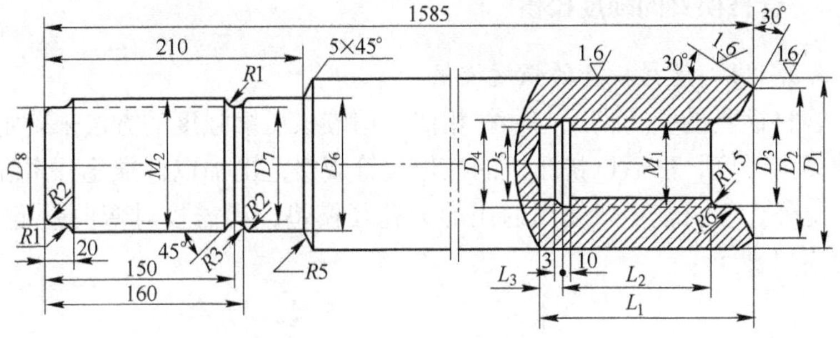

a

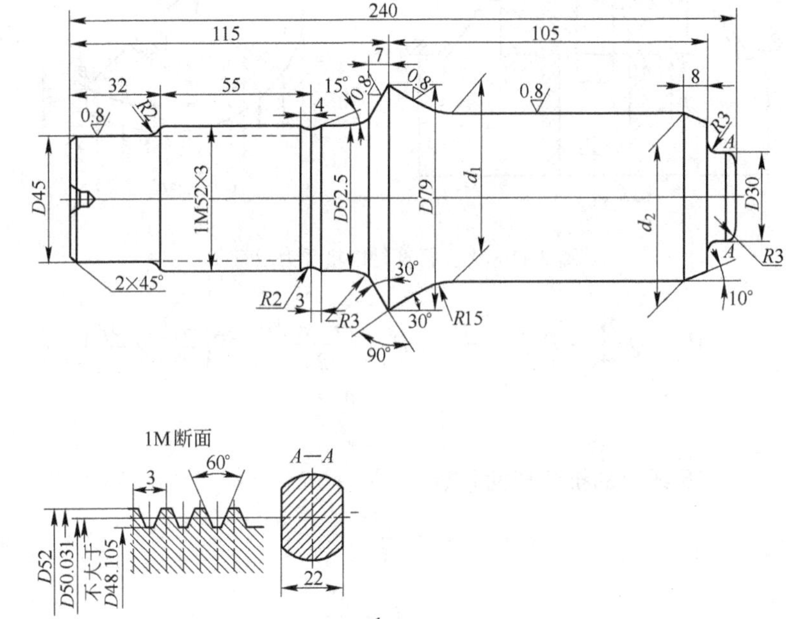

b

图 3-10 35MN 卧式挤压机组合针结构图

a—针后端；*b*—针前端材料：3Cr2W8V；热处理：淬火回火；硬度：HRC = 48 ~ 52；

d_1—挤出管材内径名义尺寸减 1mm；$d_2 = d_1 - 0.5$mm。

3.5.3 管材模具的强度校核

3.5.3.1 管材模具的强度校核

管材模具的受力情况与棒材相似，用校核压缩强度的方法来确定其外径与厚度，然后以挤压机的吨位及管规格范围加以标准化、系统化。此外，管材模一般使用通用的大孔径模垫，尚需校对弯曲强度，如图 3-11 所示。

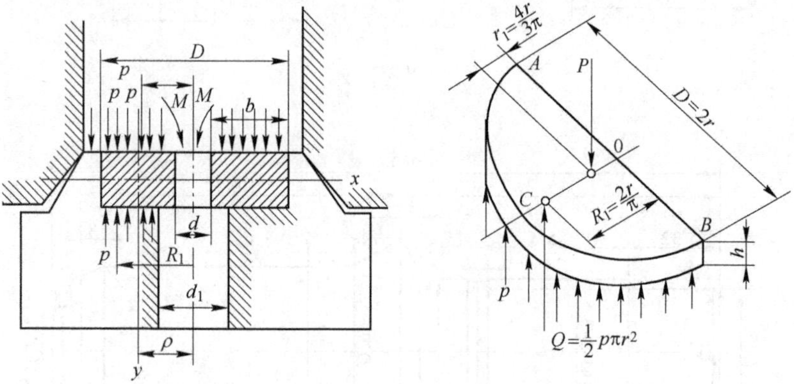

图 3-11 大孔径管材模垫受力示意图

$$M = Q\frac{2r}{\pi} - P\frac{4}{3} \times \frac{r}{h} = P \times \frac{\pi r^2 \times 2r}{2\pi} - P\left(\frac{\pi r^2}{2} \times \frac{4r}{3\pi}\right)$$

$$M = P\frac{r^3}{3}$$

在 AB 线上的抗弯截面系数

$$W = \frac{2rh^2}{6}$$

所以

$$\sigma_{弯} = \frac{M}{W} = \frac{P \times \frac{r^3}{3}}{\frac{2rh^2}{6}} = \frac{Pr^2}{h^2} \qquad (3\text{-}9)$$

从式（3-9）可知，管材模所受的剪切力主要取决于模子直径和模支承出口径之差。当 $\sigma_{弯} \leqslant [\sigma_{弯}]$ 时，模子是安全的。

3.5.3.2 穿孔针强度校核

挤压针是在高温高压条件下工作的，在穿孔过程中，由于金属沿挤压针的表面向前流动，必然引起金属与挤压针之间的接触摩擦力。这种力对挤压针来说就是向前拽的拉伸力。生产实践证明，最大前拽力是在管材刚从模子挤出不长的时候，当无润滑穿孔挤压时，这种力往往成为拉断针的主要原因。前拽力的计算公式为：

$$P_{前} = \pi d_{针} l_{锭} \tau_{针} \tag{3-10}$$

式中　$P_{前}$——作用于针上的前拽力，N；

$d_{针}$——挤压针直径，mm；

$l_{锭}$——计算瞬间挤压筒内的铸锭长度，mm；

$\tau_{针}$——挤压针表面的平均摩擦应力，MPa，取 $\tau_{针} = \tau_t$，τ_t 为挤压筒接触摩擦应力，铝合金的 τ_t 可由图 3-12 查出。

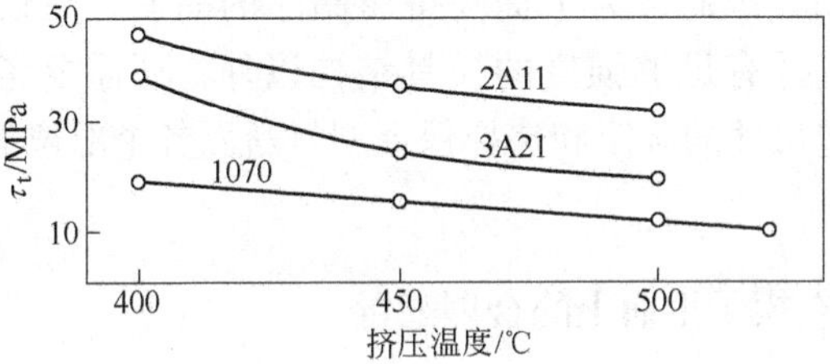

图 3-12　铝合金挤压时τ_t 与挤压温度的关系

当 $\sigma_{前} = \dfrac{P_{前}}{F_{针}} \leqslant [\sigma_{拉}]$ 时，穿孔针是安全的，式中，$\sigma_{前}$ 为由于前拽力引起的拉应力，$[\sigma_{拉}]$ 为挤压针材料的许用抗拉应力，对 3Cr2W8V 钢在 450℃ 取 $[\sigma_{拉}]$ 为 900MPa，4Cr5MoSiV1 钢取 $[\sigma_{拉}]$ 为 800MPa。

必须说明，当采用瓶状挤压针（或叫阶梯状挤压针）时，将出现一个与前拽力相反的压缩应力，力的大小可由下式计算：

$$P_{反} = (F_{针后} - F_{针前})\sigma_{挤} \tag{3-11}$$

式中　$P_{反}$——反向压力，N；

$F_{针后}$——挤压针后端圆柱状部分的断面积，mm^2；

$F_{针前}$——挤压针前端决定管材内径部分的面积，mm^2；

$\sigma_{挤}$——挤压应力，MPa，可由有关公式及图表计算得出。

当$P_{反}>P_{前}$时（$P_{前}$为作用于针上的前拽力），将发生挤压针后退的现象，这种现象经常发生在润滑针挤压并且铸锭较短的情况下。此时，应改变挤压条件或另选直径较大的针后端。

挤压针的弯曲强度、剪切强度和抗拉强度的校核，可参见2.4穿孔系统的设计的有关部分。

3.6 实心型材模具的设计

实心型材主要用单孔或多孔的平面模来进行挤压。在挤压断面比较复杂、不对称性很强或型材各处的壁厚尺寸差别很大的型材时，往往由于金属流出模孔时的速度不均匀而造成型材的扭拧、波浪、弯曲及裂纹等废品。因此，为了提高挤压制品的品质，在设计型材模具时，除了要选择有足够强度的模具结构以外，还需要考虑模孔的配置、模孔制造尺寸的确定和选择保证型材断面各个部位的流动速度均匀的方法。

3.6.1 模孔在模子平面上的合理配置

3.6.1.1 单孔挤压型材时的模孔配置

型材的横断面形状和尺寸是合理配置模孔的重要因素之一。根据对于坐标轴的对称程度可将型材分成三类：即横断面对称于两个坐标轴的型材，此种型材对称性最好；断面对称于一个坐标轴的型材，此种型材的对称次之；横断面不对称的型材，此种型材对称性差。

在设计单孔模时，对于横断面和两个坐标轴相对称（或近似对称）的型材，其合理的模孔配置是应使型材断面的重心和模子的中心相重合。

在挤压横断面尺寸对于一个坐标轴相对称的型材时，如果其缘板的厚度相等或彼此相差不大时，那么模孔的配置应使型材的对称轴通过模子的一个坐标轴，而使型材断面的重心位于另一个坐标轴上（图3-13）。

对于各部分壁厚不等的型材和不对称型材，必须将型材的重心相

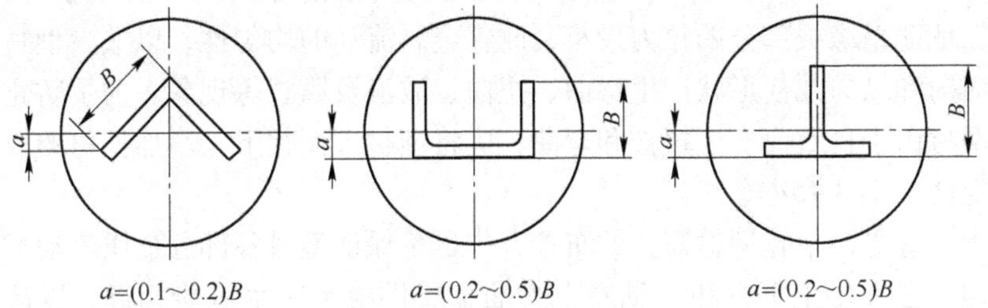

图 3-13　对称于一个坐标轴而缘板的厚度比不大的型材模模孔的位置示意图

对于模子的中心做一定距离的移动，应尽可能地使难于流动的壁厚较薄的部位靠近模子中心，尽量使金属在变形时单位静压力相等（图 3-14）。

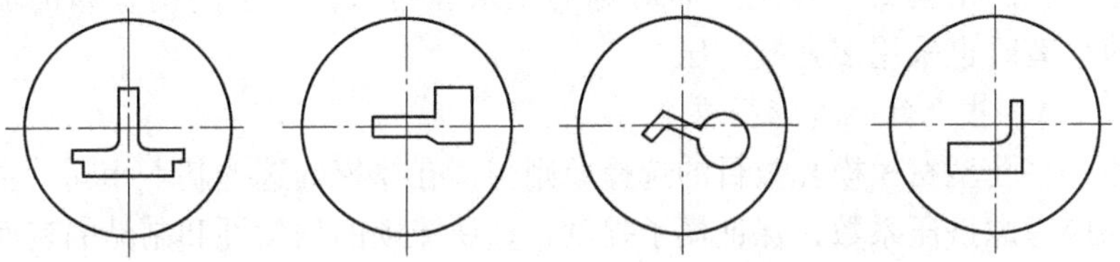

图 3-14　不对称和缘板的厚度比大的型材模模孔的配置图

对于缘板厚度比虽然不大，但截面形状十分复杂的型材应将型材外接圆的中心布置在模子中心线上（图 3-15*a*）。对于挤压系数很大，挤压有困难或流动很不均匀的某些型材可采用平衡模孔（在适当位置增加一个辅助模孔的方法，如图 3-15*b*）或增加工艺余料的方法

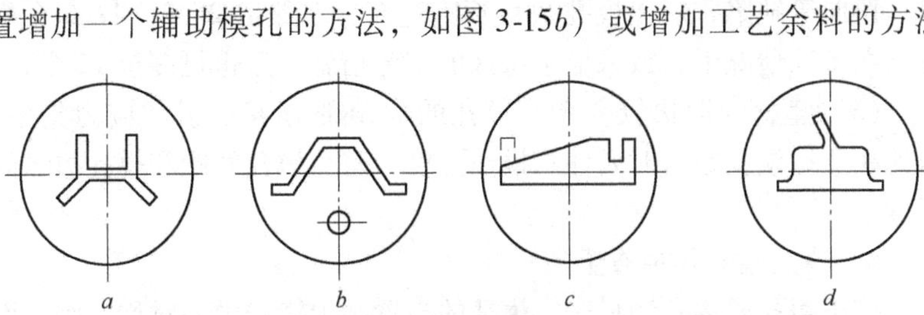

图 3-15　复杂不对称单孔型材模模孔的配置图

a—对称型材；*b*—增加工艺孔；*c*—增加工艺余料；*d*—增加型材稳定性

（图 3-15*c*）或采用合理调整金属流速的其他措施来改善挤压条件，保证薄壁缘板部分的拉力最小，改善金属流动的均匀性，以减少型材横向和纵向几何形状产生弯曲、扭曲、波浪及撕裂等现象。为了防止型材由于自重而产生扭拧和弯曲，应将型材大面朝下，增加型材的稳定性（图 3-15*d*）。

总之，单孔型材模孔的布置，应尽量保证型材各部分金属流动均匀，在 *X* 轴上下方和 *Y* 轴左右方的金属供给量应尽可能相近，以改善挤压条件，提高产品的品质。同时，也应考虑模具的强度和寿命，尽可能使用通用模具。

3.6.1.2　多孔挤压型材时的模孔配置

采用多孔模挤压实心型材的目的，是为了提高挤压机的生产率和成品率，降低挤压系数和减少挤压力，减短挤出长度以适应挤压机的工作台的结构等，在生产非对称的复杂型材时，为了均衡金属的流速，有时也采用多孔模挤压。

A　模孔数目的选择原则

多孔型材模模孔数目的选择原则与多孔棒模的选择基本相同，主要应考虑挤压系数，保证模子强度、金属流动的均匀性和制品的表面品质。与多孔棒模相比，在选择多孔型材模模孔数目时应注意：

（1）应保证有足够大的挤压系数。为了保证制品的力学性能，挤压型材时挤压系数应大于 12。

（2）型材的形状比棒材复杂得多，而且壁厚较薄且不均匀，所以金属流动的均匀性比棒材差得多，很容易产生挤出长度不齐、波浪、扭曲等缺陷，所以模孔数目不宜过多，一般取 2、3、4、6 个模孔。在特殊情况下，或采取了特殊的工艺措施之后也可多至 12 个孔。

（3）型材的形状较复杂，模孔的尖角部分容易引起应力集中，因此在选择模孔数目时要注意模子强度，避免模孔间距和模孔边缘间距过小。

B　多孔型材模的布置

挤压两孔或多孔型材时，模孔的布置必须遵守中心对称原则，而可以不遵守轴对称原则。

在配置模孔时，应考虑到模孔离挤压筒中心的距离不同，金属流动速度有差异的现象，因此型材断面上薄壁部分应向着模子的中心，而壁厚部分应向着模子的边缘，这种布置还可提高模孔连接部分的强度。

对于对称性较好，且断面上各自的壁厚相差不大的型材，可将型材模孔的重心均匀布在以模子中心为圆心的圆周上。

为了保证模子的强度，多孔型材模孔之间应保持一定的距离，在实际生产中对于80MN以上的大型挤压机取60mm以上，50MN挤压机取35～55mm。而对于20MN以下的挤压机可取20～30mm。

为了保证制品的品质，配置多孔模模孔时还必须考虑模孔边缘与挤压筒壁之间的距离。当这个距离太小时，制品边缘会出现成层等缺陷。表3-8列出了模孔与挤压筒壁间的最小允许距离。

模孔间距和模孔边缘与挤压筒壁之间的距离也应系列化，以利于模垫、前环等大型基本工具及导路等有互换性和通用性。

表3-8 模孔与挤压筒间的最小距离

挤压筒直径 ϕ/mm	85～95	115～130	150～200	200～280	300～500	>500
模孔边缘与挤压筒壁间最小距离/mm	10～15	15～20	20～25	30～40	40～50	50～60

3.6.2 实心型材模孔形状与加工尺寸的设计

如前所述，型材模孔尺寸主要与被挤压合金型材的形状、尺寸及其横断面尺寸公差等因素有关，此外还必须考虑型材断面的各个部位几何形状的特点及其在挤压和拉伸矫直过程中的变化。在生产中一般按式（3-12）选取，即：

$$A = A_0 + M + (K_Y + K_P + K_T)A_0 \tag{3-12}$$

对于铝及其合金来说，式（3-12）中的系数可按表3-9选取。

式（3-12）中的其他参数如公差、线膨胀系数等可在有关的手册中查取。

在设计铝合金普通型材的模孔尺寸时，有时分别计算型材模孔的外形尺寸（指型材的宽和高）和壁厚尺寸。

表 3-9 式（3-12）中的系数 K_Y、K_P 值

型材断面尺寸/mm	K_Y	K_P
1 ~ 3	0.04 ~ 0.03	0.03 ~ 0.02
4 ~ 20	0.02 ~ 0.01	0.02 ~ 0.01
21 ~ 40	0.006 ~ 0.007	0.007 ~ 0.008
41 ~ 60	0.005 ~ 0.006	0.0065 ~ 0.0075
61 ~ 80	0.004 ~ 0.005	0.006 ~ 0.007
81 ~ 120	0.003 ~ 0.004	0.005 ~ 0.006
121 ~ 200	0.002 ~ 0.003	0.0035 ~ 0.0045
>200	0.001 ~ 0.0015	0.002 ~ 0.003

型材模孔的外形尺寸为：

$$A = A_0 + (1 + K)A_0 \tag{3-13}$$

式中 A——型材外形模孔尺寸；

A_0——型材外形的公称尺寸；

K——综合经验系数，铝合金取 0.007 ~ 0.01。

型材壁厚的模孔尺寸为：

$$\delta = \delta_0 + M_1 \tag{3-14}$$

式中 δ——型材壁厚的模孔尺寸；

δ_0——型材壁厚的公称尺寸；

M_1——型材壁厚的正偏差。

为了获得负偏差型材，可将式（3-12）改写为

$$A = A_0 + (K_Y + K_P + K_T)A_0$$

由于目前尚缺乏生产负偏差范围内型材的生产经验，所以挤压生产中应对模孔的加工尺寸进行修改，直至合格为止。

3.6.3 控制型材各部分流速均匀性的方法

3.6.3.1 通过改变模孔工作带的几何形状与尺寸

对于外形尺寸较小、对称性较好、各部分壁厚相等或近似相等的

简单型材来说，模孔各部分的工作带可取相等或基本相等的长度。依金属种类、型材品种和形状不同，一般可取 2 ~ 8mm。对于断面形状复杂、壁厚差大、外形轮廓大的型材，在设计模孔时，要借助于不同的工作带长度来调节金属的流速。

计算型材模孔工作带长度的方法有多种，根据补充应力法可得出如下公式：

$$h_{F2} = \frac{h_{F1} f_{F2} n_{F1}}{n_{F2} f_{F1}} \tag{3-15}$$

或

$$\frac{h_{F1}}{h_{F2}} = \frac{f_{F1}}{f_{F2}} = \frac{n_{F2}}{n_{F1}} \tag{3-16}$$

式中 h_{F1}，h_{F2}——分别为型材某断面 F_1 和 F_2 处的模孔工作带长度，mm；

f_{F1}，f_{F2}——分别为型材某断面 F_1 和 F_2 处的型材断面积，mm^2；

n_{F1}，n_{F2}——分别为型材某断面 F_1 和 F_2 处的型材周长，mm。

当型材的宽厚比小于 30 时，或者当型材的最大宽度小于挤压筒直径的 1/3 时，使用上述公式可获得比较理想的结果。当宽厚比大于 30 或型材的最大宽度大于挤压筒直径的 1/3 时，计算模孔工作带长度时除考虑上述因素之外，尚需考虑型材区段距挤压筒中心的距离。即模孔中心区的工作带应加长以增大阻碍。

用上述方法计算型材各区段的模孔工作带长度时，应先给定一个区段上工作带长度值作为计算的参考值（一般给定型材壁厚最小处工作带长度）。可根据型材的规格和挤压机能力来确定工作带最小长度（表 3-10）。工作带最大长度按挤压时金属与模孔工作带之间的最大有效接触长度来确定，一般来说，型材模子工作带的长度为 3 ~ 15mm，最大不超过 25mm。

表 3-10 模孔工作带最小长度值

挤压机能力/MN	125	50	35	16 ~ 20	6 ~ 12
模孔工作带最小长度/mm	5 ~ 10	4 ~ 8	3 ~ 6	2.5 ~ 5	1.5 ~ 3
模孔空刀尺寸/mm	3	2.5	2	1.5 ~ 2	0.5 ~ 1.5

3.6.3.2 阻碍角的补充阻碍作用

模孔的入口锥角与挤压力的大小有关，如图 3-16 所示。

根据这一规律，在平面模模孔处制作小于 15°的入口锥角就能起到阻碍金属流动的作用。这个入口锥角就称为阻碍角。

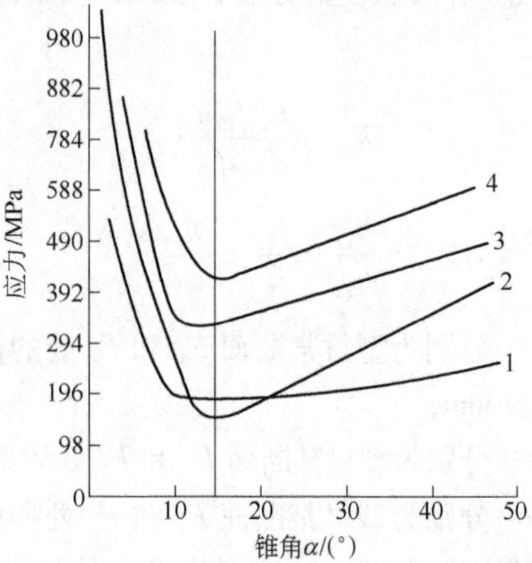

图 3-16 模孔入口锥角与单位挤压力之间的关系曲线

1—纯铝；2—镁合金，$\lambda=2$；3—2A11，$\lambda=2$；4—5A05，$\lambda=2$

根据补充应力法，可用下式确定阻碍角：

$$\tan\alpha = \frac{3\sqrt{3}\sigma_{\text{m补}} - 2\mu_B\sigma_{st}}{6\sigma_{st}} \tag{3-17}$$

式中 α——阻碍角，(°)；

$\sigma_{\text{m补}}$——补充应力，MPa；

μ_B——金属与模孔工作带之间的摩擦系数；

σ_{st}——在挤压温度下金属质点流经模孔工作带时的真实变形抗力，MPa。

用平面模挤压实心型材时，阻碍角一般不大于 15°，而 3°～10°最为有效。

3.6.3.3 采用促流角（助力锥或供料锥）均衡金属流速

在挤压各部分壁厚差异很大的难挤压型材时，为减少金属流速的不均匀性，可在阻力大、难成形的薄壁部分做一能有助于金属流动的所谓促流角，以使金属向薄壁部分流动。

3.6.3.4 采用平衡孔或工艺余量均衡金属流速

在挤压形状特别复杂、对称性很差或各部分壁厚差很大而在模面上只能布置一个模孔型材时，为了均衡流速，保证制品尺寸、形状的准确性或为了减少挤压系数，可以在模子平面的适当位置附加一个或多个平衡孔，或者以工艺余量的形式在型材的适当位置附加筋条或增大壁厚,待制品挤压出来后用机加法或化铣法除去,以恢复型材的成品形状和尺寸。

3.6.3.5 采用多孔对称布置模孔法均衡金属流速

该法是解决形状极其复杂、对称性极差的型材流速不均问题的最有效的可靠办法之一。

3.6.4 型材模具的强度校核

用平模挤压双孔扁条型材或悬臂部分很多的半空心槽形型材时，必须对模子进行抗弯曲强度校核。校核方法可参阅刘静安编著的《轻合金挤压工具与模具》（上）（冶金工业出版社，1995）一书。

3.6.5 普通实心型材模具设计举例

普通实心型材模具设计举例分别见图 3-17 ~ 图 3-21。

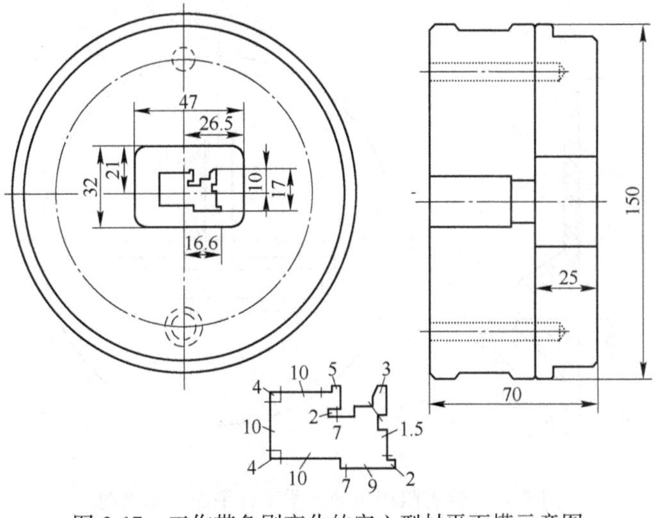

图 3-17 工作带急剧变化的实心型材平面模示意图

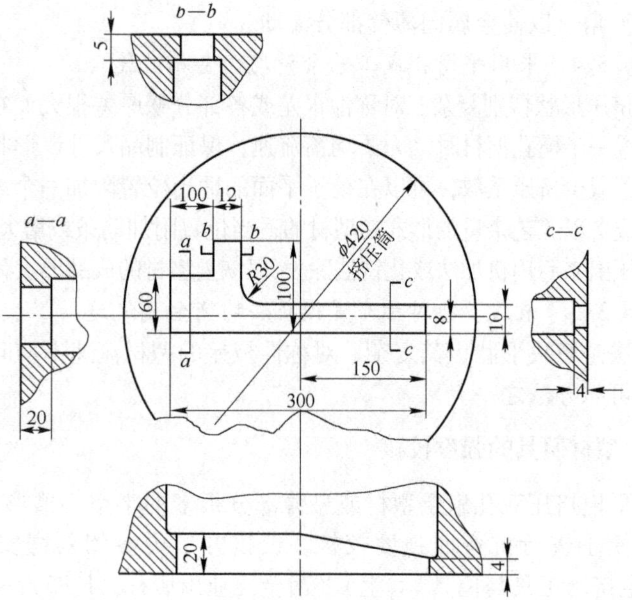

图 3-18　断面壁厚差大的实心型材平面模示意图

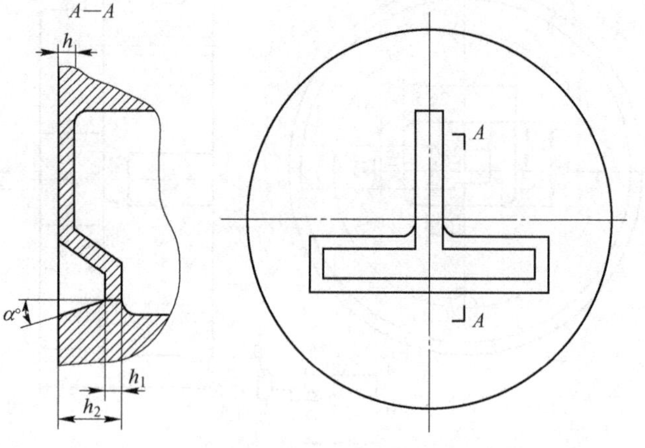

图 3-19　带有阻碍角的大梁型材平面模示意图

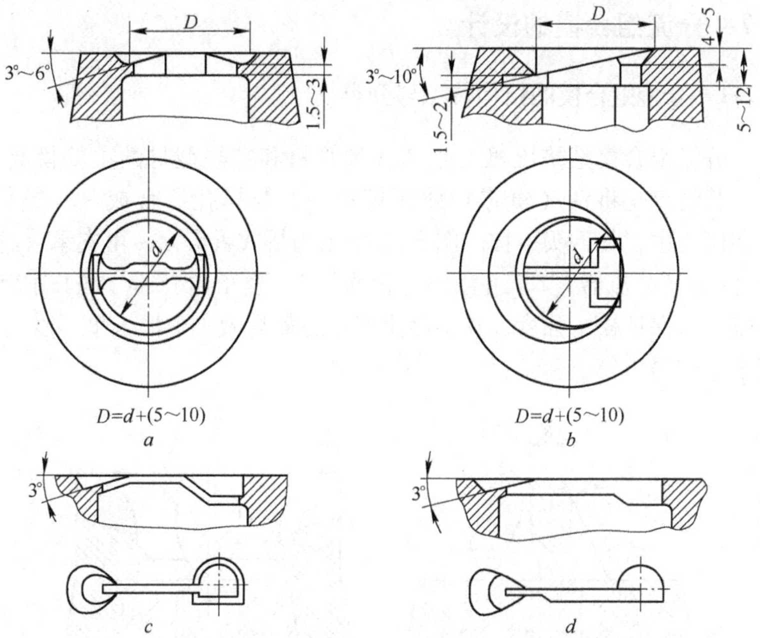

图 3-20 带有促流角的单孔型材平面模示意图

a—型材边缘壁处环形促流；*b*—壁厚比大的 T 形型材模的促流角和阻碍角；
c—薄壁缘板长的型材模子局部注兜；*d*—薄壁缘板短的型材模局部注兜

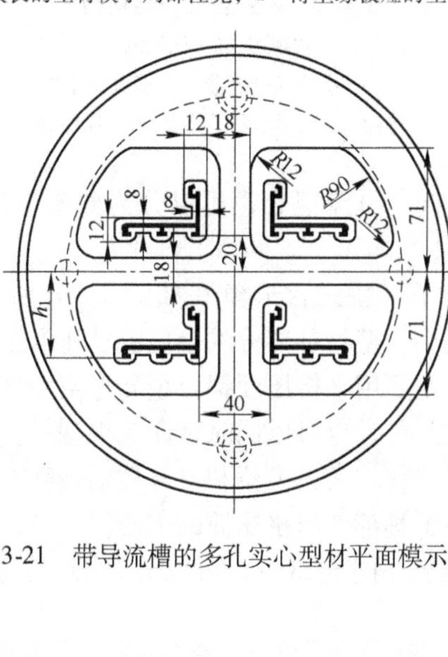

图 3-21 带导流槽的多孔实心型材平面模示意图

3.7 分流组合模的设计

3.7.1 分流组合模的结构特点与分类

分流组合模是挤压机上生产各种管材和空心型材的主要模具形式，其特点是将针（模芯）放在模孔中，与模孔组合成一个整体，针在模子中犹如舌头一样。图3-22所示为桥式舌形模，由支承（柱）1、模桥（分流器）2、组合针（舌头）3、模子内套4、模子外套5组成。为保证模子强度，在实际生产中还需配做一个模子垫，以支持模子不被退出模子套外。

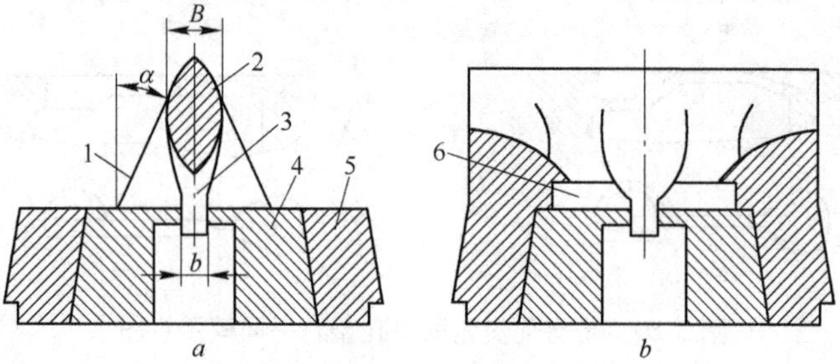

图3-22 桥式舌形模结构图

a—正视图；*b*—侧视图

1—支承柱；2—模桥（分流器）；3—组合针（舌头）；

4—模子内套；5—模子外套；6—焊合室

按桥的结构不同，分流组合模可以分为如图3-23所示的各种类型。

带突出桥的模子（桥式舌形模）如图3-23*a*所示，加工比较简单，所需挤压力较小，型材各部分的金属流动速度较均匀，可以采用较高的挤压速度，主要用来挤压硬铝合金异形空心型材。用这种形式的模子可挤压一根型材，也可以同时挤压几根型材。带突出桥的模子的主要缺点是挤压残料较长，模桥和支承柱的强度不如其他结构的模子，需要仔细调整工具部件与挤压筒的中心。

带叉架式的模子（图3-23*b*），可以分开加工，损坏时只需更换

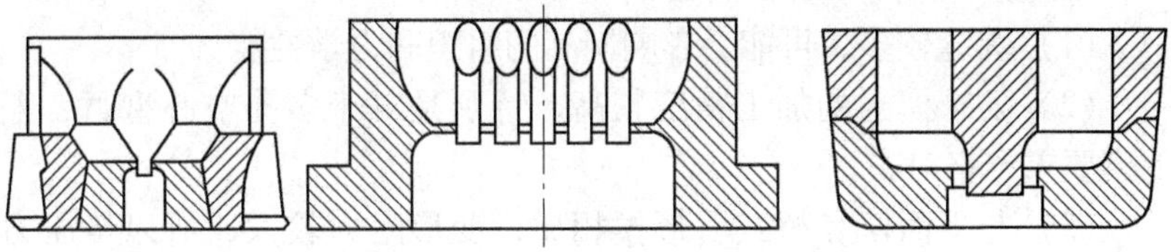

图 3-23 分流组合模的结构形式示意图

a—桥式；*b*—叉架式；*c*—平面式

损坏的部分；可同时加工多根型材，但装卸比较困难，因此其使用范围受到限制。

平面分流组合模（图 3-23*c*）是在桥式舌形模基础上发展起来的，实质是桥式舌形模的一个变种，即把突桥改成为平面桥，所以又称为平刀式舌形模。近年来平面分流组合模获得了迅速的发展，并广泛用于不带独立穿孔系统的挤压机上生产各种规格和形状的管材和空心型材，特别是6063 合金民用建筑型材及纯铝和软铝合金型材和管材。

平面分流组合模的主要优点是：

（1）可以挤压双孔或多孔的内腔十分复杂的空心型材或管材，也可以同时生产多根空心制品，所以生产效率高，这一点是桥式舌形模很难实现甚至无法实现的。

（2）可以挤压悬臂梁很大、用平面模很难生产的半空心型材。

（3）可拆换，易加工，成本较低。

（4）易于分离残料，操作简单，辅助时间短，可在普通的型棒挤压机上用普通的工具完成挤压周期，同时残料短，成品率高。

（5）可实现连续挤压，根据需要截取任意长度的制品。

（6）可以改变分流孔的数目、大小和形状，使断面形状比较复杂、壁厚差较大，以及难以用工作带、阻碍角等调节流速的空心型材很好成形。

（7）可以用带锥度的分流孔，实现小挤压机上挤压外形较大的空心制品，而且能保证有足够的变形量。

但是，平面分流组合模也有一定的缺点：

（1）焊缝较多，可能会影响制品的组织和力学性能。

（2）要求模子的加工精度较高，特别是对于多孔空心型材，上下模要求严格对中。

（3）与平面模和桥式舌形模相比，变形阻力较大，所以挤压力一般比平面模高30%～40%，比桥式舌形模高15%～20%。因此，目前只限于生产一些纯铝、铝锰系、铝-镁-硅系等软合金。为了用平面分流组合模挤压强度较高的铝合金，可在阳模上加一个保护模，以减少模桥的承压力。

（4）残料分离不干净，有时会影响产品质量，而且不便于修模。

总的来说，平面分流组合模的应用范围要比舌形模广得多。舌形模主要用来生产组织和性能要求较高的军工产品和挤压力较高的硬铝合金产品。由于平面分流模和舌形模的工作原理相同，结构基本相似，所以下面主要讨论平面分流组合模的设计技术。

3.7.2 平面分流组合模的结构与分类

平面分流组合模一般是由阳模（上模）、阴模（下模）、定位销、连接螺钉4部分组成，如图3-24所示。上下模组装后装入模支承中。为了保证模具的强度，减少或消除模子变形，有时还要配备专用的模

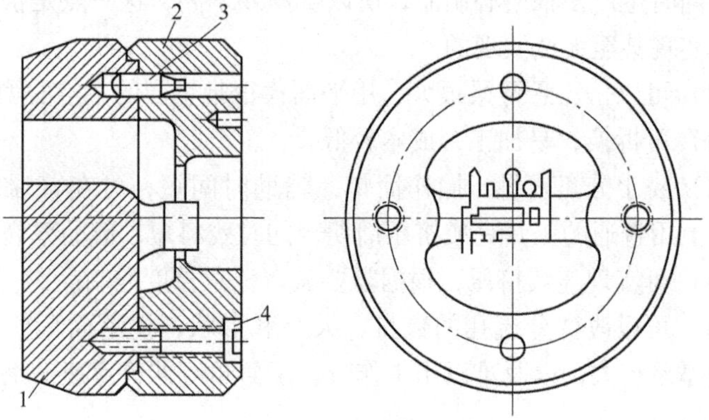

图3-24 平面分流模的结构示意图

1—上模；2—下模；3—定位销；4—连接螺钉

垫和环。

在上模上有分流孔、分流桥和模芯。分流孔是金属通往型孔的通道，分流桥是支承模芯（针）的支架，而模芯（针）用来形成型材内腔的形状和尺寸。

下模上有焊合室、模孔型腔、工作带和空刀。焊合室是把分流孔流出来的金属汇集在一起重新焊合起来形成以模芯为中心的整体坯料，由于金属不断聚集，静压力不断增大，直至挤出模孔。模孔型腔的工作带部分确定型材的外部尺寸和形状以及调节金属的流速，而空刀部分是为了减少摩擦，使制品能顺利通过，免遭划伤，以不保证产品表面品质。

定位销用来进行上下模的装配定位，而连接螺钉是把上下模牢固地连接在一起，使平面分流组合模形成一个整体，便于操作，并可增大强度。

此外，按分流桥的结构不同，平面分流组合模又可分为固定式和可拆式两种。带可拆式分流桥的模具又称之为叉架式分流模。用这种形式的模子，可同时挤压多根空心制品，如图 3-23*b* 所示。

3.7.3 平面组合模的结构要素设计

3.7.3.1 分流比的选择

分流比 K 的大小直接影响到挤压阻力的大小、制品成型和焊合品质。K 值越大，越有利于金属流动与焊合，也可减少挤压力。因此，在模具强度允许的范围内，应尽可能选取较大的 K 值。在一般情况下，对于生产空心型材时，取 $K=10\sim30$；对于管材，取 $K=5\sim15$。

3.7.3.2 分流孔形状、断面尺寸、数目及分布

分流孔断面形状有圆形、腰子形、扇形和异形等。分流孔数目、大小、排列如图 3-25 所示。为了减少压力，提高焊缝品质或者当制品的外形尺寸较大，扩大分流比受到模子强度限制时，分流孔可做成内斜度为 $1°\sim3°$、外锥度为 $3°\sim6°$的斜形孔。

分流孔在模子平面上的合理布置，对于平衡金属流速、减少挤压力、促进金属的流动与焊合，提高模具寿命等都有一定影响。对于对

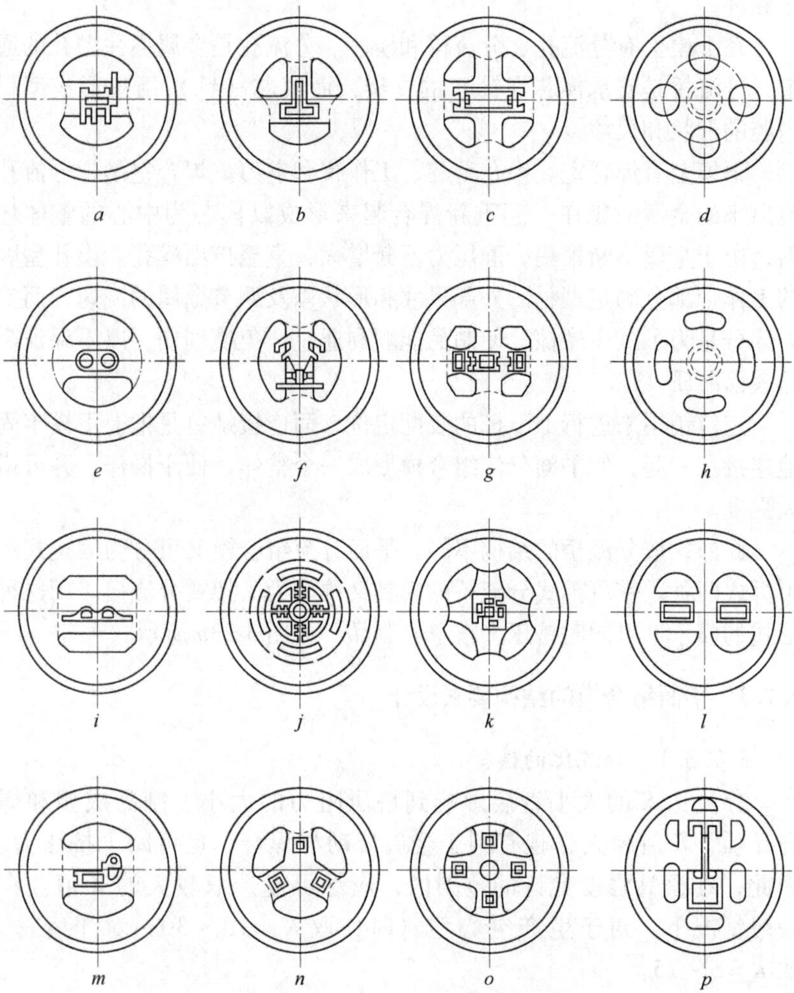

图 3-25　分流孔的数目、大小、形状与分布方案举例

（1 孔、2 孔…表示模孔数；1 分、2 分…表示分流孔数；1 芯、2 芯…表示模芯数）

a—1 孔 2 分 1 芯；*b*—1 孔 3 分 1 芯；*c*—1 孔 4 分 1 芯；*d*—1 孔 4 分 1 芯；

e—1 孔 2 分 2 芯；*f*—1 孔 2 分 2 芯；*g*—1 孔 4 分 2 芯；*h*—1 孔 4 分 1 芯；

i—1 孔 2 分 2 芯；*j*—1 孔 4 分 5 芯；*k*—1 孔 4 分 5 芯；*l*—2 孔 4 分 2 芯；

m—1 孔 2 分 3 芯；*n*—3 孔 3 分 3 芯；*o*—4 孔 5 分 4 芯；*p*—1 孔 6 分 1 芯

称性较好的空心制品，各分流孔的中心圆直径应大于或等于 $0.7D_{筒}$。对非对称空心型材或异形管材，应尽量保证各部分的分流比基本相等，或型材断面积稍大部分的 $K_{分}$ 值略低于其他部分的 $K_{分}$ 值。此外，分流孔的布置应尽量与制品保持几何相似性。为了保证模具强度和产品品质，分流孔不能布置得过于靠近挤压筒或模具边缘，但为了保证金属的合理流动及模具寿命，分流孔也不宜布置得过于靠近挤压筒中心。

3.7.3.3 分流桥

按结构分流桥可分为固定式和可拆式（叉架式）两种。分流桥宽 B 一般取为：

$$B = b + (3 \sim 20) \tag{3-18}$$

式中 b——模芯宽度；

$3 \sim 20$——经验系数，制品外形及内腔尺寸大的取下限，反之取上限。

分流桥截面形状主要有矩形的、矩形倒角的和水滴形的三种（图 3-26），后两种广为采用。分流桥斜度（焊合角）θ 一般取 45°，

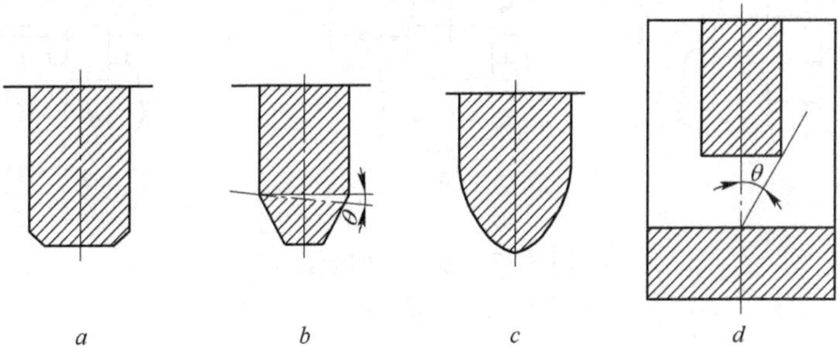

图 3-26 分流桥截面形状示意图

a—矩形；*b*—矩形倒角；*c*—水滴形；*d*—焊合角 θ 示意图

对难挤压的型材取 $\theta = 30°$，桥底圆角 $R = 2 \sim 5\text{mm}$。在焊室高度 $h_{焊} = \left(\frac{1}{2} \sim \frac{2}{3}\right)B$ 的条件下，θ 均小于 45°。θ 可按下式计算：

$$\tan\theta = \frac{\frac{1}{2}B}{h_{焊}} \tag{3-19}$$

式中　$h_{焊}$——焊合室高度，mm；

　　　B——分流桥宽度，mm。

为了增加模桥强度，通常在桥的两端添置桥墩。蝶形桥墩不仅增加了桥的强度，而且改善了金属流动，避免死区产生。

3.7.3.4　模芯（舌头）

模芯相当于穿孔针，其定径区决定制品的内腔形状和尺寸，其结构直接影响模具强度、金属焊合品质和模具加工方式。最常见的是圆柱形模芯（多用于挤压圆管）、双锥体模芯（多用于挤压方管和空心型材）。模芯的定径带有凸台式、锥台式和锥式三种，如图 3-27 所示。模芯宜短，对于小挤压机可伸出模子定径带 1 ~ 3mm，对大挤压机可伸 10 ~ 12mm。

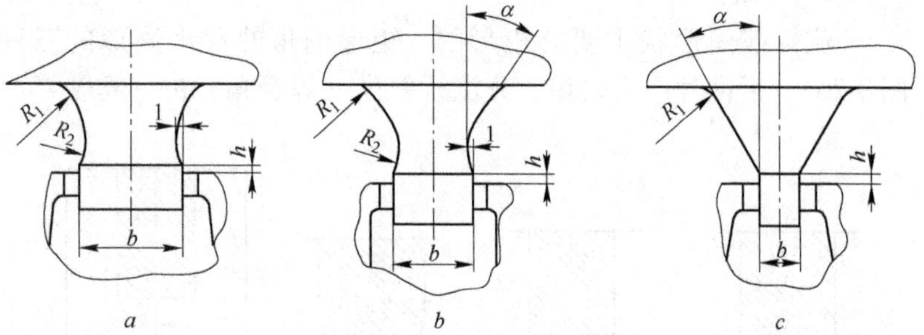

图 3-27　模芯结构形式图

a—凸台式；*b*—锥台式；*c*—锥式

3.7.3.5　焊合室形状与尺寸

焊合室形状有圆形和蝶形两种。当采用圆形焊合室（图 3-28*a*）时，在两分流孔之间会产生一个十分明显的死区，不仅增大了挤压阻力，且会影响焊缝质量。蝶形焊合室（图 3-28*b*），有利于消除这种死区，提高焊缝品质。为消除焊合室边缘与模孔平面间接合处的死区，可采用大圆弧过渡（$R=5\sim20$mm），或将焊合室入口处做成 15°

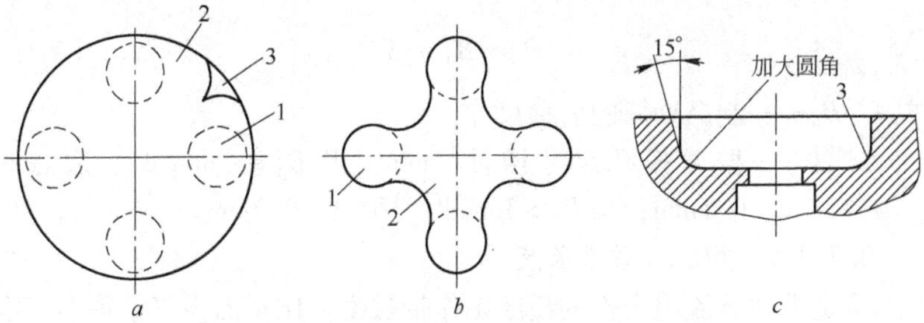

图 3-28 平面分流组合模焊合室形状图
a—圆形焊合室；*b*—蝶形焊合室；*c*—焊合室剖面
1—分流孔；2—焊合室；3—死区

左右角度。同时，在与蝶形焊合室对应的分流桥根部也做成相应的凸台，这样就改善了金属流动，减少了挤压阻力。因此，应尽量采用蝶形截面焊合室。当分流孔形状、大小、数目及分布状态确定之后，焊合室断面形状和大小也基本确定了。合理设计焊合室高度有重大意义，一般情况下，焊合室高度应大于分流桥宽度之半；对中小型挤压机可取 10 ~ 20mm，或等于管壁厚的 6 ~ 10 倍。在很多情况下，可根据挤压筒直径确定焊合室高度。焊合室高度与挤压筒直径的关系如下：

挤压筒直径/mm	95 ~ 130	150 ~ 200	200 ~ 280	300 ~ 500	≥500
焊合室高度/mm	10 ~ 15	20 ~ 25	30 ~ 35	40 ~ 50	40 ~ 80

3.7.3.6 模孔尺寸

用平面分流组合模生产的产品，绝大多数为民用空心型材和管材。这些材料形状复杂，外廓尺寸大，壁很薄并要求在保证强度的条件下尽量减轻质量，减少用材和降低成本。一般情况下，模孔外形尺寸 *A* 可按下式确定：

$$A = A_0 + KA_0 = (1 + K)A_0 \tag{3-20}$$

式中 A_0——制品外形的公称尺寸，mm；

K——经验系数，一般取 0.007 ~0.015。

制品壁厚的模孔尺寸 B 可由下式确定：

$$B = B_0 + \Delta \tag{3-21}$$

式中 B_0——制品壁厚的公称尺寸，mm；

Δ——壁厚模孔尺寸增量，mm，当 $B_0 \leqslant 3$mm 时，取 $\Delta = 0.1$mm；当 $B_0 > 3$mm 时，取 $\Delta = 0.2$mm。

3.7.3.7 模孔工作带长度

确定平面分流组合模的模腔工作带长度要比平面模复杂得多，因为确定不仅要考虑型材壁厚差与距挤压筒中心的远近，而且必须考虑模孔被分流桥遮的情况以及分流孔的大小和分布。在某些情况下，从分流孔中流入的金属量的分布甚至对调节金属流动起主导作用。处于分流桥底下的模孔由于金属流出困难，工作带必须减薄。平面分流组合模的模腔工作带长度一般要比平面模长些，这对金属的焊合有好处。

3.7.3.8 模孔空刀结构设计

平面分流组合模的空刀结构如图 3-29 所示。对于壁厚较厚的制品，多采用直角空刀形式，此种空刀容易加工；对于壁厚较薄或带有悬臂的模孔处，多采用斜空刀形式，此种空刀能提高模具强度。目前

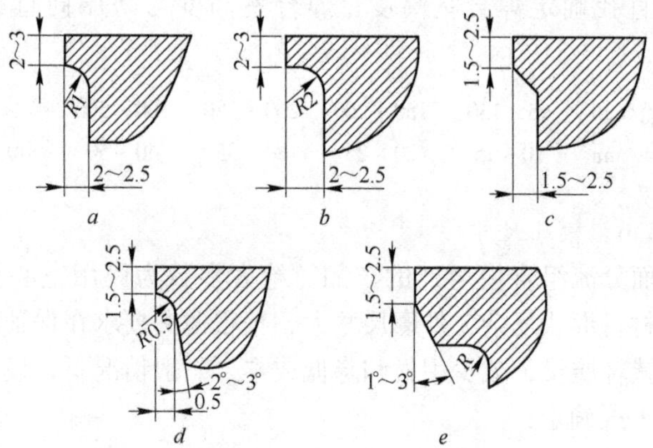

图 3-29 分流模模孔工作带出口处的空刀结构

a—直线切口；*b*—圆弧切口；*c*—斜度切口；*d*—圆弧与斜度相组合切口；*e*—工作带有斜度的圆弧切口

国外不少工厂都采用斜空刀或阶梯式的喇叭形空刀。

3.7.4　平面分流组合模的强度校核

平面分流模工作时，其最不利的承载情况发生在分流孔和焊合室尚未进入金属，以及金属充满焊合室而刚要流出模孔之时。要针对模子的分流桥进行强度校核，主要校核由于挤压力引起的分流桥弯曲应力和剪切应力。对于双孔或四孔分流模，可将一个或两个分流桥视为受均布载荷的简支梁，并对其进行危险断面的抗弯和抗剪强度校核，如图3-30所示。

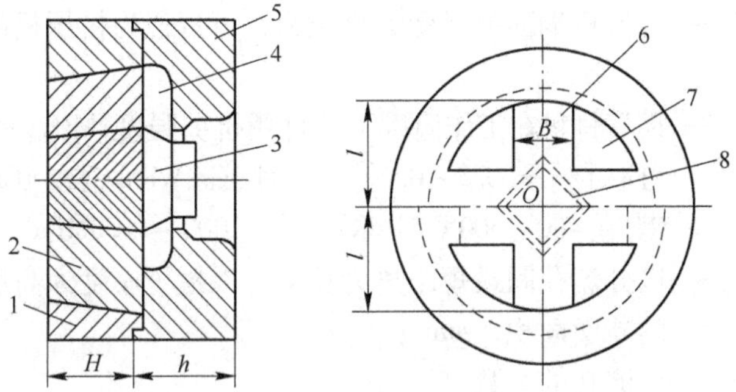

图3-30　分流模强度计算简图

1—模外套；2—分流桥；3—模芯；4—焊合室；5—模子；
6—固定式分流桥；7—分流孔；8—挤压制品

3.7.4.1　抗弯强度校核

从抗弯强度校核公式可推导出计算模子分流桥最小高度的公式：

$$H_{\min} = L\sqrt{\frac{p}{2[\sigma_{弯}]}} \tag{3-22}$$

式中　$H_{\min}$——模子危险断面处的计算厚度，即分流桥的计算高度，mm；

L——分流桥两桥墩之间的距离，mm；

P——挤压筒最大比压，MPa；

$[\sigma_{弯}]$——模具材料在工作温度下的许用弯曲应力，MPa；对3Cr2W8V 钢或 4Cr5MoSiV1 钢，在 450 ~ 500℃时，取 $[\sigma_{弯}]$ = 800 ~ 900MPa。

实际设计时，所采用的分流桥高度不得低于由式（3-22）计算得出的值。

3.7.4.2 抗剪强度校核

抗剪强度校核公式如下：

$$\tau = \frac{P}{nF} \leqslant [\tau] \tag{3-23}$$

式中 τ——剪应力，MPa；

P——分流桥端面上所受的总压力，可近似为挤压机的公称压力，N；

$[\tau]$——模具材料在工作温度下的许用抗剪强度，MPa；一般情况，可取 $[\tau]$ =(0.5 ~0.6)$[\sigma_b]$，对 3Cr2W8V 钢或 4Cr5MoSiV1 钢，在 450 ~500℃时，取$[\sigma_b]$ = 1000 ~ 1100MPa。

F——以分流孔间最短距离为长度、以模子厚度为高度所组成的断面面积，mm^2；

n——分流孔的个数。

3.7.5 常用的铝型材平面分流组合模优化设计举例

（1）直升机旋翼大梁型材（6061-T6）舌形模，如图 3-31 所示。

（2）硬铝合金（2024-T4）铰链型材用舌形模，如图 3-32 所示。

（3）9 孔高筋异形空心型材（6061-T6）平面分流组合模，如图3-33 所示。

（4）单孔管材（6063-T5）平面分流组合模，如图 3-34 所示。

（5）多根管材（6063-T5）平面分流组合模，如图 3-35 所示。

（6）单孔异形空心型材平面分流组合模，如图 3-36 所示。

（7）单根多孔异形空心型材平面分流组合模，如图 3-37 所示。

（8）多根空心型材平面分流组合模，如图 3-38 所示。

（9）口琴管空心型材平面分流组合模，如图 3-39 所示。

（10）不对称空心型材平面分流组合模，如图 3-40 所示。

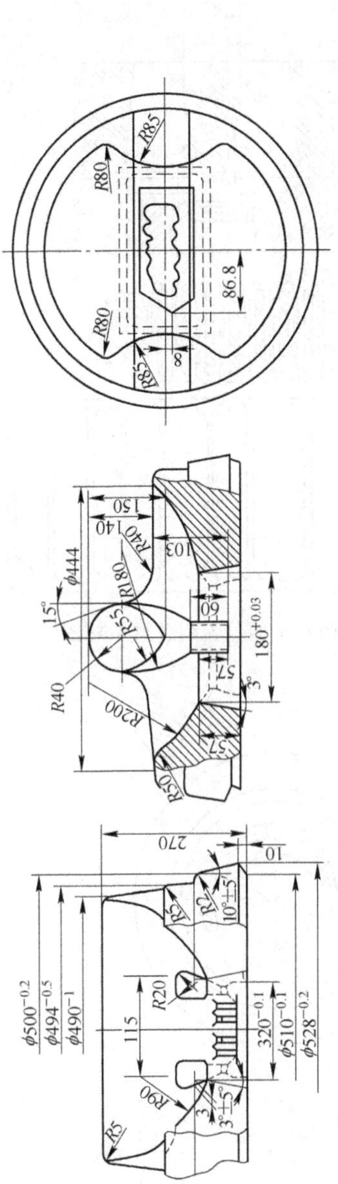

图 3-31 直升机旋翼大梁型材（6061-T6）用舌形模示意图

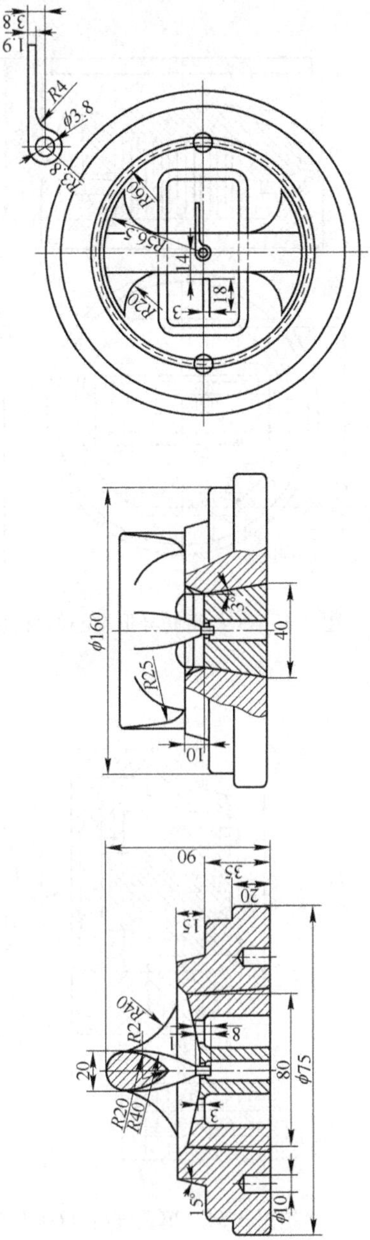

图 3-32 硬铝合金（2024-T4）铰链型材用舌型模示意图

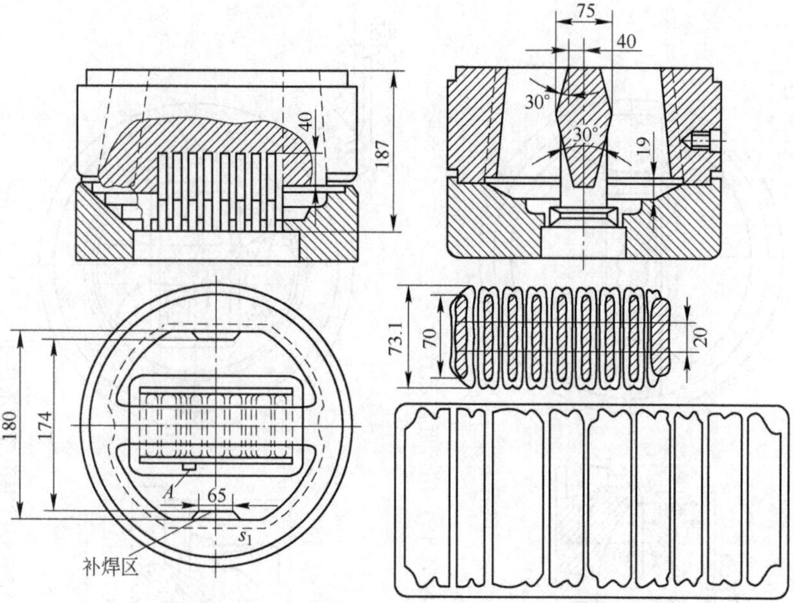

图 3-33 9 孔高筋异形空心型材（6061-T6）平面分流组合模示意图

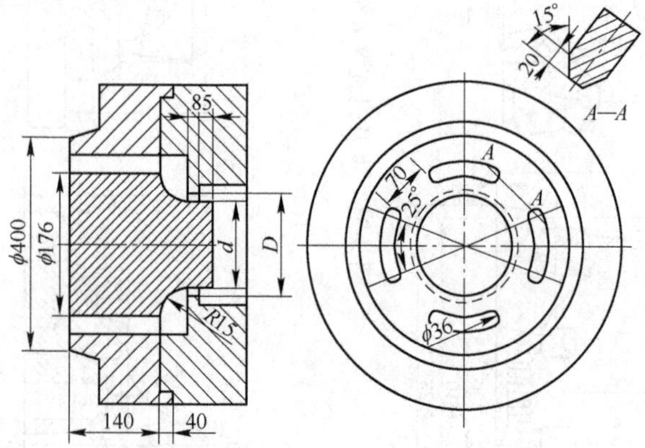

133×5	135	125
168×6	160	148
	D	d

图 3-34 单孔管材（6063-T5）平面分流组合模示意图

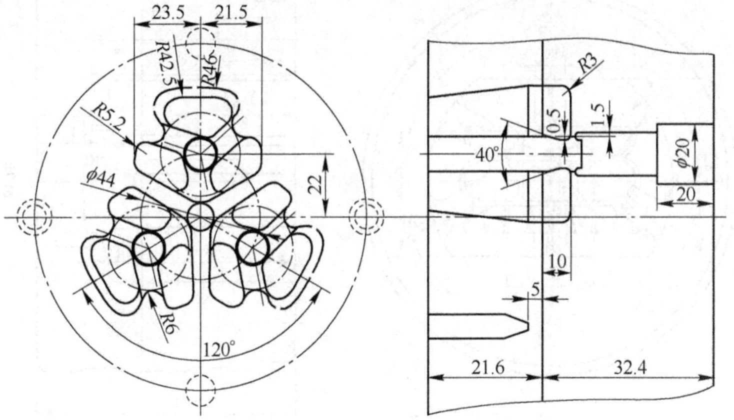

图 3-35　多根管材（6063-T5）平面分流组合模示意图

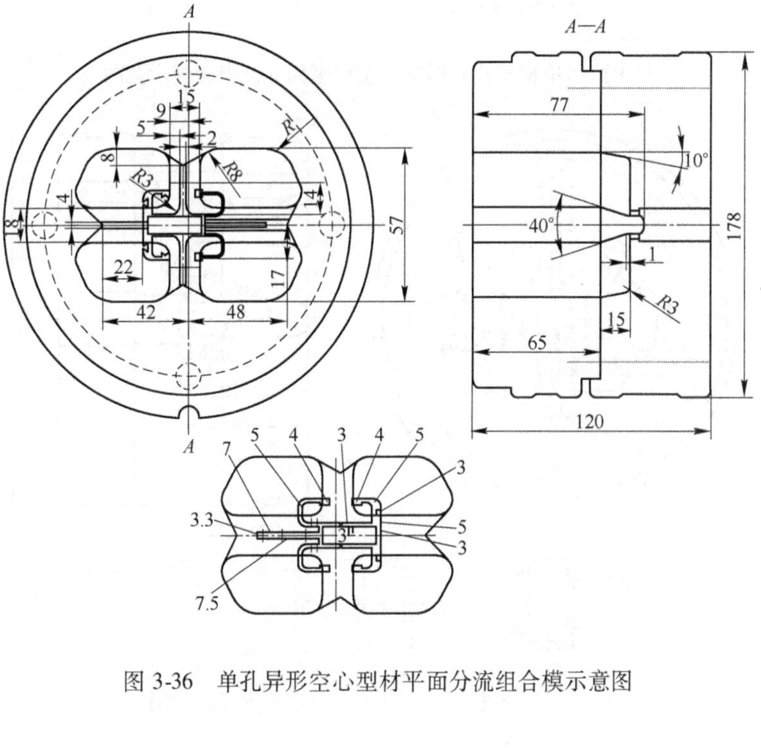

图 3-36　单孔异形空心型材平面分流组合模示意图

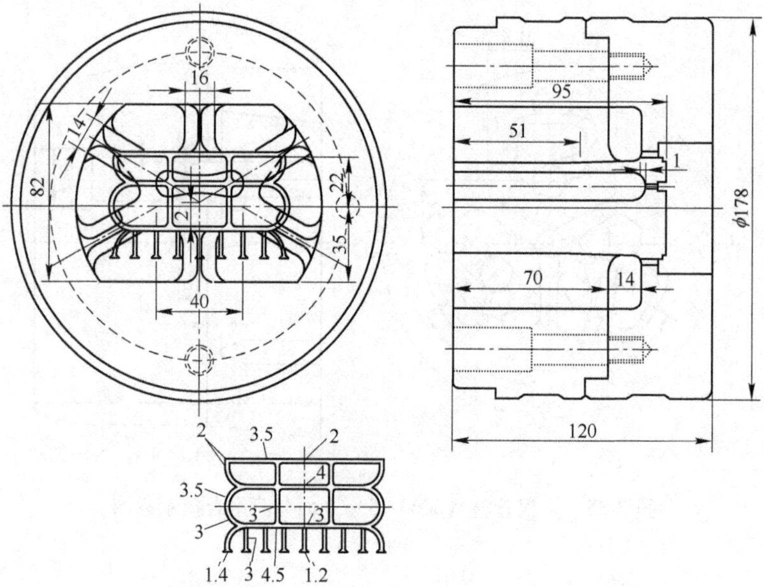

图 3-37　单根多孔异形空心型材平面分流组合模示意图

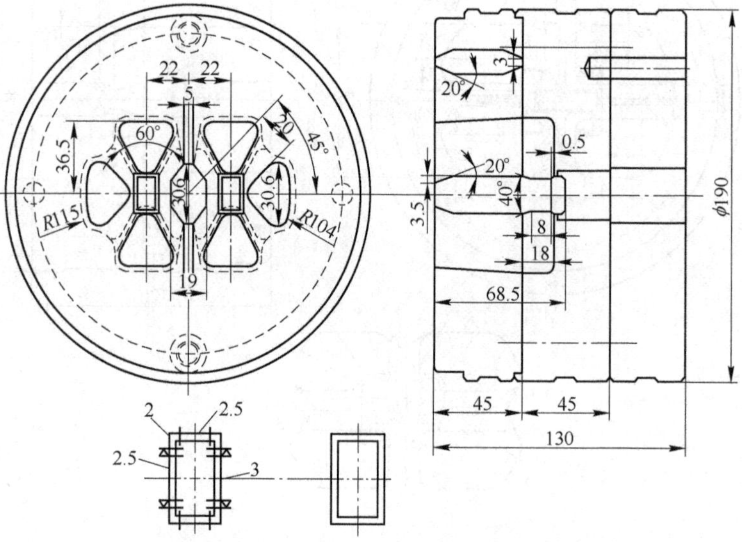

图 3-38　多根空心型材平面分流组合模示意图

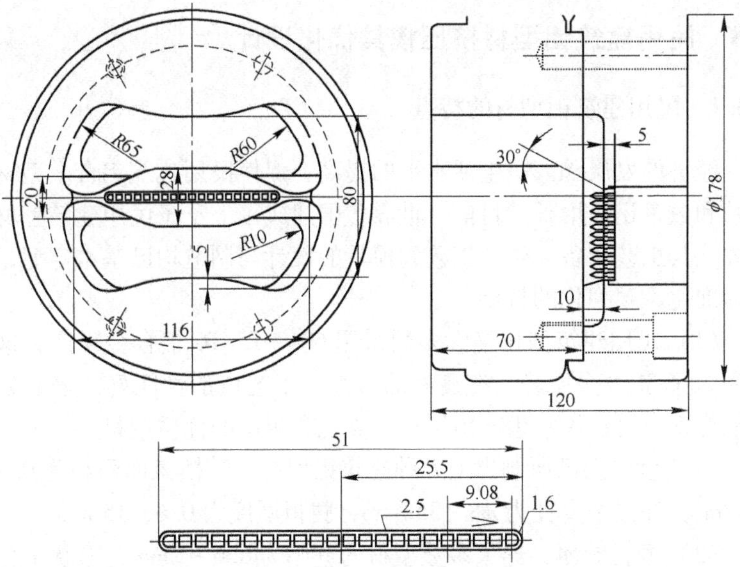

图 3-39　口琴管空心型材平面分流组合模示意图

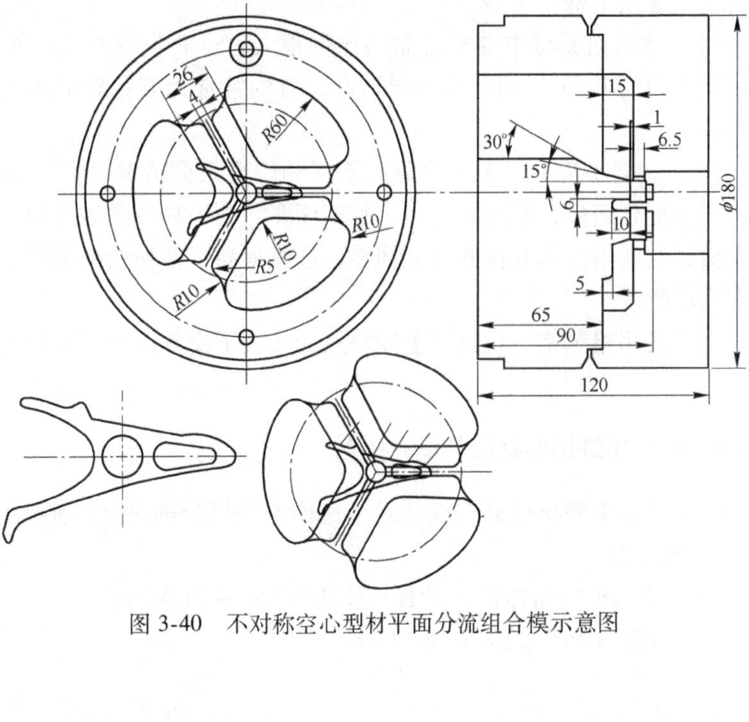

图 3-40　不对称空心型材平面分流组合模示意图

3.8 民用建筑铝型材挤压模具优化设计

3.8.1 民用建筑铝型材的特点

经济的发展和人民生活水平的提高，促使民用建筑铝合金型材的品种和数量迅速增长。目前，世界各国建成了上千条民用建筑型材生产线，其工艺装备、生产工艺和模具的设计与制造均已基本定型，具有标准化、系列化的特点。

（1）民用建筑型材绝大多数采用6063-T5/T6铝合金生产，这是因为6063铝合金质轻，有良好的塑性，工艺成形性能好，表面处理性能优良。可以用它生产出轻巧、美观、耐用的优质型材。

（2）世界上已研制出上万种建筑铝型材，其横截面面积为0.1～100cm^2，外接圆直径为ϕ8～350mm，腹板厚度为0.6～15mm。

（3）型材壁薄，绝大多数型材的壁厚为0.6～2mm，形状十分复杂，且断面变化剧烈，相关尺寸精度要求高，技术难度大，大多数为超高精度薄壁型材。

（4）建筑铝型材中的空心制品比例很大，空心型材与实心型材的比例大约为1∶1，而且多为异形孔，有的常常为多孔异形薄壁空心制品。

（5）一组建筑型材需要组装成不同的门窗系列或其他的建筑结构，因此配合面多，装配尺寸多，装饰面多。为了减少型材品种，要求型材具有通用性和互换性及装饰性，这就提高了型材的精度要求和表面品质要求。

由于民用建筑铝型材具有上述特点，加大了模具设计与制造的难度。

3.8.2 民用建筑铝型材模具设计特点

民用建筑铝型材模具的设计除了遵循普通模具的设计原则以外，还有如下特点：

（1）挤压机（挤压筒）的最佳比压为350～700MPa；

（2）挤压系数的最佳值为30～80；

(3) 最佳比压和挤压系数可通过挤压机、挤压筒、挤压工艺参数、铸锭长度以及模孔孔数来进行调节。

3.8.2.1 模具种类及其结构特征

挤压民用建筑铝型材的模具可分为平面模和空心模两大类。空心模又可分为平面分流组合模、星形组合模、舌形模，其中平面分流组合模最为常用，占95%以上。

平面模用于挤压实心铝型材，模子可以做得很薄，在14.7MN以下的中小型挤压机上使用的模子可以薄到20~25mm，15.7~34.3MN挤压机用的模子可以取30mm左右厚。薄模易加工制造，便于修模和抛光工作带表面。为了保证模子强度和产品尺寸稳定性，要增加模垫的厚度或数目。

平面分流组合模用于挤压空心型材，因需经二次变形，故所需挤压力较大，易造成闷车。用这种模具挤压空心型材，成品率较高，模具易加工制造，生产操作简便，能生产各种高精度、高光洁表面的、形状复杂的薄壁空心型材和多孔空心型材，但在挤压中或挤压完毕时修模和清理残料较困难。

星形组合模适用于外形尺寸较大的空心型材，挤压力较分流组合模的小，型材成品率较高，残料清理也较容易，但模子加工较困难。

舌形模残料较长，型材成品率低，模具加工难度介于两者之间，但挤压阻力较小，且在挤压中或挤压结束时残料容易清理干净，修模方便，故多用于需要较高挤压力的品质要求较高的薄壁空心型材或硬合金军工铝材。表3-11列出了3种空心型材模的优缺点。

表3-11 3种空心型材模具的比较

模子种类	挤压工艺性	产品品质（成品率）	模子加工难度	清理金属和修模	适用范围
平面分流组合模	一般	良好	易	难	所有空心制品
星形组合模	中等	良好	难	中等	外形尺寸大的空心型材
舌形模	良好	不好	中等	易	硬合金高质薄壁空心型材

3.8.2.2 模孔在模子平面上的布置原则

(1) 应考虑型材挤出模孔时在出料台上的稳定性，以防扭弯型材。

（2）装饰面不要与出料台直接接触，以防划伤表面。

（3）应考虑到靠近挤压筒中心的金属比靠近边缘的金属流动较快，所以型材的薄壁部分应尽可能靠近挤压筒中心。

（4）对于槽形型材，其模孔布置时应避免金属流动快慢不均而造成的舌头偏斜，引起型材壁厚不均。

（5）模孔最大外接圆与模子外径间的关系，如表3-12和表3-13所示。

表3-12 平面模的布置

模孔数	模子外径/mm	模孔外接圆直径/mm
多模孔	180	130
多模孔	230	155
多模孔	280	200
单模孔	180	110
单模孔	200	130
单模孔	280	170

表3-13 平面分流组合模的布置

模子外径/mm	入料孔之外接圆直径/mm	模子外径/mm	入料孔之外接圆直径/mm
150	100	230	160
180	130	250	180
200	140	280	200

3.8.2.3 分流孔的形状及其在模子平面上的布置

模子入料腔的数目、形状、大小及其在模子平面上的排列，对金属流动影响极大，应根据挤压筒的大小、产品形状、挤压产品的根数及其排列位置来确定入料腔的形状和数目。模腔的设计应保证模孔金属流动的均匀性，在保证模子强度的条件下，应尽量设计得大一些。

3.8.2.4 模孔加工尺寸的确定

$$\text{模孔外形尺寸} = A_0 + A_0(1.01\% \sim 1.02\%)$$

式中 A_0——型材外形的名义尺寸。

$$\text{模孔壁厚尺寸} = S_0 + S_0(1.01\% \sim 1.02\%) + C$$

式中 S_0——型材壁厚名义尺寸；

C——经验修正值。

3.8.2.5 模孔工作带的确定原则和方法

A 模孔工作带的确定原则

工作带厚薄是调整金属流动速度的关键因素，工作带设计不当，型材各部分流出模孔的速度就不均匀，挤压出的制品就会产生扭拧、弯曲、平面间隙大等缺陷。为了合理给定工作带，应考虑影响工作带长度的两个主要因素：

（1）模孔排列位置对金属流动的影响。挤压时金属的流动特性是靠近挤压筒中心部位的金属流动快，远离中心的逐渐减慢。为此，如要使金属流动均匀，必须把中心部位的模孔工作带做得厚一些，远离中心处逐渐减薄。模孔工作带变化数值与挤压筒直径有关。

（2）型材壁厚对金属流速的影响。型材壁厚越大即模孔尺寸越大，则金属流动就越快，因此，为了调整流速，此处的工作带就应做得厚一些。

B 模孔工作带的确定方法

根据上述两个因素，模孔工作带可按如下公式计算：

$$L = tK_1K_2 \tag{3-24}$$

式中 L——工作带长度，mm；

t——型材厚度名义尺寸，mm；

K_1——模子材质强度系数，$K_1 \approx 1.5 \sim 2.0$；

K_2——模孔位置流速差之比。

a 平面模模孔工作带长度的确定方法

（1）设计工作带长度时，以整个型材最难挤出（成形）部分为基准点，取该处工作带长度为成品厚度的1.5～2.0倍。以图3-41中的型材为例，该型材的壁厚为t，由于其宽度较大，两端部出料较难（见虚线部分），故以此处作为设计工作带的基准点，取$L = (1.5 \sim 2)t$。

（2）与基准点相邻部位的工作带长度比基准点工作带长1mm，

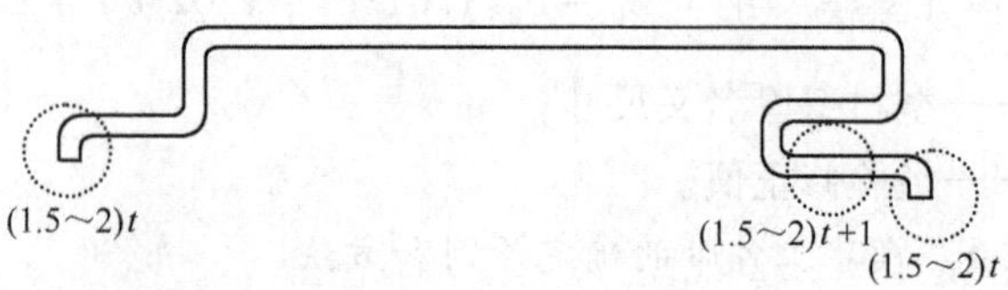

图 3-41 实心型材工作带基准选取示意图

如图 3-41 所示。

（3）型材厚度相同部位，如其距离挤压筒中心的距离相等，工作带的长度应相等。

（4）由模子中心算起，每远离中心 10mm 则其工作带应相应减少，如图 3-42 及表 3-14 所示。

表 3-14 型材厚度及离中心距离与工作带长度对应关系

型材厚度/mm	离中心每相距 10mm 工作带增减数值/mm	型材厚度/mm	离中心每相距 10mm 工作带增减数值/mm
1.2	0.2	2.5	0.35
1.5	0.23	3.0	0.40
2.0	0.30		

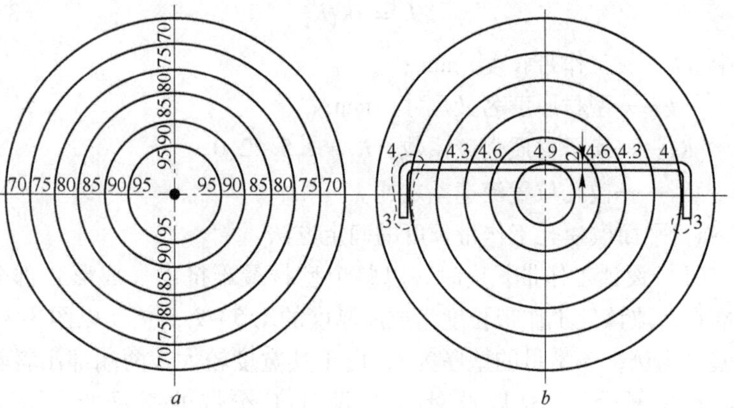

图 3-42 工作带长度与距中心的关系示意图

a—金属流速图；*b*—工作带长度的变化

（5）其他情况相同时，工作带的长度与该处的厚度成正比。例如：$t_1=1$mm处工作带长度 $L_1=2$mm，$t_2=1.5$mm 处的工作带长度 L_2 为 3mm。

（6）型材螺孔处，工作带应增加 1mm（图 3-43*a*），型材两边交接处有圆弧 *R* 的地方，工作带应增大 1mm（图 3-43*b*）。

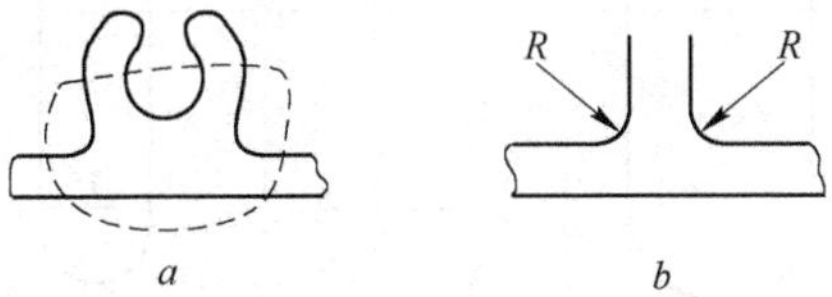

图 3-43 工作带长度增加示意图

a—螺丝孔处增加 1mm；*b*—圆弧处增加 1mm

（7）型材模孔的端部，因三面受阻，金属流速较慢，故此处的工作带应减少 1mm，如图 3-44 的圆圈处。

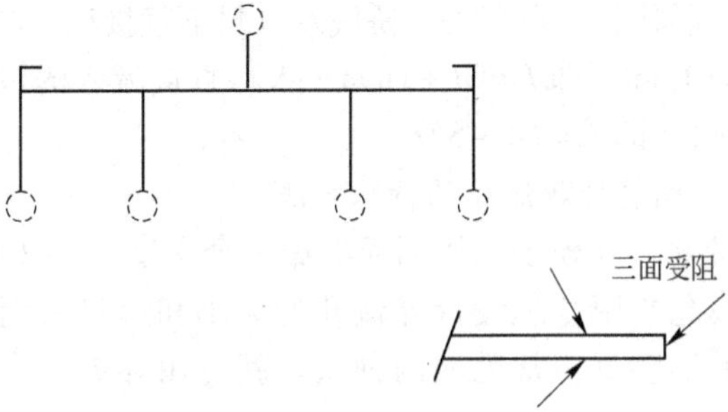

图 3-44 模孔端部工作带长度变化示意图

（虚线圆圈处工作带长度应减少）

b 分流组合模模孔工作带长度的确定方法

（1）桥底入料困难处工作带长度为型材厚度的两倍，即 $L=2t$。靠近入料口处的模孔，因金属流动较好，工作带应为 $2t+1$mm。

（2）型材空心部分工作带长度与通位长度 L 有关，如图 3-45 所示。

当 $L=15\sim20$mm 时，工作带长度为 $2t+1+0.5$mm；

$L=21\sim30$mm 时，工作带长度为 $2t+1+1$mm；

$L=30$mm 以上时，按上述比例增加。

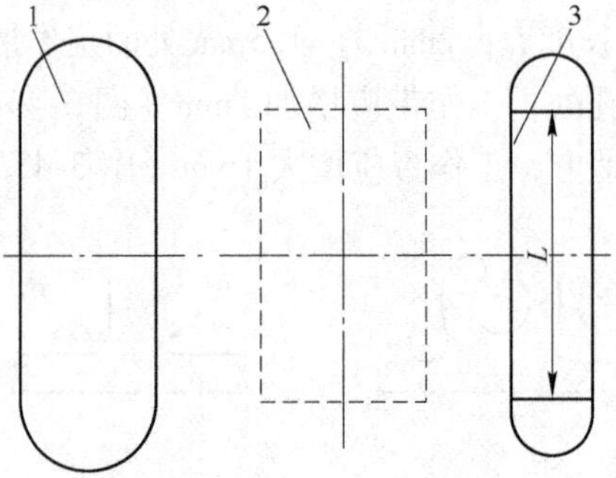

图 3-45 分流组合模空心部位的工作带示意图

1—入料口；2—工作带长等于 $2t$；

3—工作带长等于 $2t+1\text{mm}$

（3）与空心部分（通心部分）相接的实心模孔的工作带，与分流孔的大小、形状和分布有关。桥底及入料不直接流入的模孔工作带取 3 倍厚度加 1mm，即 $L=3t+1\text{mm}$；入料直接流入的模孔工作带取厚度的 4 ~5 倍，即 $L=(4\sim5)t$。

3.8.2.6 调整金属流速的特殊方法

（1）导流法。在模子工作端面上做一个深度 15 ~20mm 的凹兜，将金属导入模孔并用合理设计导流孔的大小和形状来调节金属的流速。如对于槽形型材，常见的两种缺陷就可用导流法来解决，如图 3-46 所示。

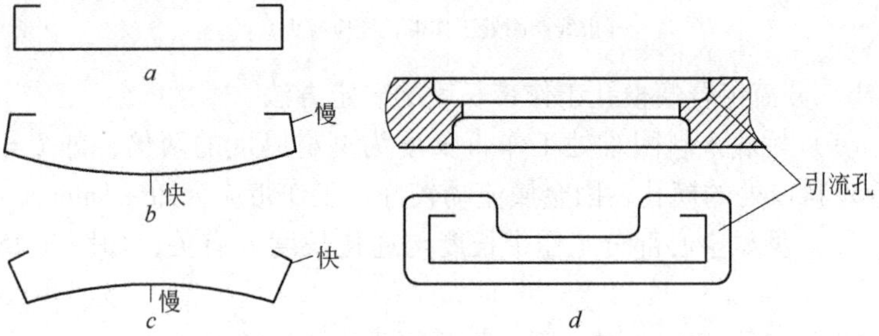

图 3-46 用导流法来调整金属流速示意图

a—标准槽型材；b—凸起缺陷；c—凹下缺陷；d—导流模

(2) 促流法。在模子工作端面做成各种不同的促流角，来调整金属的流速，如壁厚变化的楔形型材，在窄孔处促流角做得大一些，在宽孔处促流角做得小一些，但最大促流角不得大于45°，如图3-47所示。

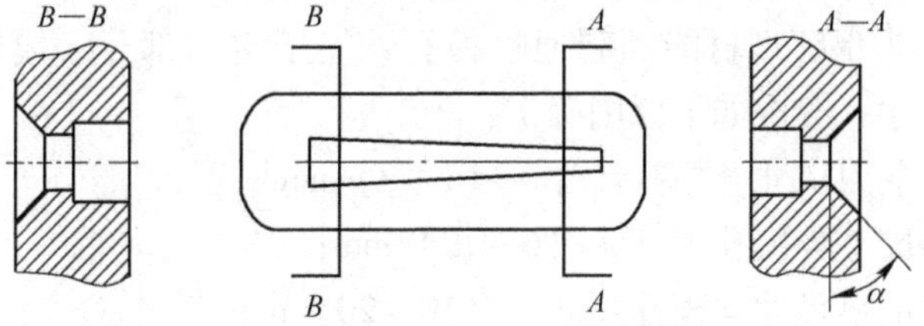

图 3-47　用促流法调整金属流速示意图

(3) 阻碍法。在模子工作带端面根据型材壁厚设计成不同的阻碍角，来调节金属流速。在挤压空心型材时容易出现凸起和凹下缺陷，可用如图3-48所示方法来修正。凸起缺陷削去 A 处，凹下缺陷削去 B 处。调节方法是消除阻模障碍。

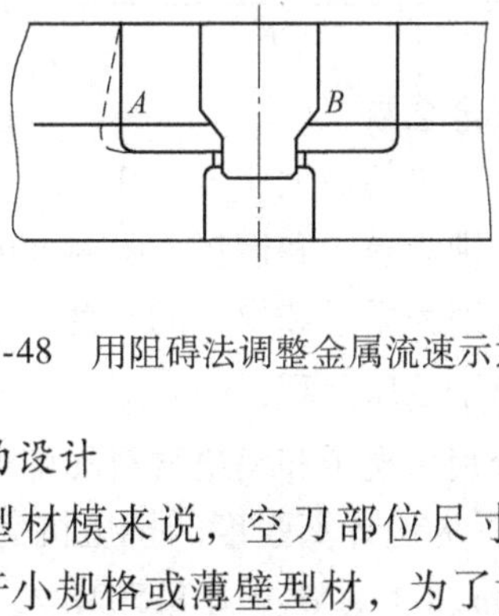

图 3-48　用阻碍法调整金属流速示意图

3.8.2.7　空刀的设计

(1) 对于一般型材模来说，空刀部位尺寸比模孔尺寸大3mm（单边1.5mm）。对于小规格或薄壁型材，为了协调相关位置或为了增大模子的强度，空刀尺寸可减小到单边0.5～1mm。

（2）为了防止型材与模壁相擦，空刀部分可采用3°～5°的锥形出口。

（3）型材的螺丝孔及毛条坑位后的空刀应适当减短。

（4）易堵模的型材，空刀部分应做成锥形。

（5）为保证型材能顺利通过模孔，模子空刀部分、模垫、模支承垫的尺寸一般按如下原则确定：

模子空刀尺寸 = 模孔尺寸 + （1～3）mm；

模垫尺寸 = 模孔尺寸 + （6～12）mm；

模支承垫尺寸 = 模孔尺寸 + （10～20）mm。

3.8.2.8 模子厚度的设计

对于民用建筑型材，平面模的厚度一般取25～30mm，分流组合模的厚度由强度校核确定，一般取80～185mm，导流模的厚度一般取15～25mm。

3.8.2.9 模子强度的校核

由于民用建筑型材品种繁多，形状复杂而且多系薄壁型材或空心型材，这给模具的结构选择和强度校核带来了一定的困难。为简化起见，将民用建筑型材模归纳为平面模和分流组合模来进行强度校核。

（1）平面模进行强度校核的主要有槽形模、双孔带板模和半空心型材模。一般情况下可用下述公式来计算：

$$n = \frac{BH[\sigma_b] + B_1H_1[\sigma_b']}{FP} \geqslant 2 \tag{3-25}$$

式中 n——安全系数；

P——挤压机的最大比压，MPa；

B、B_1——分别为模子和模垫危险断面的宽度，mm；

H、H_1——分别为模子和模垫的厚度，mm；

F——模子受压面积，mm^2；

$[\sigma_b]$、$[\sigma_b']$——分别为模子和模垫材料的许用强度，MPa。

以一个半空心型材为例计算强度。挤压机为17.6MN，挤压筒的比压 $P = 760$MPa，$[\sigma_b] = [\sigma_b'] = 1150$MPa，$H = 38.1$mm，$H_1 = 63.5$mm，$B = 9$mm，$B_1 = 12 - (2 \times 3.5) = 5$mm。

$$n = \frac{9 \times 38.1 \times 115 + 5 \times 63.5 \times 115}{18 \times 29 \times 76} = 1.92 \approx 2$$

所以，基本上是安全的。

（2）分流组合模的强度校核一般按下面公式计算：

$$n = \frac{b \times h \times [\sigma_b] \times 2}{F \times P} \geqslant 3 \tag{3-26}$$

式中 b、h——分别为分流组合模上模的桥宽和桥厚；

$[\sigma_b]$——模具材料的许用强度；

P——挤压筒最大比压；

F——模子受压面积。

以一个平面分流模为例计算强度。挤压机能力为17.6MN，挤压筒比压$P=760\text{MPa}$，$[\sigma_b]=1150\text{MPa}$，$b=30\text{mm}$，$h=40\text{mm}$。

$$n = \frac{30 \times 40 \times 115 \times 2}{30 \times (50-12) \times 76} = 3.18 > 3(\text{安全})$$

3.8.2.10 模具的装配方式

日本宇部兴产株式会社设计制造的16MN挤压最常用的模具装配方式如图3-49和图3-50所示。

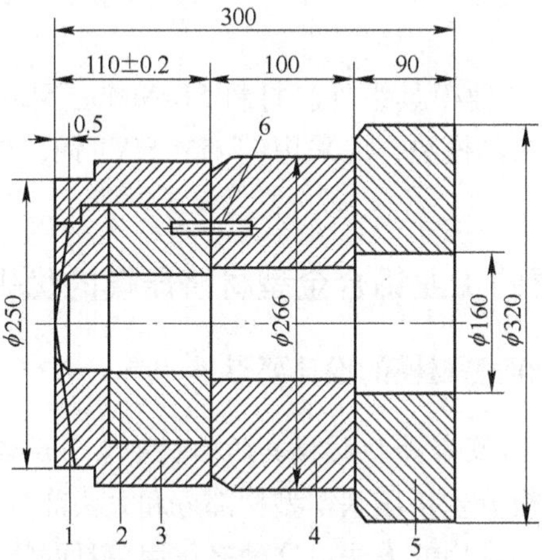

图3-49 实心模具装配图

1—模子；2—模垫；3—模套；4—模座；5—模后座；6—定位销

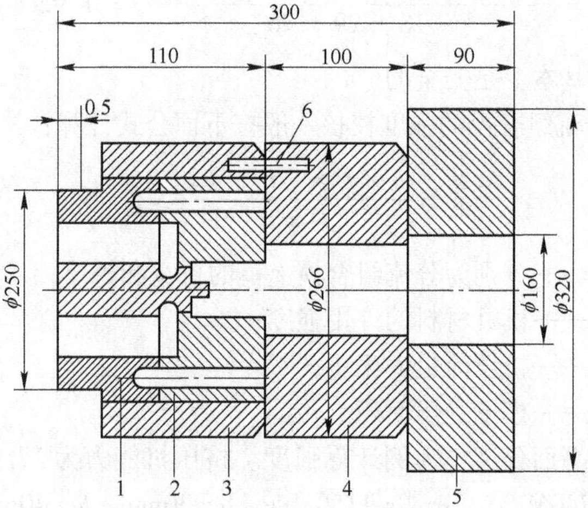

图 3-50　分流组合模装配图

1—阳模；2—阴模；3—模套；4—模座；5—模后座；6—定位销

3.8.2.11　模具的材料及硬度

民用建筑型材模具常用的材料及使用硬度如下：

（1）模子。材料 3Cr2W8V，HRC 为 48～52；材料 4CrMoSiV1，HRC 为 46～50。

（2）模垫及其他模具组件。材料 5CrNiMo、5CrNiW 等，HRC＝40～45；受力较大的模垫，应采用 4Cr5MoSiV1 钢，热处理后 HRC 为 46～50。

3.9　几种重要的工业铝合金型材挤压模的优化设计

3.9.1　阶段变断面型材模的设计要点

3.9.1.1　阶段变断面型材模具的结构要素与设计特点

用两套分瓣模分步挤压基本型材部分和大头部分的方法是挤压阶段变断面型材的最常用的方法。这种挤压用模具的特点是，型材和过渡区设计成一套模子，而大头部分设计成另一套模子。

用两套可拆开的模子挤压阶段变断面型材时，要求其模具的拆开与装配应十分方便。同时，在挤压过程中要保持一定的完整性和稳定性，即在挤压时尺寸不发生任何变化，因此，模具的外形结构和尺寸与一般型材模具不同，而应适合于阶段变断面型材挤压的特点。阶段变断面型材模具的外形结构和尺寸如图 3-51 和表 3-15 所示。

表 3-15 阶段变断面型材模具的外形尺寸

挤压机挤压力/MN	挤压筒直径/mm	模子种类	模子尺寸/mm					
			ϕ_1	ϕ_2	ϕ_3	ϕ_4	H	h
20	200	型材模	225	200	216	—	125	93
		尾端模	225	—	216	205.5	105	93
20	170	型材模	195	170	187	—	125	93
		尾端模	195	—	187	—	105	93
12.5	130	型材模	195	130	187	175.3	110	82
		尾端模	195	—	187	133.4	95	82

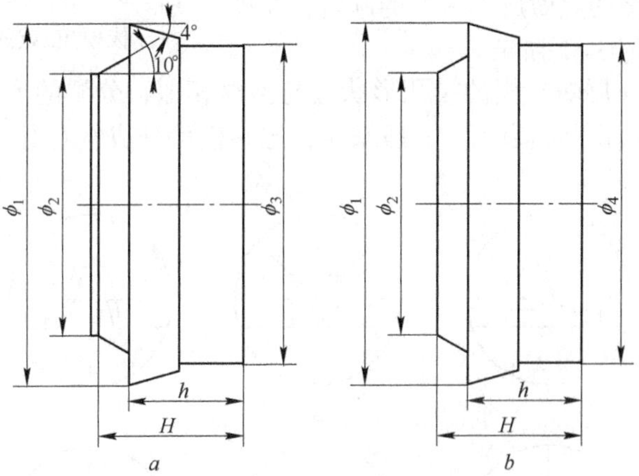

图 3-51 阶段变断面型材模具的外形结构图

a—挤压基本型材部分的型材模；*b*—挤压尾端大头部分的尾端模

为了方便更换模具，可拆开的型材模的厚度应比尾端“大头”模厚 15 ~ 20mm。为使模具在拆换过程中的操作方便，在每瓣型材模块的背面均钻有一个 ϕ20 ~ 30mm 的孔。

为了保持模具在挤压过程中的完整性，采用前后锥角同时配合的方法，其前锥角为10°，与挤压筒套衬相配合；其后锥角为10°，与压型嘴（模支承）相配合；并应相应设计一套挤压阶段变断面型材专用的压型嘴和挤压筒内套。

压型嘴（模支承）的出口尺寸与形状与变断面型材大头部分的形状相似，在保持大头能顺利通过的条件下，其尺寸应尽量缩小，以提高模孔尺寸的稳定性。

3.9.1.2　模子分模面的确定

型材模分瓣形式和块数根据型材形状来确定。分模面的位置应当是便于拆卸和安装，既保证制品的尺寸，又不损伤型材表面。型材模一般可分成三瓣（对于⊥、Π形型材）或四瓣（对于工字形型材）。对于工字形型材来说，为了方便卸模，其上下平面之间应做成1°~2°的倾角，即拔模角，如图3-52所示。

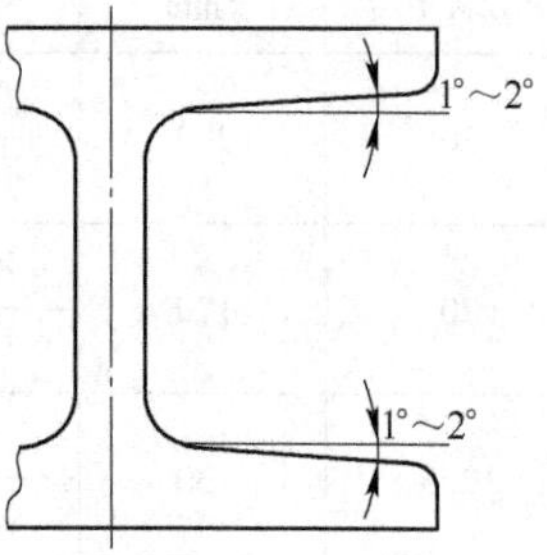

图 3-52　工字形型材的拔模角示意图

大头（尾端）模的模孔形状应与型材相似，分瓣的形式应便于装卸，不损伤制品表面。一般来说，尾端模可分成左右对称的两瓣，如图3-53所示。

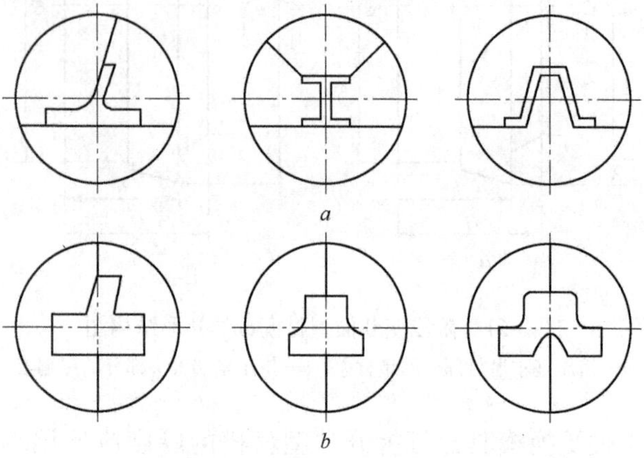

图 3-53　分模面示意图

a—型材模；*b*—尾端模

3.9.1.3 过渡区的设计

在型材模上有一段长约25mm的连接大头和基本型材断面的过渡区，其入口尺寸小于尾端模孔尺寸（沿周边缩小2mm），而用均匀圆滑过渡的曲线与基本型材模孔相连，图3-54所示为带有过渡区的Π形型材的模孔立体剖视图。图3-55所示为工字形型材模的过渡区，25mm为过渡区深度。如过渡区入口与型材模孔之间的连接圆弧的曲率半径R较小时，将形成一段死区，如a—a剖面Ⅱ侧所示，可能在型材过渡区部位出现粗晶。为了减少这种粗晶的出现，可把过渡区连接圆弧的曲率半径R增大，使之近似等于金属的自然流动角，如a—a剖面Ⅰ侧所示。

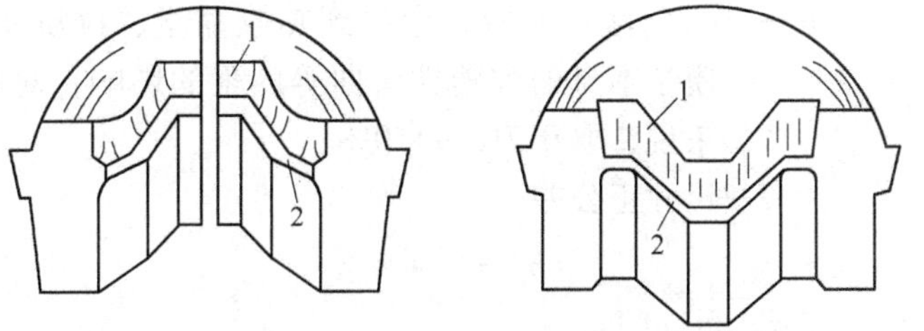

图3-54 阶段变断面型材模立体剖视图

1—过渡区；2—模孔

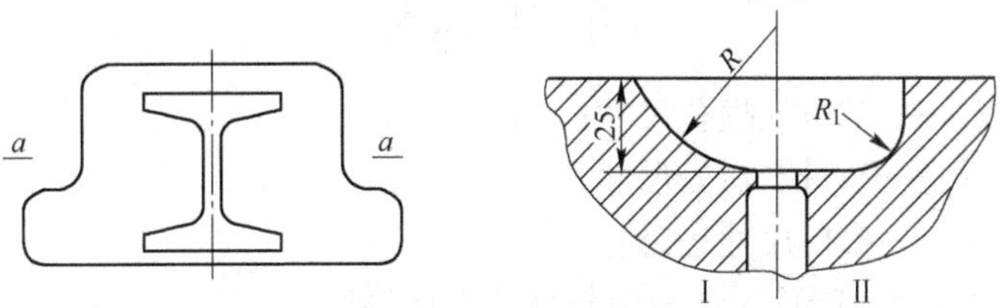

图3-55 阶段变断面型材的过渡区示意图

（R较大，形成自然流动角；R_1较小，易形成死区）

3.9.1.4 模孔尺寸的确定

影响阶段变断面型材模和尾端模的模孔尺寸与工作带长短的因素及计算原则与普通型材模基本相同，但是考虑到阶段变断面型材模具的结构特点，其模孔尺寸均应比普通型材模小 0.1 ~ 0.2mm。为了保证大头部分挤压时的金属流动均匀性，以减少其对型材部分根部的影响，尾端模的工作带长度可在很宽（2 ~ 25mm）的范围内变化。

模孔尺寸的具体计算可参照以下公式进行，外形轮廓尺寸、高度和宽度 B 的计算方法同一般型材模的计算方法。

$$B_1 = B(1 + \mu) + K \tag{3-27}$$

$$H_1 = H(1 + \mu) + K \tag{3-28}$$

式中　B_1、H_1——分别为模孔尺寸；

B、H——分别为型材公称尺寸；

μ——综合修正系数，考虑到热收缩量、拉矫变形量、模子本身的弹塑性弯曲等因素的影响，对铝合金来说，取 0.7% ~1.0%；

K——尺寸正公差。

$$b_1 = b + K \tag{3-29}$$

式中　b_1——模孔尺寸；

b——型材壁厚尺寸；

K——尺寸正公差。

$$l_1 = l - \frac{1}{2}K \tag{3-30}$$

式中　l_1——扩口处模孔尺寸；

l——型材扩口处尺寸；

K——扩口尺寸正公差。

3.9.1.5　阶段变断面型材模具设计举例

图 3-56 至图 3-58 分别为某飞机上用的 7075-T6 合金阶段变断面型材的产品图、型材模具图和尾端模具图。

3.9.2　大型扁宽壁板型材挤压模具设计技术

3.9.2.1　大型扁宽壁板型材挤压模具结构及其特点

模具结构较为常用的有扁模结构系统、圆模结构系统、宽展模结

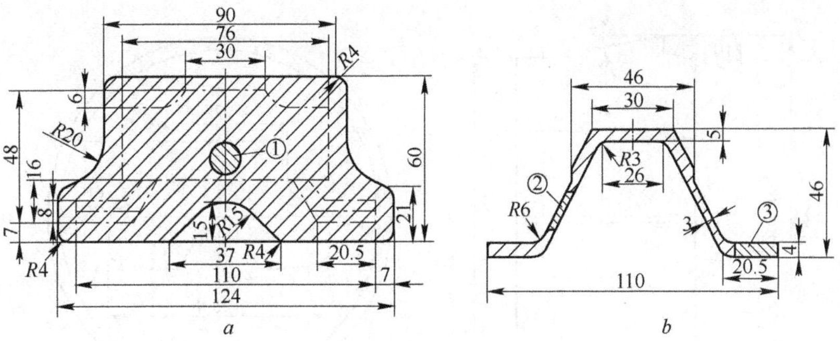

图 3-56 7075-T6 合金变断面型材图

a—大头部分；*b*—型材部分；

①、②、③—分别为大头、型材和过渡区取样处

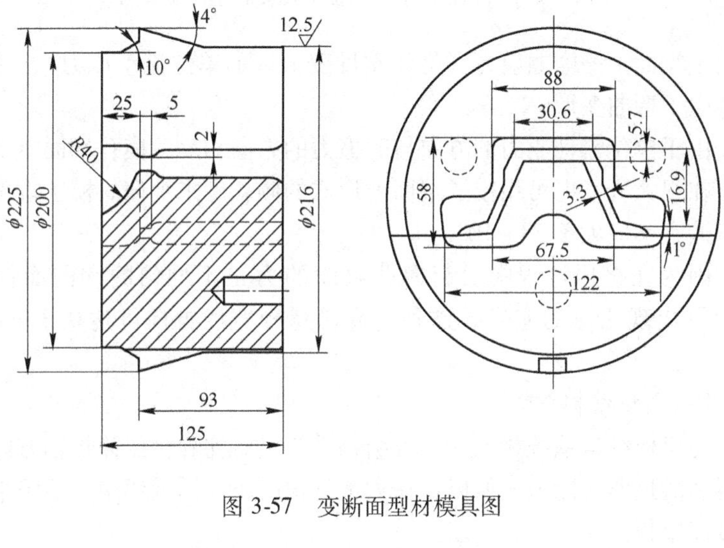

图 3-57 变断面型材模具图

构系统、分流组合模结构系统和带筋管挤压工具结构系统。

A 扁模结构系统

扁模挤压的主要优点是可节约大量贵重的高级合金模具钢材，由于模子的体积减少，质量变轻，在加工制造时比较轻巧。但用这种模子挤压时，壁板的腹板会明显变薄，其中心部位尤为严重。这是作用

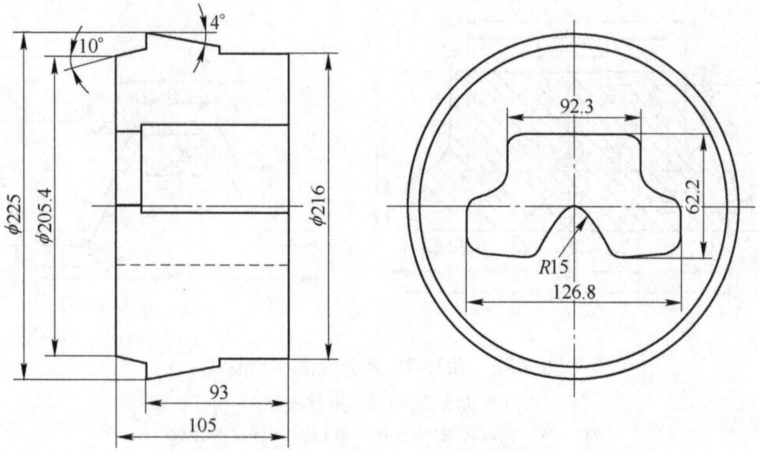

图 3-58　变断面型材的尾端（大头部分）模具图

于模子端面上的摩擦应力（等于塑性变形区的单位流动压力），使模子产生了弯曲变形。

由于单位流动压力的方向与摩擦力的方向相反，模孔端面上受的力，在很大程度上可用模子端面上形成的倾斜度来平衡。模子端面的倾角通常不应大于 7°~10°。

因为在挤压过程中引起模孔收缩的力是不均匀的，因而模孔变形可出现明显的差异，这种差异沿壁板宽度方向可达 0.3mm 以上。

B　圆模结构系统

与扁模结构系统相比，圆模结构系统具有比扁挤压筒长轴方向上大得多的抗弯矩能力。所以，在大多数情况下，用圆模结构系统来挤压带筋壁板。

图 3-59 所示为用于 50MN 和 125MN 挤压机上挤压宽带筋壁板的圆模结构系统及尺寸。

圆模结构系统包括圆形模子、模垫、模环及与之相配的模支承。

在挤压过程中，把安装在圆形模支承中的圆模子靠近挤压筒的端

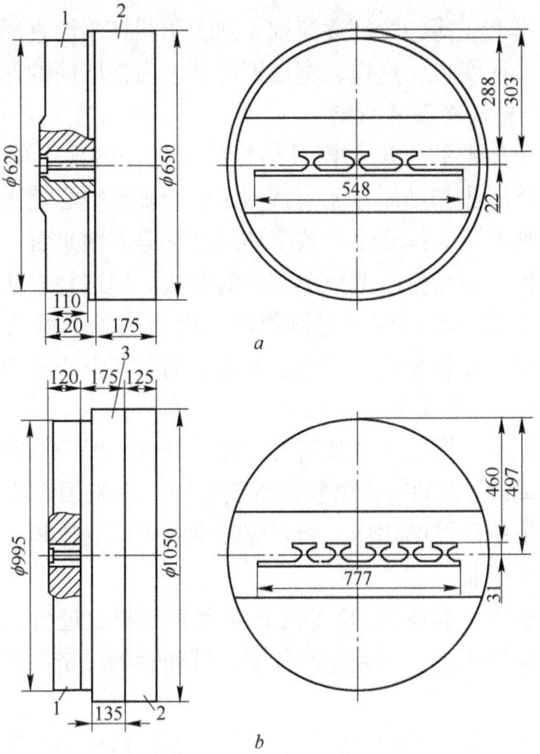

图 3-59 用扁挤压筒挤压壁板的圆形模具结构组件图

a—50MN 挤压机用；*b*—125MN 挤压机用

面。为了确保接触紧密和防止金属溢出，要尽量减少模子与挤压筒的接触面，增大接触应力。

圆模子的变形比扁模子的变形小得多，尽管如此，圆模子仍然会发生相当大的弹性变形，在很多情况下，挤压时还会发生塑性变形。

C 宽展模结构系统

在没有扁挤压筒的挤压机上，为了挤压外接圆直径大于圆筒直径的扁宽型材或壁板，可以在一般的成形模（平面模或者组合模）前边，靠近挤压筒的工作端，增设一个宽展模。宽展模腔具有哑铃形断面，呈喇叭形向前扩展。当圆形铸锭镦粗后通过宽展模时，产生第一次变形，其厚度变薄，宽度逐渐增大到大于圆挤压筒直径，然后通过成形模产生二次变形，这样，宽展模起到了扁挤压筒的作用。

D 空心壁板挤压模系统

随着挤压技术的发展和模具结构的改进，出现了用舌形模挤压法、叉架模挤压法和平面分流模挤压法生产多孔空心壁板的方案。从扩大产品品种范围、提高生产效率和成品率等方面来看，平面分流组合挤压法是生产多孔空心壁板最有效的方法。用这种方法可以在普通型棒挤压机上用实心铸锭通过圆筒法、扁筒法和宽展法获得不同材料、不同宽度、形状复杂、内外表面光洁的多孔空心壁板。

E 带筋管挤压工具结构系统

在圆挤压筒上用挤压圆带筋管并随后剖分、展开、精整的方法可以生产宽度 2m 以上的特大型整体带筋壁板。因采用空心铸锭和穿孔针，故提高了挤压筒的比压，但相应减少了铸锭的体积，从而使壁板的长度受到了限制。

带筋管挤压一般在 50MN 以上的大型挤压机上进行，为了提高产品品质，减少挤压力，提高生产效率，带筋管的反挤压法获得了广泛的应用。

带筋管挤压工具结构与无缝管挤压的工具结构基本相同，主要包括穿孔针系统和模子组件。如果生产内带筋管，则在穿孔针上应开出筋槽，针的加工和修理十分困难。如果生产外带筋管，则筋槽开在模子上，这与普通型材模生产相似，加工、装配和修理都比较方便，因此，在生产中均采用后一种工具结构。

3.9.2.2 模具设计及举例

A 模具设计

用平板法挤压壁板时的应力应变状态十分复杂，金属流动极不均匀，挤出产品的前端与尾端、中心与边缘的尺寸往往相差很大（有时达 0.8 ~ 1.0mm）；易产生波浪、扭拧、刀弯等废品，模子易开裂变形。因此，除了合理设计型材、严格控制工艺因素之外，对型材在平面模子上的布置、模腔尺寸以及工作带（阻碍角或助推角）、模子外形等应做合理的考虑。

为了调整流速，合理分配金属流量，改善流动特性，对称型壁板应尽量使模孔截面中心与挤压筒截面中心相吻合；不对称型壁板应适当增加工艺余量，以减少其不对称性。对于腹板厚度不同的壁板，应使较薄的部分靠近挤压筒的中心。

在确定模孔尺寸时，主要考虑热收缩、模孔的弹性与塑性变形、模子的整体弯曲和拉伸矫直时制品尺寸的变化等因素。在挤压壁板时，由于各部分的尺寸变化规律有很大差异，所以在设计时，模孔尺寸应分成几部分来进行计算。比如，带T形筋条的壁板，可以分为两部分——底板部分和筋条部分来考虑。宽厚比大的底板尺寸（包括相关尺寸），由于模子的弹性与塑性变形、模子整体弯曲的影响，挤压时有严重的减薄现象，减薄的程度与合金成分、壁板形状、规格、宽厚比、工艺制度、模子强度（模子材料和外形尺寸）等有关，有时达3mm以上。所以在确定底板部分的模孔尺寸时，名义尺寸应加上技术条件所允许的最大正公差；为补偿弹性和塑性变形，根据壁板宽度及其与挤压筒的相对位置，应把模孔尺寸增大0.8～1.3mm；为了补偿模子的整体弹性弯曲，模孔尺寸应从两边向中部均匀地增加1～1.65mm。

生产实践表明，模孔的整体弯曲主要取决于壁板底板模孔的宽度、厚度及相对于挤压筒中心的位置。在设计模孔尺寸时，一般来说，中心部分应比壁板的名义尺寸大2.5mm左右，而两侧边的尺寸应比名义尺寸大1.5mm左右。

除了底板以外的筋条部分，受弹性、塑性压缩以及整体弯曲的影响极小，可按普通型材的变化规律来设计这些部分的模腔尺寸。为了调节金属流速，改善变形条件，必须合理设计模子的工作带长度，它主要与型材设计的部位距挤压筒中心的距离有关，一般取5～15mm。经验证明，对宽厚比大的壁板，阻碍角的意义并不大。

为了加速金属向窄流动，弥补挤压模孔的变形，有时在模子工作端面上做6°～8°的助推角，如图3-60所示。

模子强度对壁板的成形和尺寸精度有很大影响，所以要选择合理的模子外形、优质的模具材料和适当的热处理硬度。对于大型挤压机，一般采用如图3-61所示的模子外形结构和尺寸，选用3Cr2W8V钢或4Cr5MoSiV1钢作为模具材料，热处理后硬度为HRC46～50。

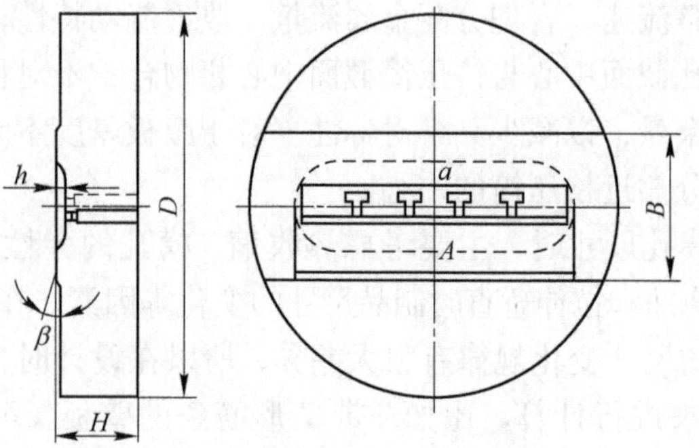

图 3-60　壁板模子设计中的助推角示意图

（β—助推角，取6°~8°）

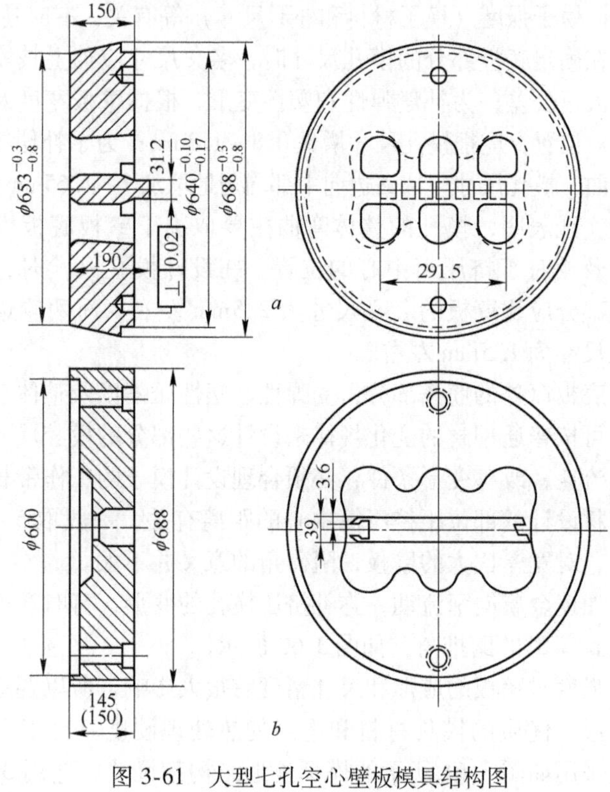

图 3-61　大型七孔空心壁板模具结构图

a—上模；b—下模

B 典型大型壁板模具设计举例

图 3-61 至图 3-64 分别为用圆挤压筒法、扁挤压筒法和圆筒带筋管法挤压壁板及空心壁板模具设计方案图。

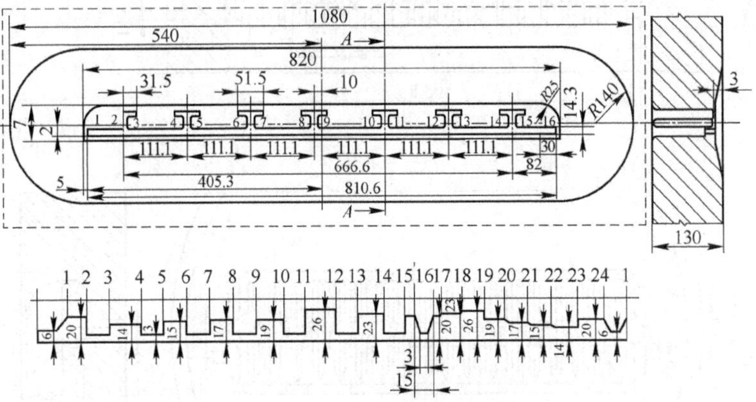

图 3-62 在 200MN 挤压机上用 1100mm × 300mm 扁挤压筒挤压壁板的模孔尺寸和工作带示意图（平模平板法）

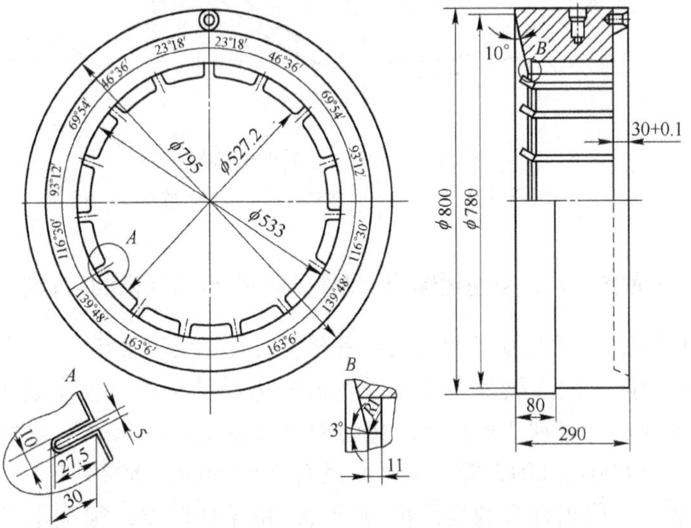

图 3-63 125MN 挤压机上 ϕ800mm 挤压筒挤压带筋管模具图（反向穿孔针挤压法）

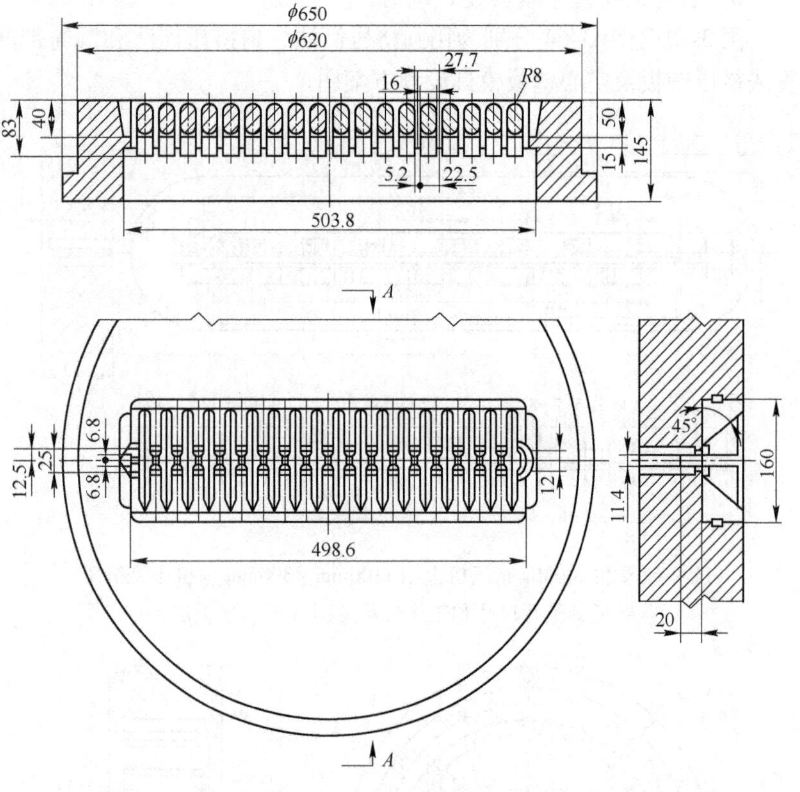

图 3-64　大型空心壁板模具图

（200MN 挤压机，ϕ650mm 圆挤压筒，叉架式挤压法）

3.9.3　航空航天、交通运输用大型特种铝型材挤压模的设计技术

3.9.3.1　航空航天用大型特种铝型材挤压模的设计

航空航天用大梁型材是承受重载的关键结构部件，主要用 2×××系硬铝合金和 7×××系超硬铝合金制造，近年来，越来越广泛地使用 6061、6013 等 6×××系合金和 5056、5083 等 5×××系合金。这些铝合金的变形抗力较大，挤压性较差，很难用焊接挤压法生产空心制品。同时，这类型材的断面尺寸大，外形轮廓大而且形状复杂，壁厚变化剧烈，对称性很差。这些都给挤压模具的设

计带来困难。

航空航天用大型铝合金特种型材种类很多，挤压模具的设计方法也各异。图 3-65 所示为典型的飞机机翼大梁型材模具设计方案图。图 3-66 所示为典型飞机用整体带筋壁板型材挤压模具设计图。图 3-67 和图 3-68 所示为飞机用无缝异形空心型材挤压模具设计图示。

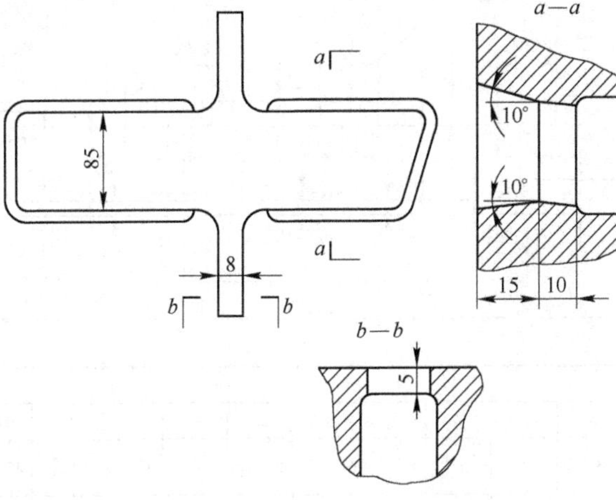

图 3-65　飞机机翼实心大梁型材挤压模具设计示意图

（125MN 挤压机，ϕ650mm 挤压筒，2024-T4，阻碍角 10°，圆筒平模正向挤压）

3.9.3.2　交通运输用大型特种型材挤压模的设计

交通运输用大型材主要用作车体和其他重要受力部件。一般用 6005A、6061、6082 和 7005 铝合金制造。这些中等强度铝合金，其挤压性大大低于 6063 合金。同时，交通运输大型材品种多，大多为大型、薄壁、高精、复杂的空心和实心铝合金型材，断面尺寸大，精度要求高，壁厚变化急剧，而且长度一般在 12 ~ 30mm，形位公差很严。这些都给模具设计与制造带来了很大的困难，因此，轨道车辆大型材都要求用专用模具来挤压。不仅设计要采用特殊措施和进行精确核对，而且其制造加工也要求采用特种设备和专用工艺。材料一般用 4Cr5MoSiV1 或 3Cr2W8V 高强耐热模具钢，经特殊热处理后，达

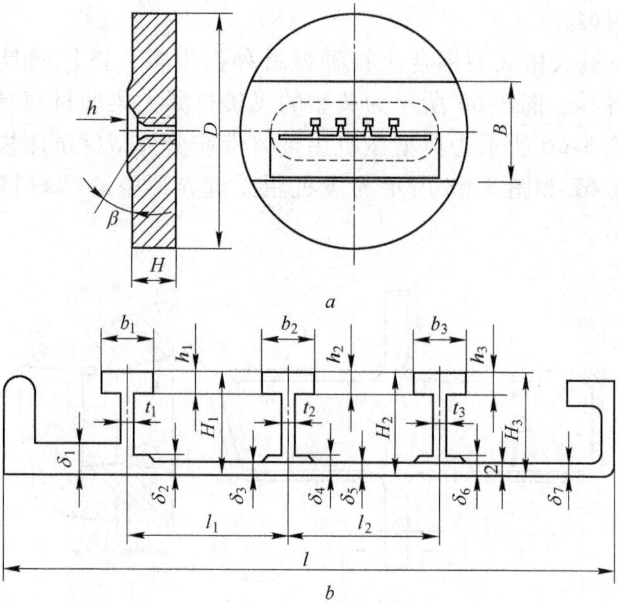

项　目	尺寸/mm										
	δ_1	δ_2	δ_3	δ_4	δ_5	δ_6	δ_7	H_1	H_2	H_3	t_1
型材尺寸	$13^{+0.8}_{-0.4}$	$8^{+0.7}_{-0.35}$	$6.5^{+0.5}_{-0.3}$	$8^{+0.7}_{-0.35}$	$6.5^{+0.6}_{-0.3}$	$8^{+0.7}_{-0.35}$	$6.5^{+0.6}_{-0.3}$	$43^{+0.6}_{-0.4}$	$43^{+0.6}_{-0.4}$	$43^{+0.6}_{-0.4}$	7 ±0.3
模孔尺寸	13.9	8.6	7.2	8.8	7.4	8.6	7.2	44.2	44.2	44.2	7.6
第一次挤压尺寸	11.9	6.3	4.85	5.98	4.56	5.8	4.6	42.4	41.4	41.3	7.4
最后修模或改设计尺寸	15.2	11	9.5	11.3	9.7	11.2	9.6	46	46.2	46	7.2
最后挤压尺寸	12.6	7.6	6.3	7.4	6.2	7.3	6.6	42.8	42.8	43	7.1

项　目	尺寸/mm										
	t_2	t_3	b_1	b_2	b_3	h_1	h_2	h_3	l_1	l_2	l
型材尺寸	7 ± 0.3	7 ± 0.3	51 ± 0.7	51 ± 0.7	51 ± 0.7	13 ± 0.5	13 ± 0.5	13 ± 0.5	116.5 ±1.2	117.5 ±1.2	535 ±5
模孔尺寸	7.6	7.6	52.2	52.2	52.2	13.6	13.6	13.6	118.5	119.5	546
第一次挤压尺寸	7.3	7.3	51.5	51.7	51.9	13.5	13.4	13.4	117.8	119	542
最后修模或改设计尺寸	7.3	7.2	51.6	51.6	51.6	13.4	13.4	13.4	118.5	119	545
最后挤压尺寸	7.0	7.1	51	50.8	51.1	13.3	13.2	13.3	117.3	118.2	538

c

图 3-66　飞机用机翼带筋壁板型材挤压模具图示及尺寸设计表

（80/95MN，□670mm×270mm，扁挤压筒 7075-T6，扁筒平模平板法）

a—设计方案图；*b*—尺寸设计图示；*c*—模孔尺寸与制品尺寸对照表

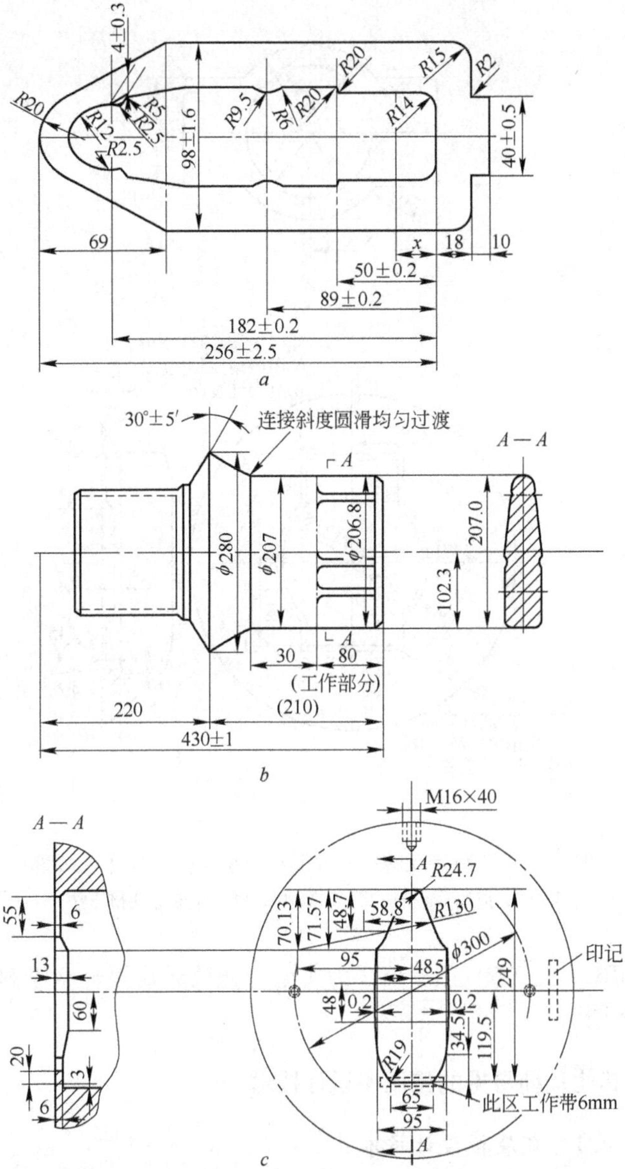

图 3-67　航空用无缝异形空心大梁型材挤压模具设计示意图

（80/95MN，ϕ500mm 挤压筒，6061-T6，圆筒正向穿孔挤压法）

a—型材图；*b*—针尖设计图；*c*—模具设计图

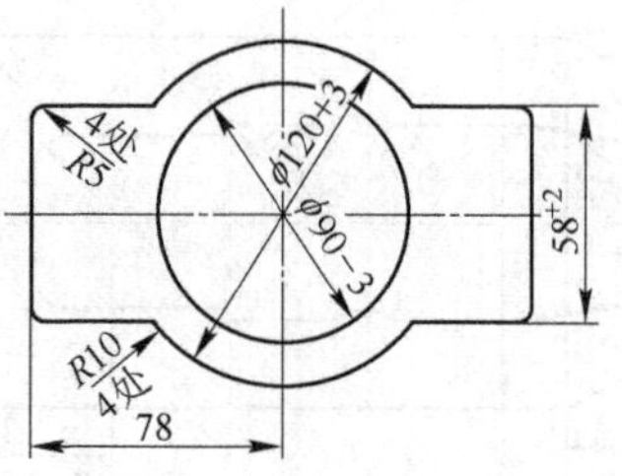

a

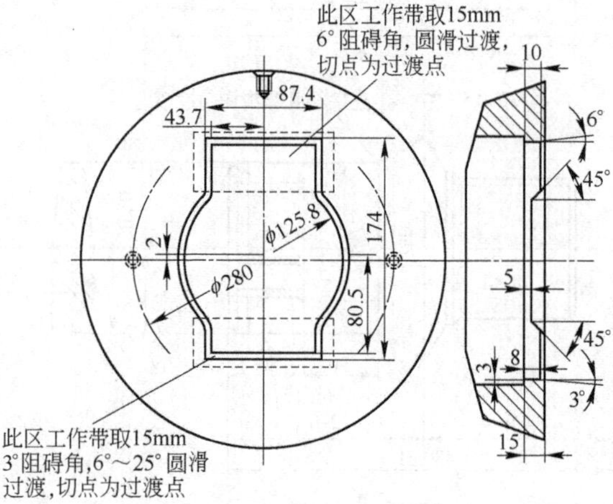

b

图 3-68 飞机用无缝空心异形型材挤压模具设计示意图
（35MN，ϕ320mm 挤压筒，7075-T6，圆筒正向穿孔挤压法）

45～50HRC。图 3-69 至图 3-72 为典型的交通运输铝合金型材挤压模设计方案图。

3.9.4 其他几种常见的挤压模设计技术

3.9.4.1 宽展模设计技术

宽展模的设计既要考虑金属易流动，能充分填充，尽可能减少挤压力，又要保证有足够的强度，能作为圆挤压筒的延伸部分，在恶劣的条件下进行工作。因此，在设计宽展模时主要应考虑：宽展量 ΔB、

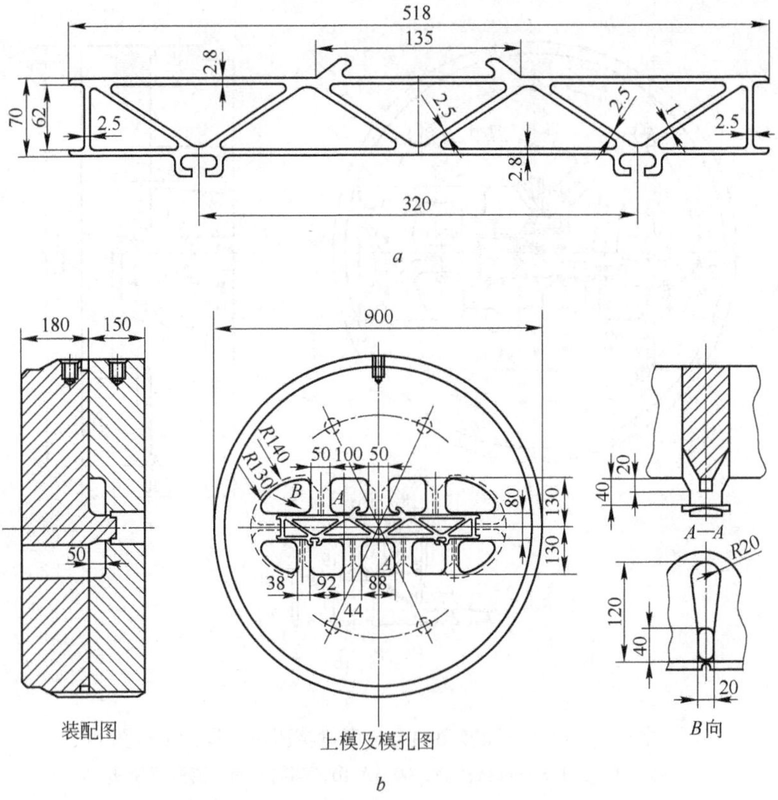

图 3-69 高速列车车厢用地板铝合金型材挤压模具设计示意图

(80/95MN，670mm×270mm 扁挤压筒，6005A-T6，扁筒平面分流模挤压法)

a—型材图；b—模具设计方案图

宽展变形率 $\delta_B\%$、宽展角 β、宽展模的内腔尺寸、宽展模的外径 D_B 和厚度 H_B。计算示意图如图 3-73 所示。

A 宽展量 ΔB、宽展变形率 δ_B 和宽展角 β 的确定

宽展量 ΔB 是铸锭经宽展变形后的最大宽度与圆挤压筒直径之差，$\Delta B = B_2 - D_H$。

为了发挥宽展挤压的作用，ΔB 应越大越好，但 ΔB 的大小又受金属流动、压力的角度传递损失和模子强度等因素的影响，不宜过大。ΔB 的值可根据挤压筒尺寸和挤压机吨位取 20 ~ 180mm，10MN

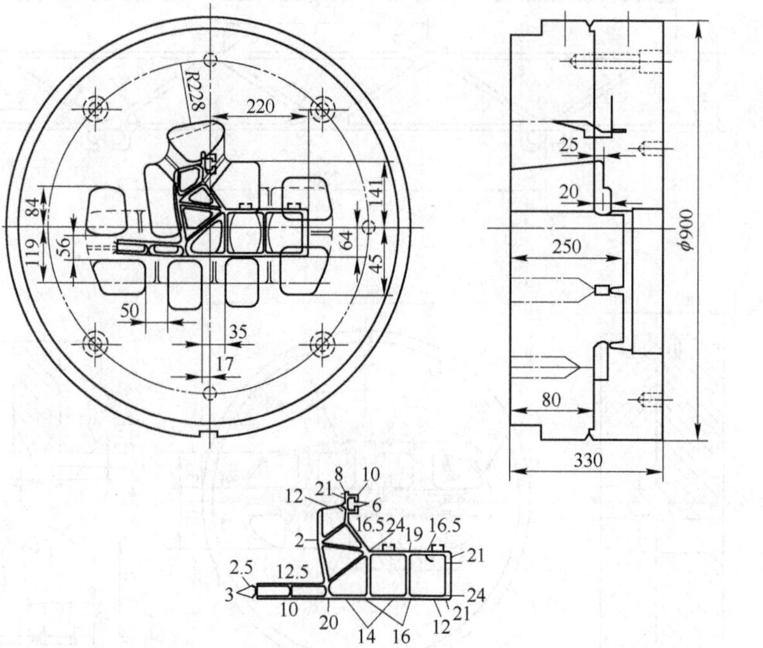

图 3-70　地铁车厢转角铝合金型材挤压模具设计示意图
（80/95MN，ϕ580mm 挤压筒，6005A-T6，圆筒平面分流模挤压法）

以下的挤压机取下限，80MN 以上的挤压机取上限。

宽展变形率

$$\delta_B = \frac{B_2 - B_1}{B_1} \times 100\% \tag{3-31}$$

式中，B_1、B_2 分别为宽展模入口与出口处的宽度。根据挤压筒的尺寸和比压以及型材宽度，δ_B 可取 15% ~35%。

宽展角 β 由宽展量和模子厚度来确定，$\tan\beta = \frac{(B_2 - B_1)/2}{H_B}$。为了便于金属流动，减少挤压力，一般应使 β 与金属的自然流动角相吻合，在 $\lambda = 10 \sim 30$ 的情况下，β 可取 30°左右。

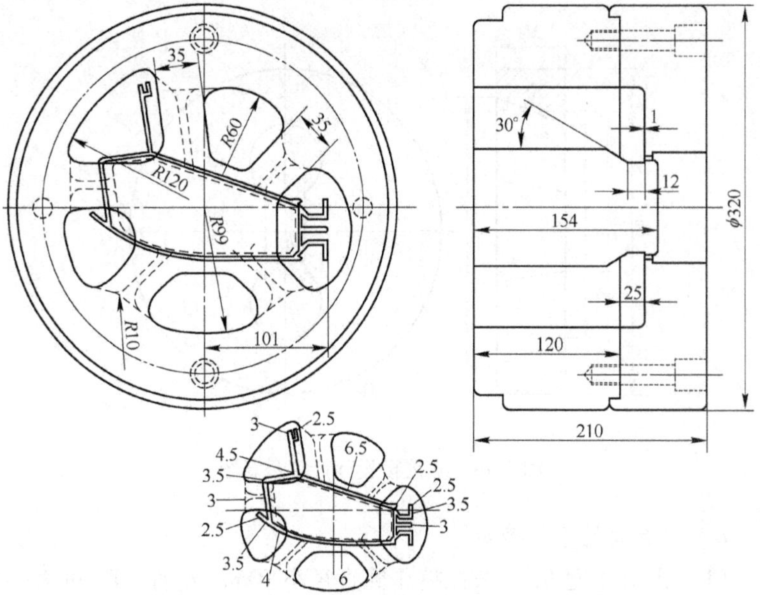

图 3-71 豪华大巴汽车型材挤压模具设计示意图
（25MN，ϕ260mm 挤压筒，6082-T6，圆筒平面分流模挤压法）

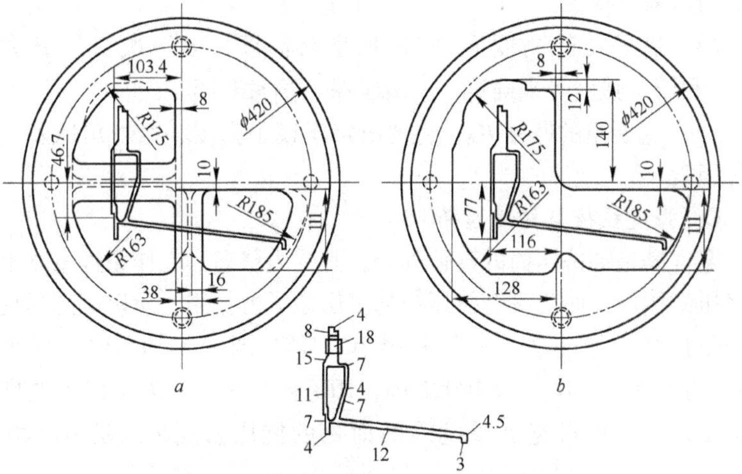

图 3-72 集装箱铝合金型材挤压模具设计示意图
（36MN，ϕ 320mm 挤压筒，6061-T6，圆筒平面分流模挤压法）
a—上模；*b*—下模

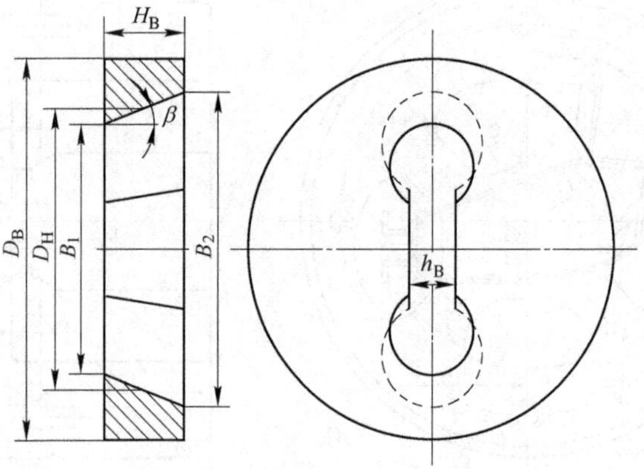

图 3-73 宽展模设计计算示意图

B 宽展模尺寸的确定

(1) 入口宽度 B_1 一般比挤压筒直径小 10mm 左右，B_1 过大会影响产品品质，B_1 过小则发挥不了宽展挤压的作用。

(2) 出口宽度 B_2 应根据挤压型材尺寸、宽展量、模子外径和厚度等因素来选择。

(3) 宽展孔的高度 h_B 应根据型材高度、第一次变形量大小 (μ_1) 和模子强度等来确定。一般应保证 $\mu_1 \leqslant 3 \sim 5$。

(4) 宽展模的厚度 H_B，主要决定于模子强度、宽展角以及挤压力等因素。

C 强度校核与材料选择

宽展模是圆挤压筒的延伸部分，其受力状态和工作条件基本上与圆挤压筒相似，而且没有挤压筒的多层预紧力作用，所以应选择优质高强耐热合金钢制造。一般采用 3Cr2W8V 或 4Cr5MoSiV1。保证在 500℃的条件下 $[\sigma_b] \geqslant 1000$MPa，HRC = 44 ~ 52。为了保证宽展模的强度，必须校对宽展模危险断面处的抗压强度，满足 $\sigma_{压} \leqslant 0.7[\sigma_b]$。

D 宽展模设计举例

图 3-74 所示为 LX725 型材的宽展模与型材模孔图，表 3-16 所示

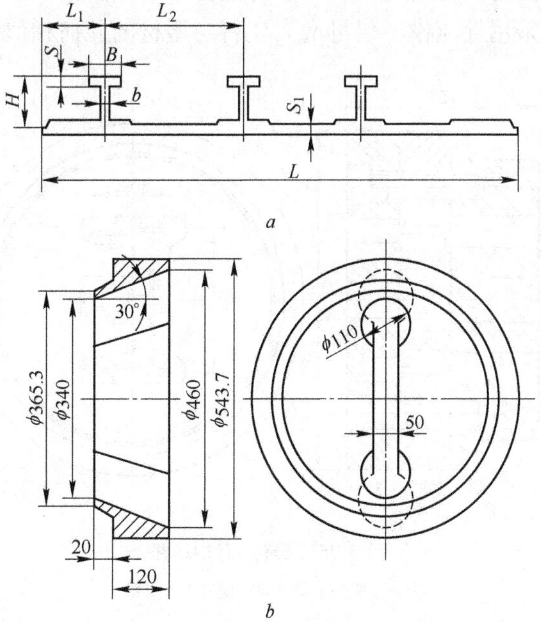

图 3-74 LX725 型材宽展模设计图

a—型材图；b—宽展模设计图

为其模孔设计尺寸。

表 3-16 LX725 型材宽展模模孔设计尺寸

尺 寸	L	H	B	b	S	S_1	L_1	L_2
型材名义尺寸/mm	429 +10	43 ±0.6	51 ±0.6	7 ±0.3	13 ±0.4	6.5 ±0.25	$57^{+0.25}_{-0.5}$	116 ±1.2
模孔设计尺寸/mm	439 +1	43.8	51.8	7.5	13.4	6.9	60	118.5
挤压型材实际尺寸/mm	436	43.5	50.9	6.9	13.1	6.3	59	118

3.9.4.2 导流模的设计

导流模又称前室模，其实质是在型材模前面加放一个型腔，其形状为与型材外形相似的异形或与型材最大外形尺寸相当的矩形（图 3-75）。铸锭镦粗后，先通过导流模产生预变形，金属进行第一次分配，形成与型材相似的坯料，然后再进行第二次变形，挤压出各种断面的型材。采用导流模不仅可增大坯料与型材的几何相似性，便于控

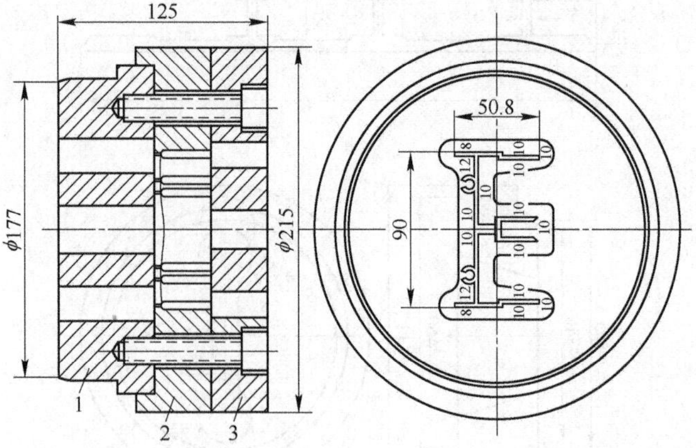

图 3-75 导流模结构图

1—导流模；2—型材模；3—模垫

制金属流动特别是当挤压截面差别很大的型材时能起到调节金属流速的作用，使壁薄、形状复杂、难度大的型材易成形，而且能挤压外接圆尺寸较大的型材（如宽展挤压），减少产品扭拧和弯曲变形，改善模具的受力条件，实现连续挤压，大大提高成品率和模具寿命。特别是对于舌比大于3 的散热片型材及其他形状异常复杂的型材来说，用普通平面模几乎无法挤压，而采用导流模可使模具寿命提高几十倍。

这种模具的主要缺点是金属需经二次变形，挤压力高于一般平面模，因此，主要用于挤压纯铝，或软合金型材。除了难以成形的散热片型材以外，6063 民用建筑型材也常用这种形式的模子挤压。导流模与挤压机后部的牵引机构配合，可最大限度地减少型材的弯扭变形，简化工艺流程，节省工艺装备，从而大大提高了型材的生产效率和产品品质。

导流模的基本结构形式有两种：一种是将导流模和型材模分开制造，然后组装成一个整体进行使用；另一种是直接将导流模和型材模

加工成一个整体。可以根据挤压机的结构、产品特点以及模具装配结构的不同，选择不同的模具结构。

导流模的设计原则是有利于金属预分配和金属流速的调整，一般来说，导流模的轮廓尺寸应比型材的外形轮廓尺寸大6～15mm；导流孔的深度可取15～25mm，导流孔的入口最好做成3°～15°的导流角；导流模腔的各点应均匀圆滑过渡，表面应光洁，以减少摩擦阻力。

当导流模（槽）主要起焊合作用时，导流模（槽）的厚度按表3-17设计，以保证型材衔接处焊缝具有一定的力学性能，使挤压牵引型材和随后的拉伸矫直时不拉断，而能安全的连续的作业。图3-76

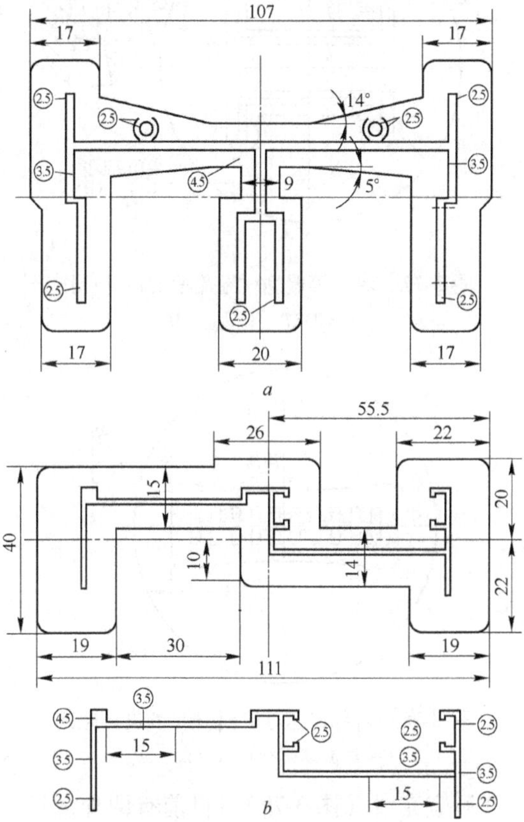

图3-76　导流模设计两个实例

（未注工作带为0.4mm）

所示为导流模设计的两个实例。图 3-77 和图 3-78 所示为两种典型导流模设计方案。

表 3-17　导流模（槽）的厚（深）度 *H* 表

筒径 ϕ/mm	115	130	170	225	250	≥360
H /mm	10	15	20	25	30	40

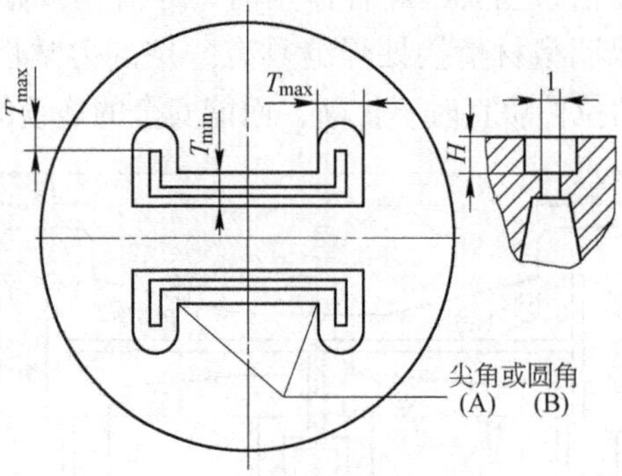

图 3-77　双孔等壁型材导流槽的设计原则

$H=0.7T_{max}$；$T_{min}=H$

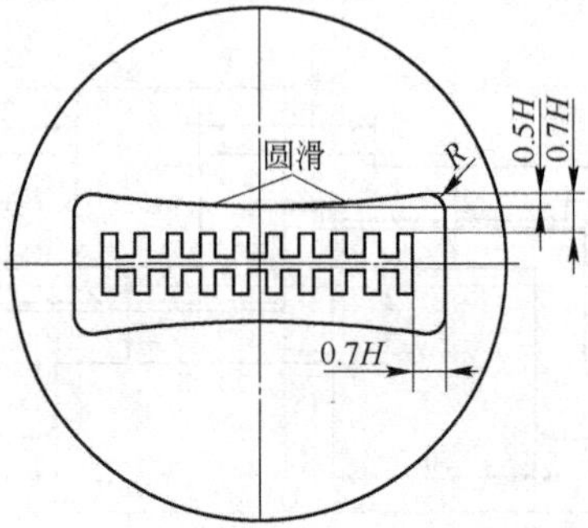

图 3-78　对称挤压导流模(槽)的设计原则

H—导流模（槽）厚（深）度

导流孔的外形应光滑（图 3-79），目前有两种意见，一种是外形不允许保留尖角，另一种是内圆角处可以是尖角。一般来说，导流孔外形不光滑，金属在模面上会发生紊流而产生表面应力，或不能同步导流而出现流线，型材经氧化后出现色差。而内圆角处做成尖角的理由是因为这种形式能更好地控制金属流动，当出现表面品质问题时再修成圆角也很方便，所以很多工厂采用如图 3-79*a* 所示的形式。

导流腔壁一般是垂直模子平面的。切残料时往往把导流腔内的金属拉出，使端面出现洞穴，再挤下一个锭时就把空气封闭在洞穴里，而使型材表面出现气泡，影响表面品质。当出现这种情况时，可将导流孔做成如图 3-80 所示的形式。导流孔壁与挤压方向呈 3°~5°。

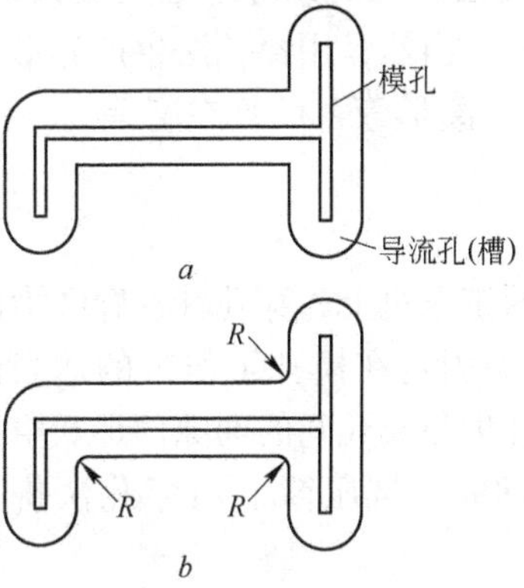

图 3-79 导流孔的模腔图

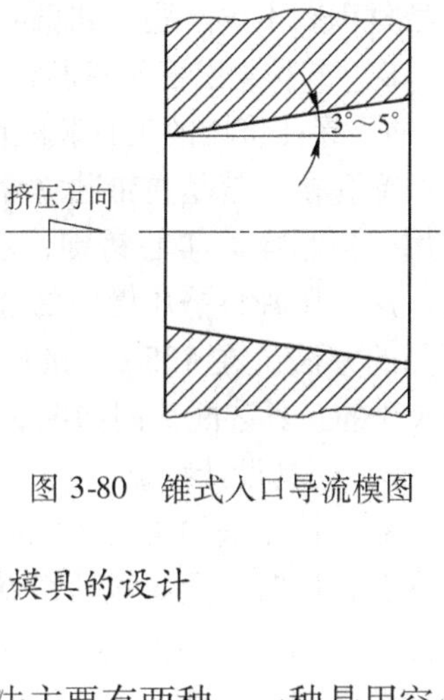

图 3-80 锥式入口导流模图

3.9.4.3 异形空心型材穿孔挤压用模具的设计

A 异形空心型材的挤压方法

目前生产铝合金异形空心型材的方法主要有两种：一种是用空心圆锭，在挤压力的作用下，迫使挤压筒中的金属从针尖与模孔的间隙中流出而形成无缝异形空心型材；另一种是用实心圆锭，在挤压力的作用下，迫使挤压筒中的金属通过平面分流模或桥式舌形模被劈成两股或多股流入焊合室，然后在高温、高压、高真空的条件下重新焊合并流经舌头与模孔间的间隙形成异形空心型材。前者是目前生产单孔管材最常用的方法，但不宜生产异形空心型材。因为用此法需要严格的工艺润滑，产品内表面不光滑，易产生擦伤、划伤、气泡、起皮等缺陷，壁厚偏差也难以控制，因此，成品率较低。后者虽内表面品质好，壁厚均匀，但存在焊缝、产品断面组织性能不均匀，焊缝品质不稳定，所以成品率也很低。

为了克服上述方法的缺点，最近几年来，开始研究用穿孔挤压法生产大型无缝异形空心型材。用该法生产的产品，形状复杂，无焊缝，组织性能均匀稳定，内表面光滑，成品率大为提高。例如直升飞机空心旋翼大梁，国内外的传统方法是用舌形模挤压有缝空心型材，不仅模具的设计、制造十分困难，残料长且分离不便，成品率较低，而且因有焊缝，组织性能不稳定。特别是整体疲劳性能低，所以旋翼的飞行寿命短（仅400h左右）。用穿孔法挤压的无缝空心旋翼大梁，可使旋翼的飞行寿命延长到1600h左右。当然，用穿孔法生产异形空心型材仍有不少问题，如偏心、断针、“袋形管”的真空度等。

B 工具装配图及模具设计特点

a 穿孔挤压的工具装配简图

穿孔挤压就是在带独立穿孔系统的挤压机上，穿孔针在穿孔力的作用下强制穿透实心铸锭，然后把针尖固定在模孔工作带的适当位置，用挤压轴将挤压筒中的金属挤出针尖与模孔间的间隙而形成空心制品的方法。在125MN挤压机的ϕ650mm挤压筒上用穿孔法挤压Z8X-3的工具装配简图如图3-81所示。

b 模具设计特点

穿孔挤压法的工具装配和模具结构与普通无缝管材挤压法相似，但穿孔挤压时的金属流动特点和应力应变状态以及变形过程中的挤压

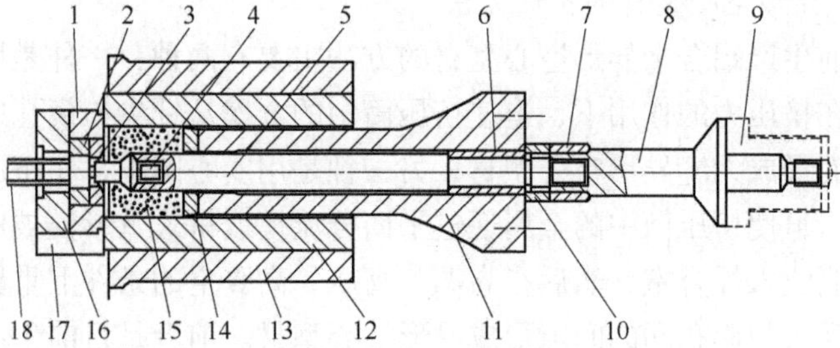

图3-81 穿孔挤压工具装配简图

1—模套；2—模垫；3—模子；4—针前端；5—针后端；6—铜套；7—导套；8—针支承；9—压杆背帽；10—背帽；11—空心挤压轴；12—筒内套；13—筒外套；14—挤压垫片；15—铸锭；16—支承环；17—八方套；18—导路

力和穿孔力的变化有其独特之处，故其大型工具和模具较之一般空心挤压的工模具也有一些差别。以下以Z8X-3型材为例来说明一下这些差别要点：

（1）Z8X-3是一种直升飞机用的异形空心旋翼大梁型材，其断面积较大（约140cm^2），定尺长（9.5~11m），形状复杂，尺寸多，公差要求高，加之采用无润滑穿孔挤压工艺，要求防止断针和减少偏心，因此给工模具的设计带来了很大困难。

（2）导向铜套与挤压轴内孔间以及挤压垫片与针后端间的间隙较小，以保证对正中心。

（3）应调整各螺纹连接部分的公差，确保在紧固状态下工作，使穿孔系统能承受拉、压应力。

（4）为减缓针后端向针尖的突变，防止针尖变形和断裂，用特制木模在仿形铣床上进行特殊过渡，同时将针尖工作部分由200mm缩短到80mm左右。

（5）为减少穿孔力，减少偏心，改善内表面质量和便于清理残料，对穿孔针、挤压垫片和模子的结构、尺寸进行了适当的修改。

（6）为减少偏心，模具与压型嘴间的间隙公差较一般挤压要小1~2mm。

（7）针尖是控制内孔尺寸、形状和表面质量的关键工具。根据型材内腔尺寸及其公差，考虑到线膨胀系数和拉伸量等，Z8X-3型材用针尖的形状、结构与工作尺寸等如图3-67*b*所示。

（8）模子用来控制型材外形，模腔尺寸应根据型材尺寸、公差、线膨胀系数和拉伸量来确定。为防止扭曲、刀弯等，对其工作带进行了严格的计算，图3-67*c*所示为Z8X-3型材模子简图。

（9）大型工具用5CrNiMo合金钢制造，淬火后硬度为HRC42~46，针尖和模子用4Cr5MoSiV1或3Cr2W8V钢制造，淬火后硬度为HRC44~48。为提高针尖和模子的精度，制作了精度极高的样板；为了提高其表面硬度和降低表面粗糙度，热处理后进行了软氮化处理，氮化层为0.1~0.2mm，表面硬度为HV900~1200。

（10）模具和工具加热时，为降低穿孔力和挤压力，防止断针，防止表面粘金属和提高内表面质量，针尖应加热到350~400℃，其他工具加热到300～350℃，挤压筒温度定为460～480℃。

工具、模具在热状态下装配时，穿孔系统的螺纹部分要拧紧，以防穿孔时松动或损坏螺扣；用转针机构微调穿孔系统，使针尖与模孔工作带严格对中，以保证型材各部分尺寸协调。

3.9.4.4 变宽度宽展导流模

该模的设计特点是在普通的平面模或平面分流组合模的前面加设一个变宽度的有宽展功能的导流模，主要用来挤压薄壁的宽厚比很大的形状复杂的纯铝或软铝合金实心型材或多孔空心型材。下面以图3-82所示的宽厚比为103的扁宽薄壁型材为例子，简单介绍这类模子的设计方法。

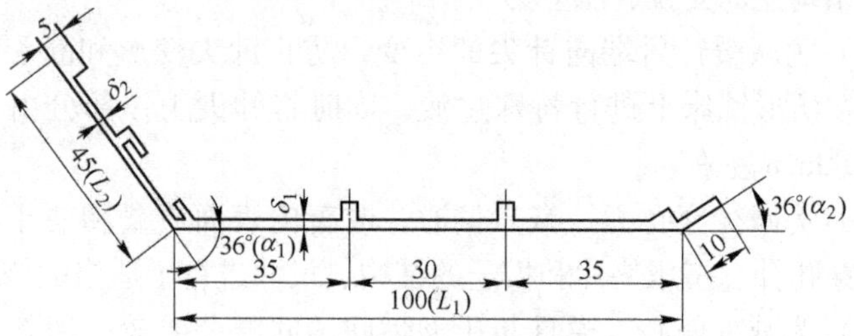

图3-82 宽厚比大的型材截面图

（1）确定型材在模子平面上的位置并简化型孔（图3-83）。

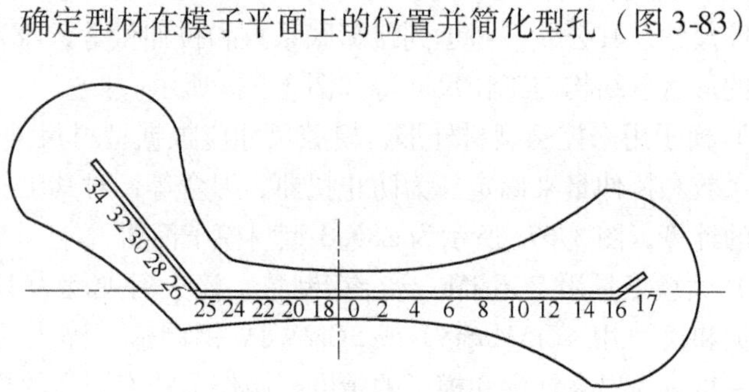

图3-83 简化后型孔图

（2）将型材模的型孔划分为若干单元，并编出单元序号，然后计算出各单元模型孔的面积 a_i 和各单元中心至挤压筒壁的最短距离 S_i。

(3) 选择金属最容易流动处中心部位为基础，并取该基础单元所对应的导流模宽为12mm，可算出该处的二次挤压比 $\lambda=7.5$。

(4) 引入公式：

$$\lambda=\frac{\lambda_0}{\alpha_i}\left(\frac{S_0}{S_i}\right)^{0.86}\left(\frac{t_0}{t_i}\right)^{1.13}\left(\frac{L_0}{L_i}\right)^{-1} \tag{3-32}$$

式中　λ——第 i 单元的二次挤压比；

t_i——第 i 单元模孔壁厚的等效宽度，此处设 $t_i=t_0$；

L_i——第 i 单元型孔的工作带长度，此处设 $L_i=L_0$；

α_i——端部系数，端部单元 $\alpha_i=0.38$，非端部单元 $\alpha_i=1$。

$$\lambda=\frac{\lambda_0}{\alpha_i}\left(\frac{S_0}{S_i}\right)^{0.86} \tag{3-33}$$

由式3-33求出各单元的二次挤压比 λ。

设 A_i 为对应于型材模 i 单元面积 a_i 的导流模腔面积，则根据公式：

$$A_i=\lambda_i\alpha_i \tag{3-34}$$

计算出导流模腔各单元的面积，然后根据各单元的面积和宽度计算出导流模腔各单元的高度。先假设导流模腔各对应单元的为矩形。连接各单元矩形宽度的中心点，根据经验处理端部后，即可得到导流模腔的初步轮廓如图3-83所示。

(5) 根据生产实际情况，考虑挤压筒直径、模子外径、产品的表面品质、模具的强度以及导流模的宽展功能和便于铣床加工等因素，将导流模腔的形状做适当简化，并适当缩小端部面积，如图3-84所示。

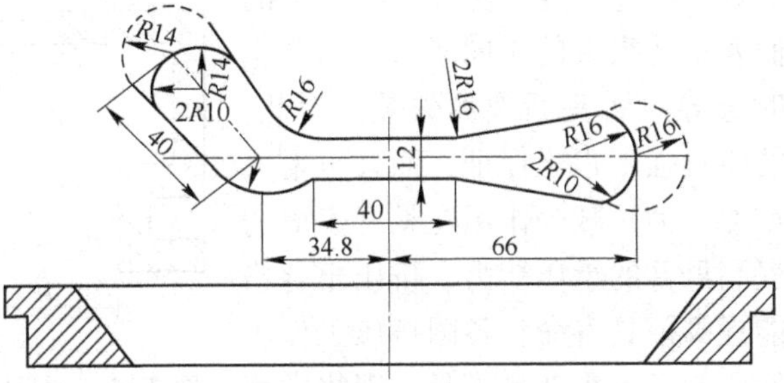

图3-84　变宽度宽展导流模简图

(6) 根据公式计算导流模的厚度 H：

$$H = 0.7T_{max} \tag{3-35}$$

式中 T_{max}——导流模腔最大宽度。

根据计算结果，可选择邻近的标准模具厚度，然后按宽展模的要求计算出宽展角度、宽展量等参数，最后得出如图 3-84 所示的变宽度的导流模。

(7) 核算修正后的导流模腔各单元的二次挤压比。综合考虑原型材图中被简化的部分，根据有关公式和生产经验，设计出型材模孔各部分的工作带长度（图 3-85）。

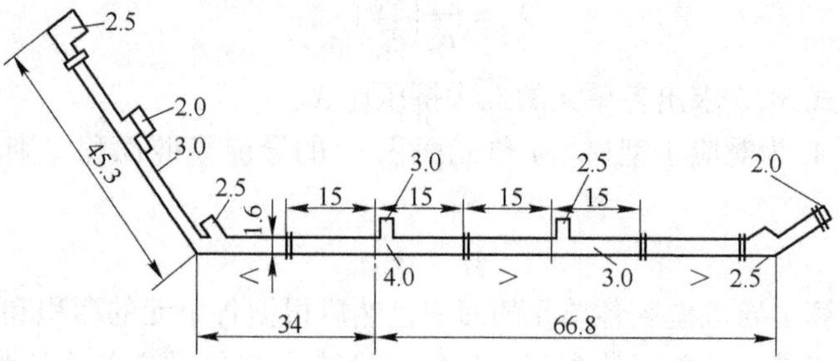

图 3-85 型材模孔工作带长度示意图

3.9.4.5 半空心型材模的设计

型材所包围的面积 A 与型材开口宽度 W 的平方之比 A/W^2 称为舌比 R。当 R 大于如表 3-18 所示数值的型材称为半空心型材或大悬臂型材（图 3-86）。这类型材在挤压时模子的舌头悬臂面要承受很大的正向压力，当产生塑性变形时会导致舌头断裂而失效。因此，这类型材的模具强度很难保证，而且也增大了制造的难度。为了减少作用在悬臂表面的正压力，提高悬臂的承压能力，挤压出合格的产品又能提高模具寿命，各国挤压工作者近年来开发研制了不少新型模具。现将常用的几种结构介绍如下：

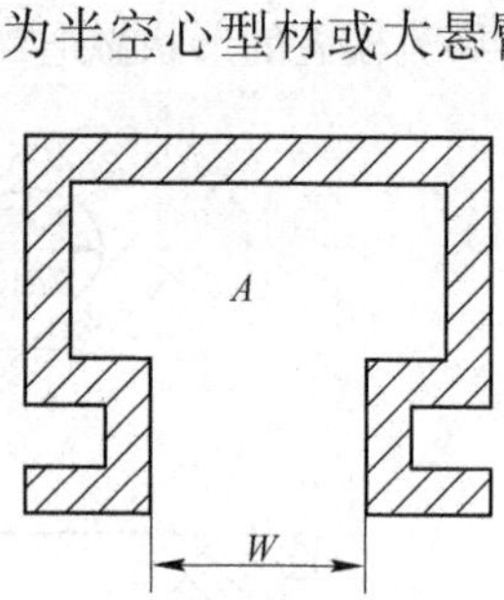

图 3-86 大悬臂半空心型材示意图

表 3-18 舌比 $R = A/W^2$ 的允许值

W	$R = A/W^2$	W	$R = A/W^2$
1.0～1.5	2	6.4～12.6	5
1.6～3.1	3	12.7 以上	6
3.2～6.3	4		

（1）保护模或遮蔽式模（图 3-87）。这种模子的设计是用分流模的中心部分遮蔽或保护下模模孔的悬臂部分，下模的悬臂部分向上突起，其突起的部分与悬臂内边的空刀量为 a，悬臂突起部分的顶面与上模模面留有间隙 b，用来消除因上模中心压陷后对悬臂的压力，从而稳定了悬臂支撑边的对边壁厚的偏差，较好地保证了型材的质量。但由于悬臂突出部分相对增大了摩擦面积，悬臂承受的摩擦力增加，仍有一定的压塌。

（2）镶嵌式结构模（图 3-88）。这种模具结构是将上模舌头的中间部分挖空，而下模悬臂相对的位置向上突起，镶嵌在舌头中空部分里。悬臂突起部分的顶面与上模舌头中空腔部分的顶面有空隙 a，其值与舌头的表面和下模空腔表面的间隙值相等，这样可消除因上模压陷而造成对下模悬臂的压迫。悬臂突起部分的垂直表面（相对于模面而言）与舌头空腔的垂直表面有间隙 c，两表面处于动配合。舌头底端与悬臂内边的空刀量为 b。这种结构的模具克服了上述遮蔽式分流模具的缺点，悬臂受力状况得到进一步改善，只要合理选取空刀量 b 和 a、c 值，便能获得合格的产品。

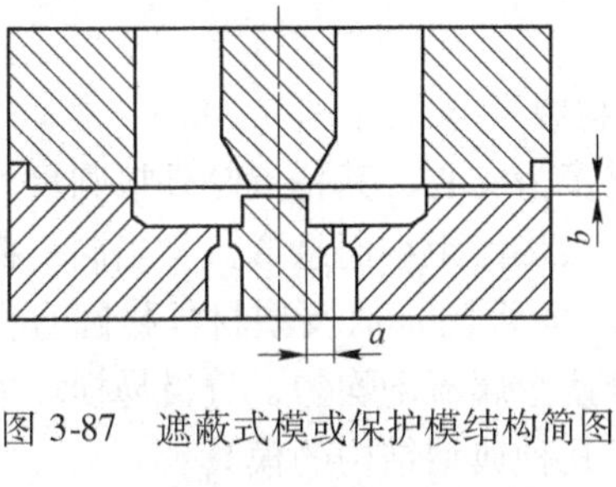

图 3-87 遮蔽式模或保护模结构简图

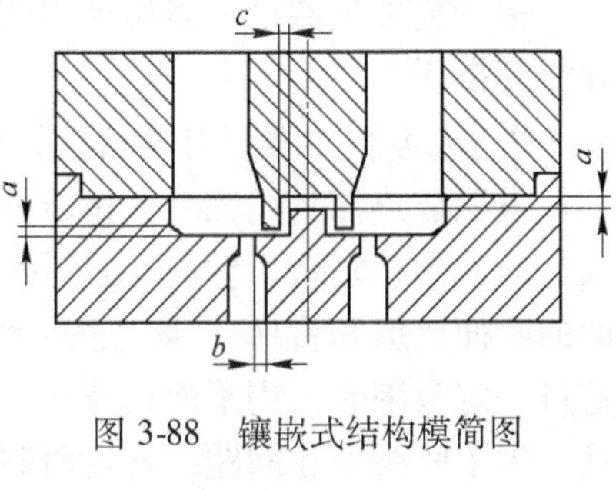

图 3-88 镶嵌式结构模简图

（3）替代式结构模具（图 3-89）。这种结构完全将下模的悬臂取消，而以上模的舌头取而代之，在原悬臂的根部处，采用舌头与下模空腔表面互相搭接，完成悬臂的完整性，其形式与分流模完全相同。这种结构的模具加工简便，使用寿命高，更适合挤压那些“舌比”很大而用以上两种模具难以挤压的型材。

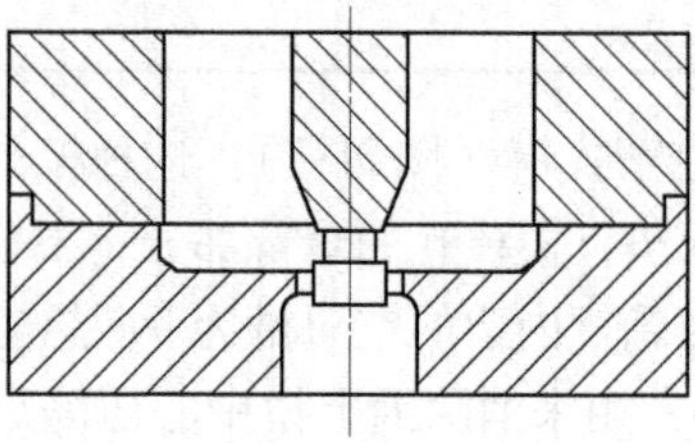

图 3-89 替代式结构模示意图

3.9.4.6 铝合金散热器型材挤压模具设计技术

A 铝合金散热器型材的特点与分类

铝合金的导热性能本来就很好，如果增大型材的表面积，那么散热效果会更佳，因此，铝合金散热器型材在空调、电子等需要控温的工业中获得了广泛的应用。目前，铝合金散热器型材主要分为集中空调和交通运输业用的大型铝合金散热器型材和电子及精密机械与仪表工业中使用的小型精密高倍齿散热器型材。前者的断面尺寸大，舌比 R 一般不大于 10，宽度为 200 ~ 800mm，需要在大型挤压机上生产；后者一般断面尺寸较小，而精度更严，舌比 R 一般大于 10，有的甚至大于 30，是一种难度很大的挤压型材。

铝合金散热器型材多用纯铝或软铝合金生产，因此允许使用宽展导流模挤压。

B 大型散热器型材模的设计结构特点与方法

大型散热器上用铝合金挤压型材多为实心，其特点是外接圆尺寸大，断面形状复杂，壁厚相差悬殊，散热齿距小而悬臂大。当同一截面的断面比值和舌比（悬臂长：齿距 = 舌比）值及型材外接圆直径超过一定范围时，用平面模挤压很难使金属流动均匀，且极易损坏模具。为了解决上述问题，开发研制了几种典型结构的模具。

a 宽展导流模

宽展导流模（图 3-90）是在 25MN 挤压机上用 ϕ260mm 的挤压

筒挤压的外接圆直径为 ϕ200 ~ 340mm 的大型梳状散热器型材的特种型材模具。这些型材的平面间隙要求极为严格，舌比较大，而且筋板与齿的壁厚相差悬殊。该种模具采用了宽展结构和导流结构，导流板中心部位比较靠近模孔，而边部呈扇形扩大以调整金属流速。

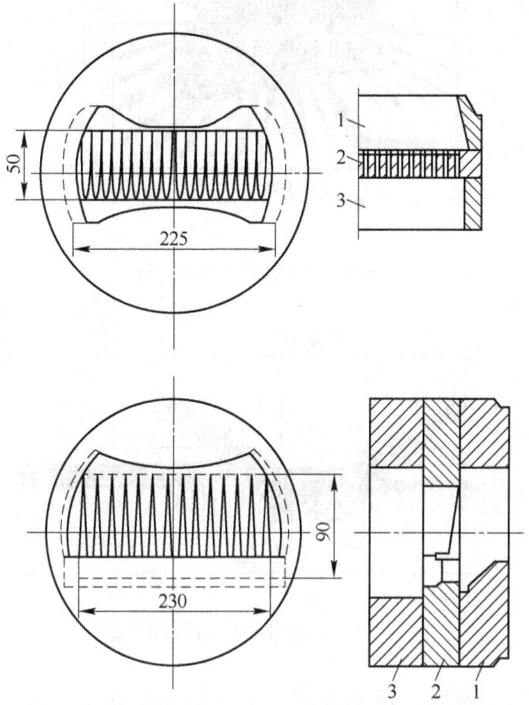

图 3-90 两种大型梳状散热型材的宽展导流模结构方案

1—进料板；2—模子；3—模垫

b 分流组合模结构

该种结构可挤压如图 3-91 和图 3-92 所示的复杂断面的散热型材。这类型材的壁厚差过于悬殊，断面比值超过 100 以上；放射型齿顶处于挤压筒边缘，中心与边部流速差十分悬殊，难以控制；齿多且为波纹状，增大了表面积，加剧了流速控制和成形难度；舌比大，悬臂长和支承刚度难以保证。按常规的方法设计与加工模具显然难以获

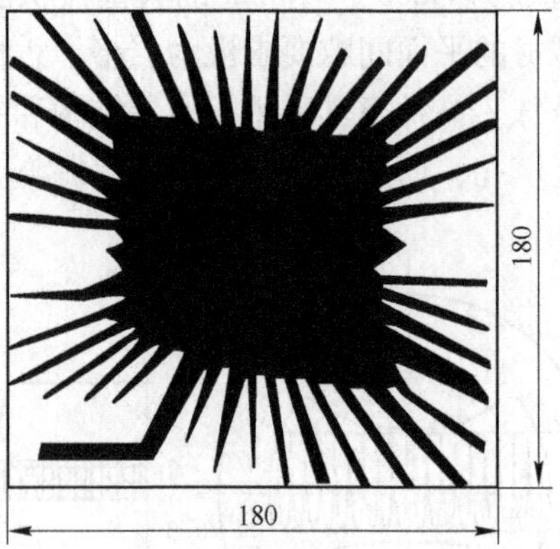

图 3-91 放射状散热器型材

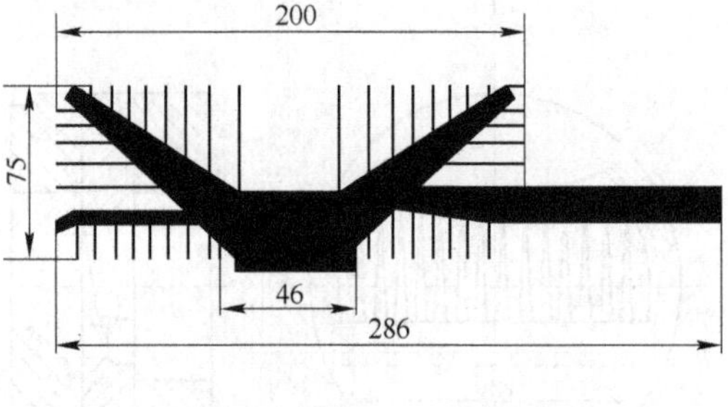

图 3-92 大型非对称散热器型材

得合格的产品。为此，在充分研究了金属流动规律、模具各结构要素的作用及其对流动速度的影响与互相作用关系之后，人们研制出了如图 3-93 和图 3-94 所示的结构。

图 3-93 所示结构模具主要用于挤压放射形散热型材，其特点是：

（1）按断面形状进行一次金属流量预分配。扩大靠近挤压筒边缘的分流面积，使之呈扇形按一定的范围向中心缩小过渡，以适应中心部分金属重新焊合速度的需要。分流孔边部沿模子直径方向呈一定角度扩展，以加快齿尖的流速，便于在分流空间上为二次填充挤压创造条件。

（2）由于型材中心面积过大，为控制该部分的流速，在设计 4

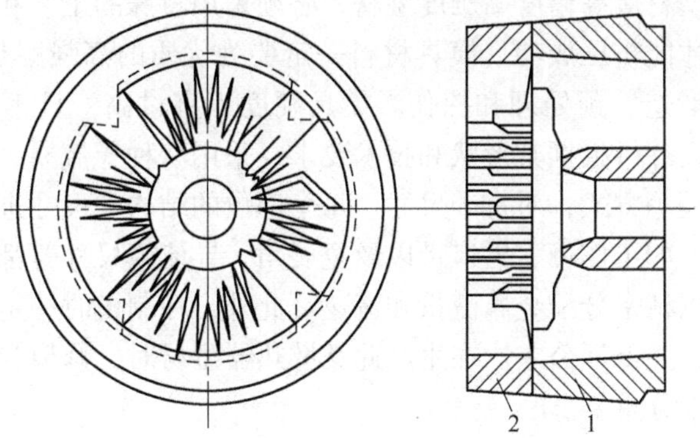

图 3-93 放射状散热器型材模具结构图

1—进料板；2—模子

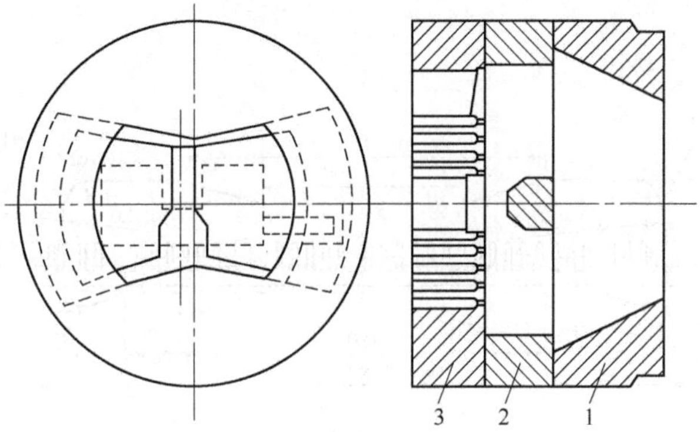

图 3-94 大型非对称散热器型材模具结构图

1—1 号进料板；2—2 号进料板；3—模子

个分流孔的基础上，再在中心部位加一个 ϕ40mm 并带有螺纹状的分流孔，以适应金属二次焊合的流量需要。

图 3-94 所示结构模具的主要特点是综合了宽展导流模和平面分流模的功能及优点，采用二次变形（即宽展变形、分流调整变形和挤出成形）的工艺原理设计而成，从而拓宽了挤压工艺范围，提高了模具使用寿命，保证了产品的品质。

C 电子用高倍齿散热器型材模的设计特点与方法

该类型材属高精度高难度型材，必须采用特殊的工艺和设计制造特种模具才能挤压成功。模具材料一定要为优质的高强耐热合金钢，必须经过锻造、预处理和探伤。模具硬度不宜过高，且不宜氮化处理。模具设计可根据其形状和技术要求，采用特种导流模、宽展模及平面组合模等方式，对每个尺寸、每个部位的结构和尺寸进行精密计算和调配。如工作带、出口带以及宽展角、导流模尺寸等都要进行精密设计，以精密分配金属流量和流速。此外，在制模时一定要按图纸处处到位，并保证公差。在生产此类散热器型材时，修模和挤压工艺的控制也十分重要。

D　铝合金散热器型材模子设计举例

图3-95至图3-98为各类铝合金散热器型材挤压模的设计方案。这些设计图都是经生产实践考验过的，但在选用时应结合本企业的使用条件。

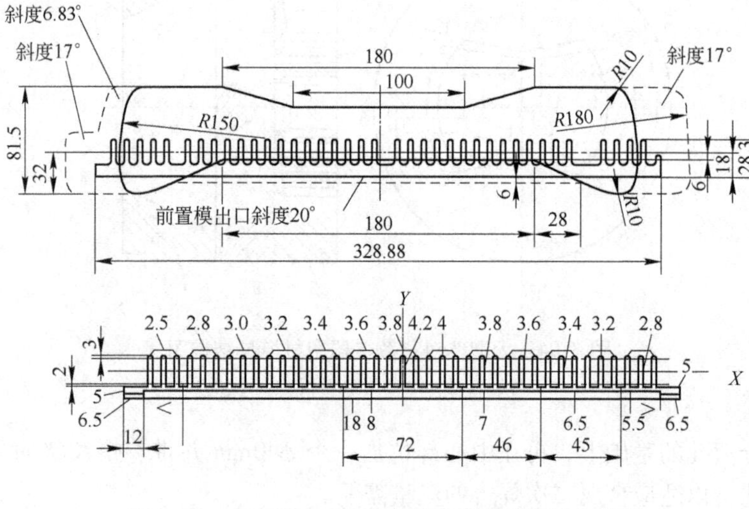

图3-95　大型铝合金散热器型材挤压模设计方案图

（36MN，ϕ320mm 挤压筒，1070-F或6063-T5）

3.9.4.7　子母模的设计

子母模就是在一个大尺寸的母体模上，按型材的形状与规格将其划分成若干区域，在每个区域上设计子模系统。母体模相对于子模除

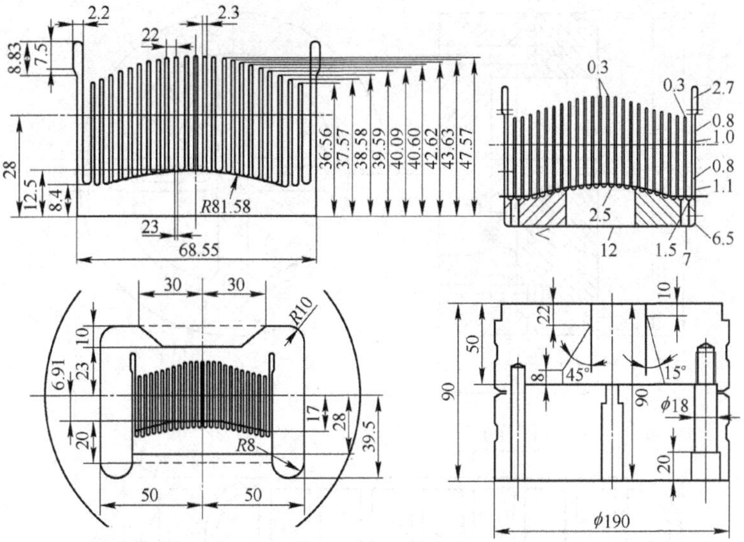

图 3-96 实心不对称铝合金散热器型材挤压模设计方案图

（18MN，ϕ180mm 挤压筒，6063-T5）

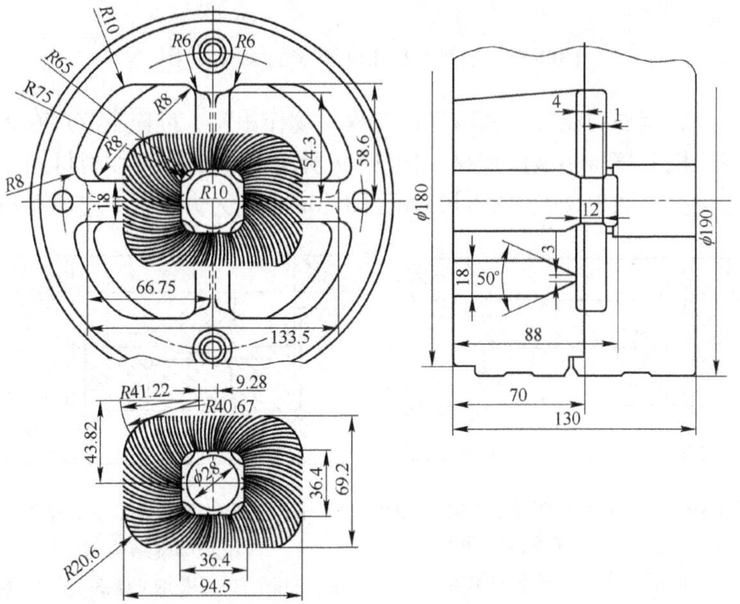

图 3-97 高倍齿异形空心散热器型材挤压模具设计方案

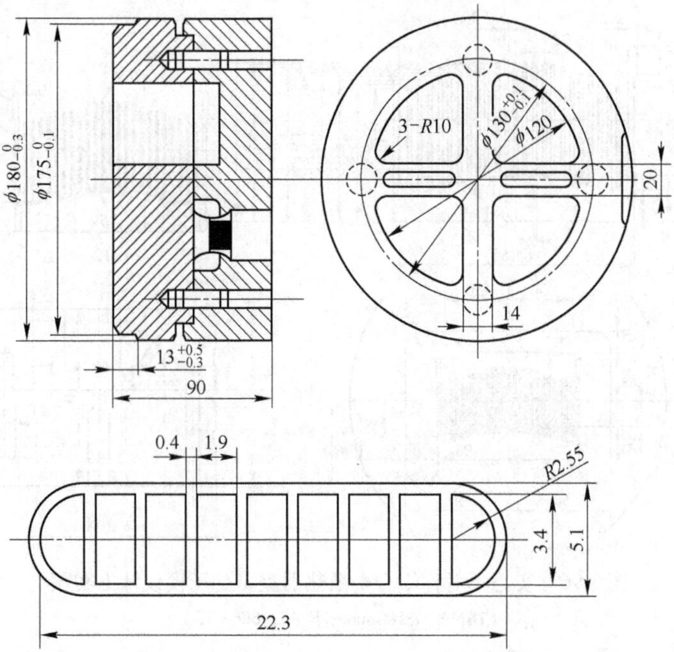

图 3-98 散热器 9 孔口琴扁管模子结构图

完成金属流动功能外，实际起第二模支承作用。子母模主要用在大中型挤压机上挤压小截面型材。图 3-99 所示为小截面实心型材用子母模结构图，图 3-100、图 3-101 和图 3-102 分别为大悬臂半空心型材和

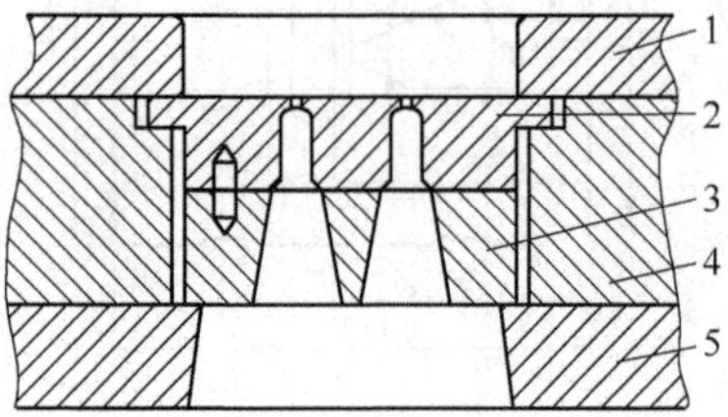

图 3-99 小截面实心型材子母模结构图

1—上压垫；2—子模；3—模垫；4—母模主体；5—母模模垫

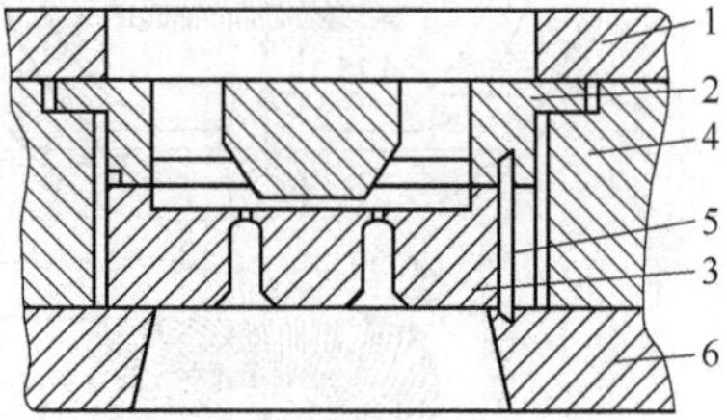

图 3-100 大悬臂半空心型材用子母模结构图

1—上压垫;2—子模的上模;3—子模下模;4—母模;5—销钉;6—母模垫

空心型材用子母模结构图。

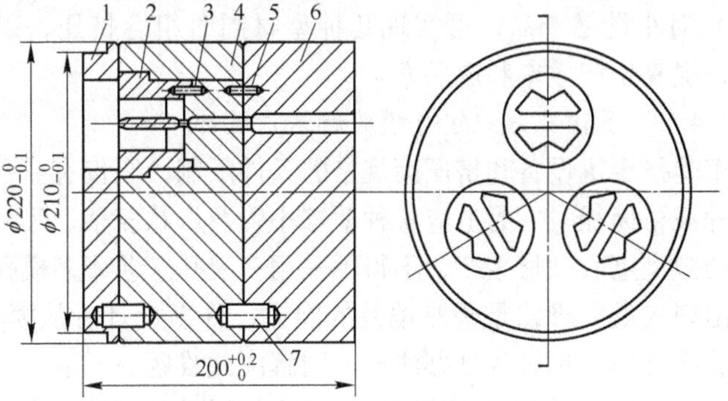

图 3-101　空心型材子母模组合示意图

1—上压垫；2—子模上模；3—子模下模；4—母模；5—子模、母模、模垫圆柱销；6—母模专用垫；7—母模圆柱销

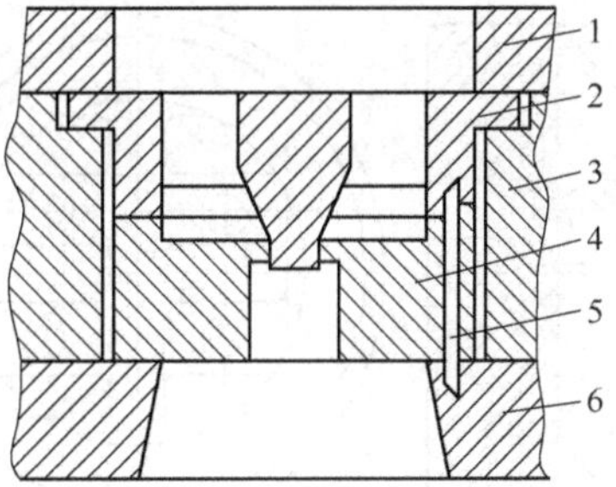

图 3-102　空心型材用子模结构图

1—上压垫;2—子模上模;3—子模下模;4—母模体;5—销钉;6—母模模垫

子母模的主要优点为：

（1）能实现高速挤压和连续挤压。

（2）子模的工作部分损坏时便于更换，子模体积小，可节省昂贵的合金钢材，缩短制模时间，减少热处理和表面处理费用，从而大大降低成本。

（3）小体积的子模可用硬质合金、陶瓷材料等新型模具材料制作，从而大大提高模具寿命。

（4）一个母模体可配备多种子模形式。

（5）对小批量产品，可实现几种型材同时组合挤压，以缩短生产周期，提高生产效率和成品率。

3.9.4.8 多模孔分流组合模的新结构设计

由于受挤压机设备和挤压筒规格的条件限制，当仅有一台机器及仅有一种规格筒径时，为适应各种薄壁小管及形状复杂、尺寸精度要求严格的微型空心型材生产，不得不采用多模孔工艺。多模孔分流模生产中出现的最大难题是壁厚偏差的问题，许多设计者从模具结构、制造、装配方面也想过各种办法，力图解决此难题。

近年来，通过借鉴国外的图例，并进行了反复试验，取得了一些进展，并成功地生产出了四型孔 ϕ11mm×1.0mm 的小管，如图 3-103 所示。

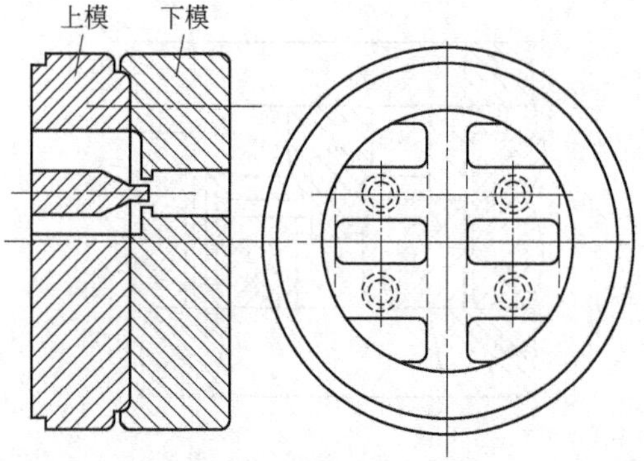

图 3-103 四型孔小管平面分流模示意图

两型孔分流模常见的设计结构有两种类型，图 3-104 所示的是各自独立分流孔和部分共用分流孔结构。这两种结构都存在型材偏心、成形不良以及挤压阻力大等问题。为了改善成形，我国香港地区某公司在 10MN 挤压机 ϕ150mm 挤压筒上挤压 25mm×38mm 方管时，将两种形式的特点合并，设计出了如图 3-105 所示的独立分流孔结构的模子。受挤压筒限制，各型孔靠边部的焊合室向外扩展，给定预偏心量 0.3mm，增大模桥厚度至 60mm。生产证明，该种模具成形较好，

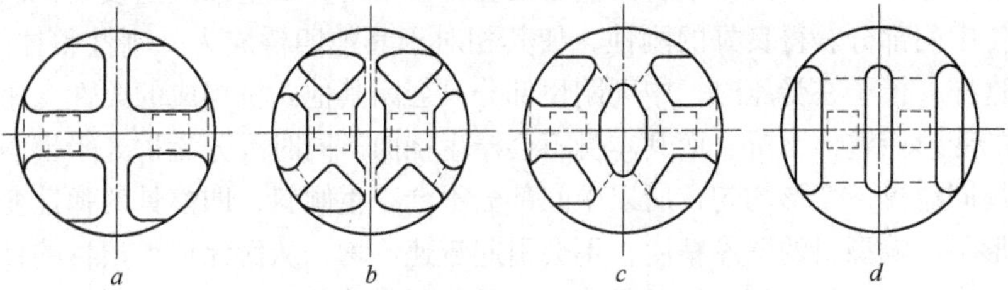

图 3-104 常见的两型孔分流模结构图

a—两型孔独立分流结构；*b*、*c*—各模芯和桥构成叉架结构；*d*—条状分流孔结构

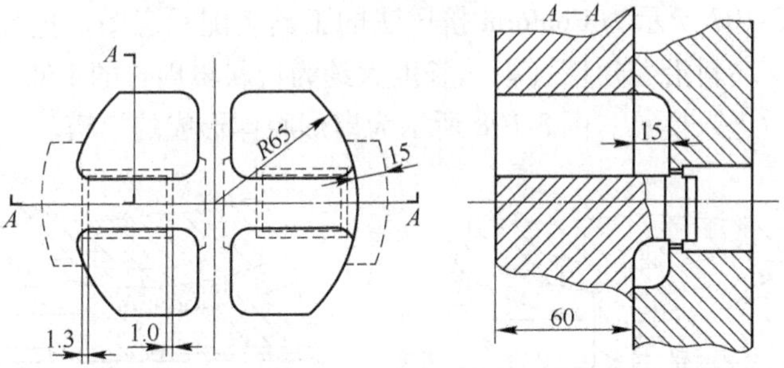

图 3-105 香港某公司设计的双型孔分流模结构图

但阻力大，常出现闷车，且仍存在偏心。为了解决以上问题，近年来开发研制了一种如图 3-106 所示的所谓“模芯整体刚性结构”模。该结构的模子将两模芯以连接梁结合于一体，位于模子中心部位，并以其他四桥与模子边缘相连。

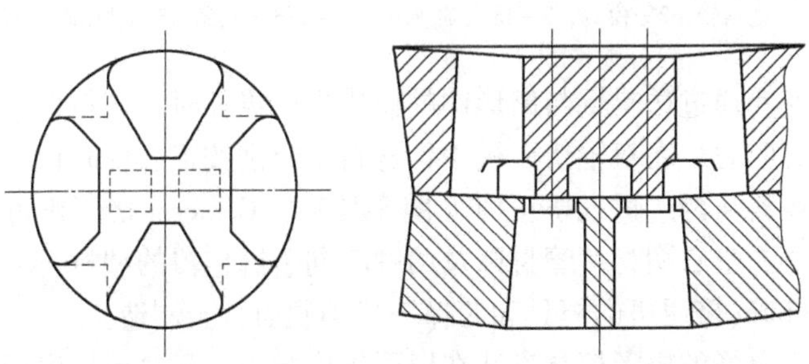

图 3-106 双型孔新型模芯整体刚性结构模具图

这种新结构的模子将两模芯设置得较紧密，尽量减短连接梁，以使中间部分获得良好的刚性，使其相对于其他四桥成为一刚性整体。这样，模子在受压时，中间刚性部分只会因其他四桥构成的柔性支座的变形而整体下沉，而其本身不会产生挠曲。同时因分流桥处于模圆周同位置，变形均匀，所以中间部分不会产生倾斜，即模具的弹性变形不影响型材的壁厚精度，不会引起流速不均，从而保证了型材的良好成形。由于两模芯设置紧凑，以及采用部分共同的分流孔形式，所以分流孔可以开得较大，因而挤压阻力较小。

3.9.4.9　Conform 连续挤压用工模具的设计特点

图 3-107 所示为 Conform 挤压法的工具装配示意图。把坯料送入送料辊，坯料沿着模槽（模槽长度大约为送料辊周长的 1/4）方向前进，然后进入模具。图 3-108 所示为扇形腔体形成的模槽。

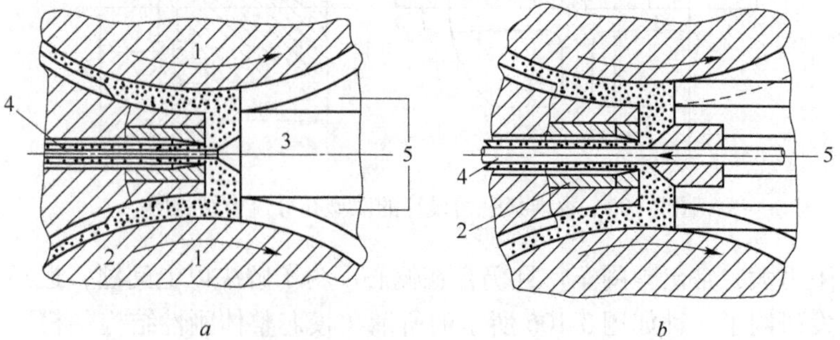

图 3-107　Conform 挤压法的工具装配图

a—挤压包覆型材装配图；*b*—挤压管材装配图

1—送料辊；2—模具；3—挤压轴或芯棒；4—挤压制品；5—供坯限制器

当坯料通过送料辊与扇形体的模槽进行拔长时，坯料即产生压缩应力和剪应力。在双辊挤压机中，送料辊分别按正、反时针方向相对旋转，坯料从两边进入挤压模（图 3-107）。Conform 挤压机可生产棒材、线材、空心型材、管材以及两种不同金属包覆的型材。

Conform 挤压机的模具和芯棒一般用硬质合金制造。

易于更换的扇形模具安装在扇形体模槽内，只要更换扇形模具的种类，就可以挤压出不同类型的制品。挤压管材用的扇形模具的内部

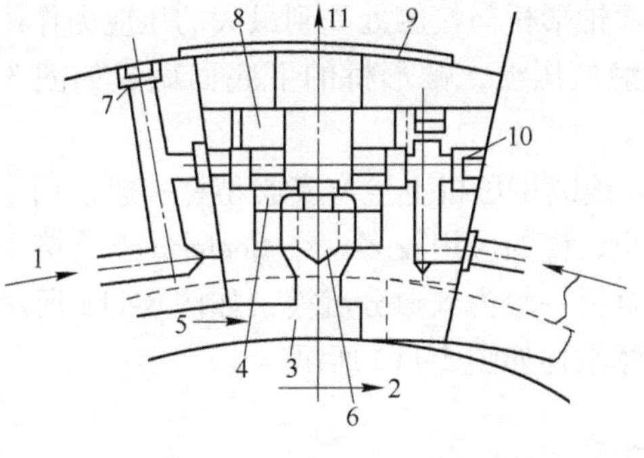

图 3-108 扇形模具内部结构图

1—冷却水；2—旋转轮体；3—模座；4—模具；5—坯料；6—舌芯；7—舌芯夹紧装置；8—干燥器；9—固定轨道；10—支架；11—制品

结构如图 3-108 所示，沿转盘的切线方向运行的坯料，进入模座的进料孔，变为径向运行，而后在出口处被分隔成两部分，在舌芯和模具环绕的空间内挤压成管材。

在 Conform 连续挤压机上挤压管材所用的组合模一般为锥形叉架模，如图 3-109 所示。

锥形桥是锥形叉架模中最容易损坏的部件，一般做成十字形或 Y 字形，如图 3-110 所示；十字形臂或 Y 字形臂最小截面处受到最大的

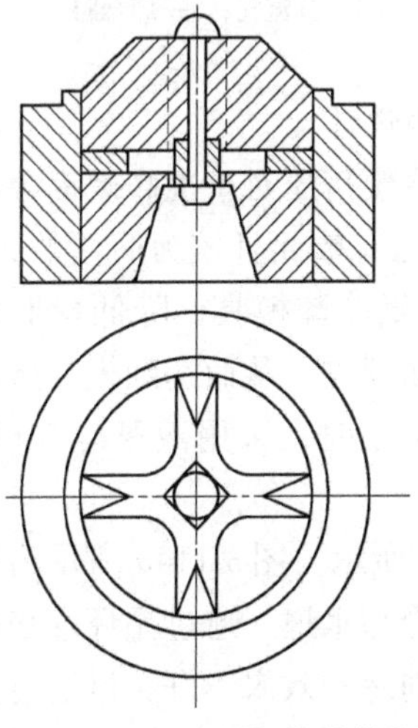

图 3-109 锥形叉架模结构图

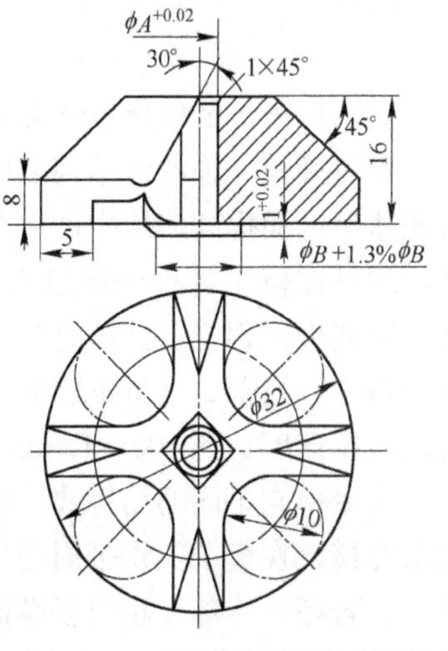

图 3-110 十字形锥形桥示意图

压应力作用，而锥形桥与接触处受到最大的压应力作用，为了不使锥形桥与外模接触处压溃，锥形桥的下底面做成如图 3-111 所示的形式。

在 Conform 连续挤压机上生产实心型材一般采用平模来挤压。模具外形尺寸较小，模的应用较多。在 Conform 连续挤压机上挤压空心型材所用的组合模一般为锥形分流模，如图 3-112 所示，单孔活叶空心型材模的具体结构如图 3-113 所示。

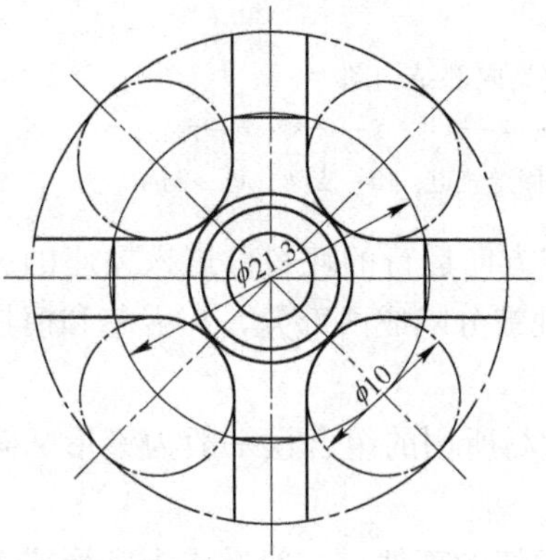

图 3-111 锥形桥下底面示意图

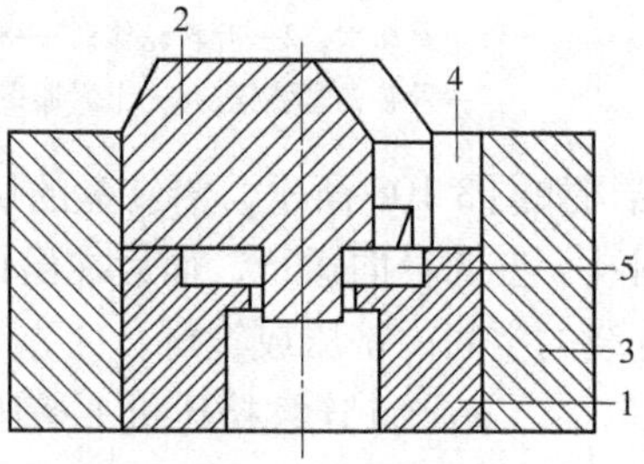

图 3-112 锥形分流模结构图
1—锥形分流桥；2—下模；3—模套；4—分流孔；5—焊合腔

3.9.4.10 水冷模和液氮冷却模结构设计

水冷模是一种特殊结构的模具。水冷模挤压对于提高硬铝合金的挤压速度进而提高挤压生产率是一种行之有效而且较为简便的方法。其原理是在挤压过程中通过水冷却或液氮冷却模具，降低变形区温度，以减少硬铝合金挤压时易出现的表面裂纹，从而达到提高挤压速度的目的。目前，在 6063 合金的高速挤压时，采用液氮冷却模具，可使挤压速度达到 100 ~ 120m/min。

水冷模有不同的结构式，如图 3-114 所示。图 3-114a 所示为循环式水冷模，在模子工作带周围设计一个冷却水道，通过循环水来冷却模子，若环状冷却孔距模子端面过远，则冷却效果不好，过近时，则模子强度不够，因而这种结构的水冷模未能获得广泛的应用。图

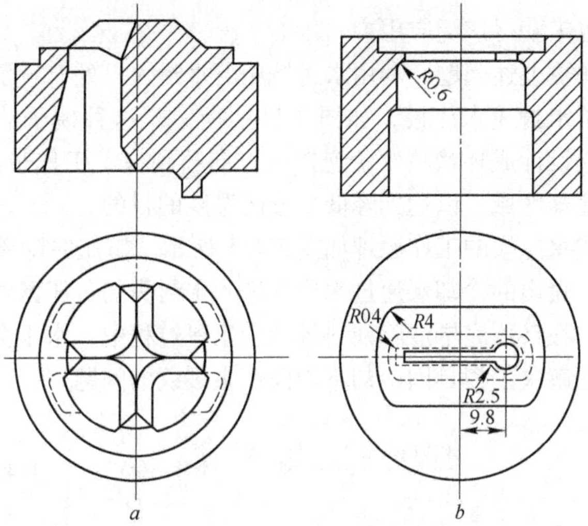

图 3-113　单孔空心型材模具结构图

a—上模结构；*b*—下模结构

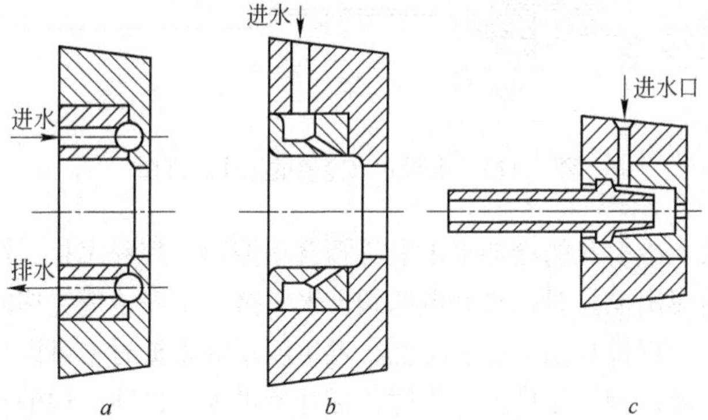

图 3-114　水冷模结构示意图

a—循环式的；*b*—不循环式的；*c*—水封式的

3-114*b*所示为不循环式水冷模，它是从模子出口方向喷水直接冷却工作带的出口区，以达到冷却变形区的目的。但由于水流难以控制，在不需要通水时，虽然关闭水源，因水管内尚留存有一部分水，继续有少量水流从模子喷水口流出，以至使模具因冷却不均而产生裂纹，故这种结构也未获得广泛应用。

为了解决上述问题，利用水封挤压的水封入口处有一负压区的特点，设计了水封式水冷模，如图 3-114*c* 所示。这种模子的结构特点是将水冷模设计成环状喷水，逆挤压方向喷到模子工作带的出口处，形成一个冷却区域，以达到降低变形区温度的目的。

水封式水冷模的工作原理如图 3-115 所示。挤压时随着挤压制品向前移动，喷出的冷却水通过水导管进入水封头的负压区继而被吸入水封槽沟。在挤压完毕清除残料等辅助工序过程中，水不会滴到模具表面，因而解决了模具因冷却不均而产生裂纹的问题。

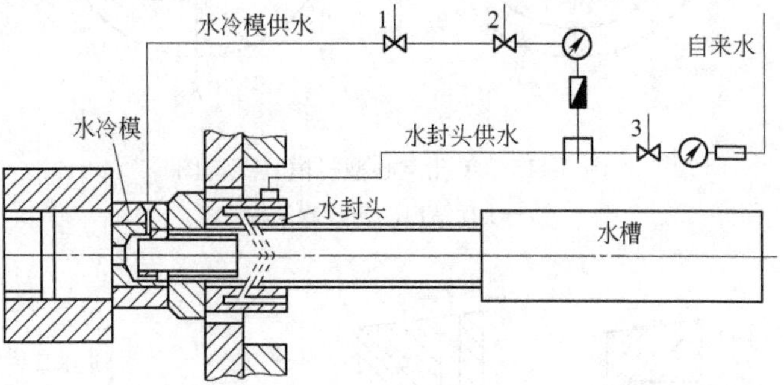

图 3-115 水封式水冷模的工作原理图

通入水冷模孔的冷却水由电磁阀自动控制，其程序是：被挤压的金属开始流出模孔时，打开电磁阀供水，挤压工序接近完毕时，停止供水。若发现模具温度显著降低，发生闷车等现象时，可以用手动阀门关闭水流，待挤压恢复正常时，再开始供水。这种结构的模子，其水冷效果很好，如在 16.3MN 油压机用 ϕ170mm 的挤压筒挤压 2A12 合金 ϕ20mm 棒材时，当铸锭加热温度为 400～450℃、冷却水压为 0.3～0.4MPa 时，棒材的挤压速度可从一般挤压的 0.5～2m/min 提高到 3.0～4m/min，表面不会产生裂纹，从而使生产效率提高一倍以上。

图 3-116 所示为水冷模的结构形式之一。为了冷却挤压模，用离

心泵供给 0.3～0.35MPa 的冷却水；为防止挤压初期金属冷却，当挤出制品离开模孔 0.5～1.2m 时开始供水。

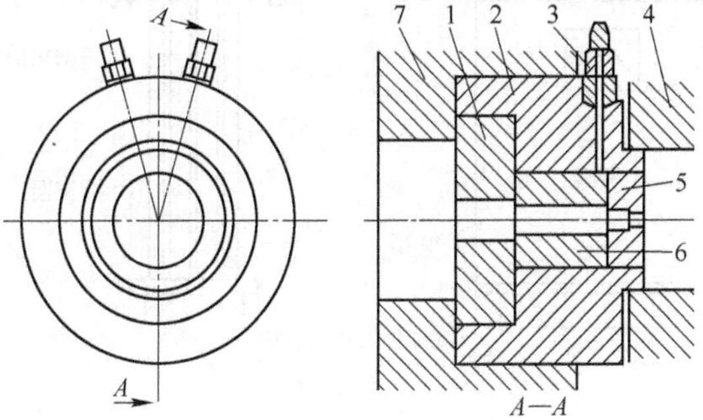

图 3-116 水冷模的装配结构图

1—支承垫；2—模套；3—冷却水管；4—挤压筒；5—模子；6—模垫；7—活动头

近年来，出现了液氮冷却模具的新技术，其工作原理如图 3-117 所示。图 3-117*a* 为液氮冷却模具装置的管路输送图，图 3-117*b* 为日本设计制造的 LGC（可搬动式超低温容器）装置图。

一般情况下，为简化机加工，氮的进口通道在模垫上加工出来

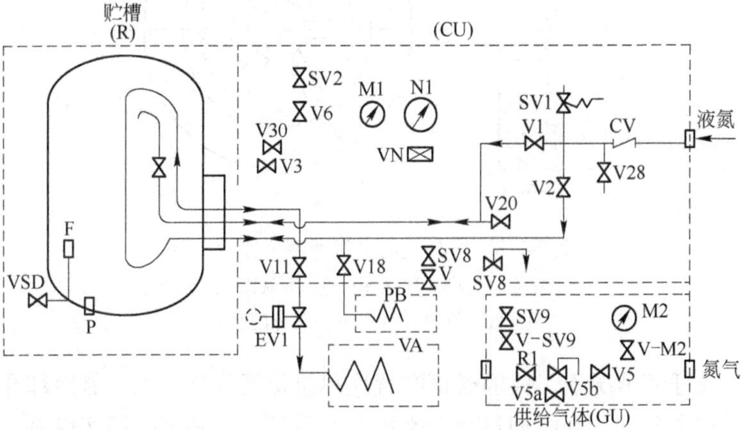

a

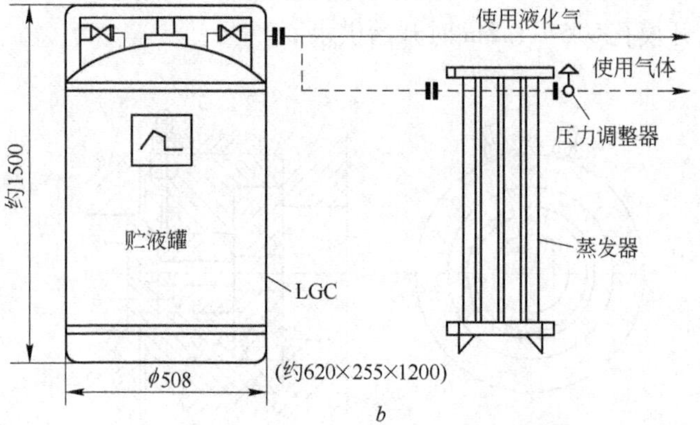

图 3-117 液氮冷却模具装配图与管路图

a—管路输送图；*b*—LGC 装置配置图

（图 3-118），这一系统被证明是很有效的。当然，现在理想的工艺趋向于在模子本体上直接机加工氮的通道，但技术难度大。

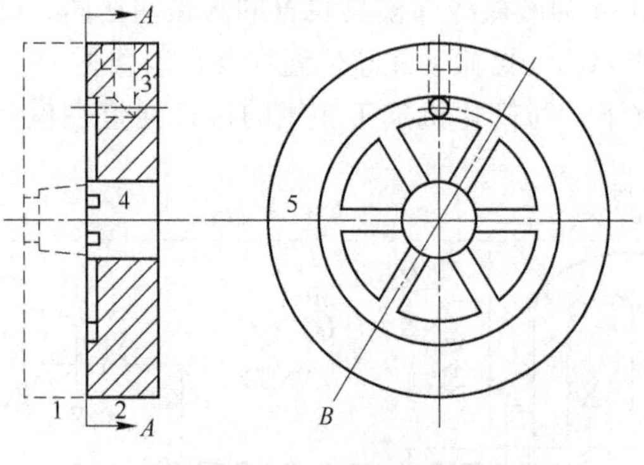

图 3-118 模具上的供氮通道位置示意图

1—平模或中空型材模；2—模垫；3—液氮或气态氮的进口；4—气态氮的出口；5—氮的分配通道

在任何情况下，氮的通道布置应尽量保证模具表面上氮冷却介质得到均匀分配，否则型材会产生扭曲变形缺陷，甚至会损坏模具。

必须说明，平模比中空型材模有更好的冷却效果，实际上，后者的模芯（舌头）没有被冷却。

一些先进的模具制造厂商，正在进行试验以冷却挤压筒前端部分或中空型材模的舌头部分，但由于技术相当复杂，至今未见到工业应用上的良好效果。

可使用液氮也可用气氮冷却模具，图 3-119 所示为挤压车间氮冷却模具布局。出于经济上的考虑，需将液氮集中储存在一个容器中。

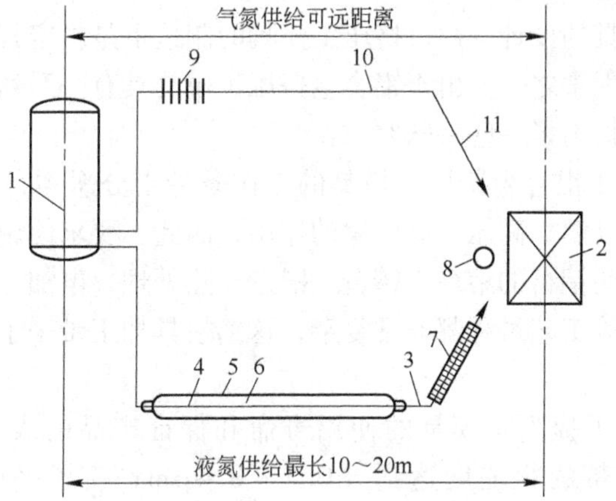

图 3-119 挤压车间模具氮冷却系统的布局示意图

1—液氮容器；2—挤压机；3—液氮管路；4—液氮管（不锈钢）；5—不锈钢套管；6—真空隔热层；7—把氮送到模具内的铜管，用多孔橡胶隔热；8—开关阀；9—热交换器；10—气氮传送管（铁）；11—把气氮送到模具内的铜管

4 铝合金挤压工模具的制造技术

4.1 挤压工模具的加工特点及其对制模技术的要求

与工模具的设计一样，挤压工模具的制造也是决定其品质和使用寿命的关键因素之一。由于铝合金挤压工模具具有一系列特点，因此对制模技术提出了一些特殊要求：

(1) 由于铝合金挤压工模具的工作条件十分恶劣，在挤压过程中需要经受高温、高压、高摩擦的作用，因此，要求使用高强耐热合金钢，而这些钢材的熔炼、铸造、锻造、热处理、电加工、机械加工和表面处理等工艺过程都非常复杂，这给模具加工带来了一系列的困难。

(2) 为了提高工模具的使用寿命和保证产品的表面品质，要求模腔工作带的粗糙度达到 $R_a0.8 \sim 0.4\mu m$，模子平面的粗糙度达到 $R_a1.6\mu m$ 以下，因此，在制模时需要采取特殊的抛光工艺和抛光设备。

(3) 由于挤压产品向高、精、尖方向发展，有的型材和管材的壁厚要求降到 0.5mm 左右，其挤压制品公差要求达到 ±0.05mm，为了挤压这种超高精度的产品，要求模具的制造精度达到 0.01mm，采用传统的工艺是根本无法制造出来的，因此，要求更新工艺和采用新型专用设备。

(4) 铝合金型材十分复杂，特别是超高精度的薄壁空心型材和多孔空心壁板型材，要求采用特殊的模具结构，往往在一块模子上同时开设有多个异形孔腔，各截面的厚度变化急剧，相关尺寸复杂，圆弧拐角很多，这给模具的加工和热处理带来了很多麻烦。

(5) 挤压产品的品种繁多，批量小，换模次数频繁，要求模具的适应性强，因此，要求提高制模的生产效率，尽量缩短制模周期，能很快变更制模程序，能准确无误地按图纸加工出合格的模子，把修模的工作量减少到最低程度。

（6）由于铝合金挤压产品应用范围日趋广泛，规格范围十分宽广，因此，有轻至数千克的外形尺寸为 ϕ100mm × 25mm 的小模子，也有重达 2000kg 以上的外形尺寸为 ϕ1800mm × 450mm 的大模子。有轻至几千克的外形尺寸为 ϕ65mm × 800mm 的小型挤压轴，也有重达 100t 以上外形尺寸为 2500mm × 2600mm 的大型挤压筒。工模具的规格和品质上的巨大差异，要求采用完全不同的制造方法和程序，采用完全不同的加工设备。

（7）挤压工模具的种类繁多，结构复杂，装配精度要求很高，除了要求采取特殊的加工方法和采用特殊的设备以外，尚需采用特殊的工装卡具和刀具以及特殊的热处理方法。

（8）为了提高工模具的品质和使用寿命，除了选择合理的材料和进行优化设计以外，尚需采用最佳的热处理工艺和表面强化处理工艺，以获得适中的模具硬度和高的表面品质，这对于形状特别复杂的难挤压制品和特殊结构的模具来说显得特别重要。

由此可见，挤压模具的加工工艺不同于一般的机械制造工艺，而是一门难度很大涉及面很广的特殊技术。为了制造出高质量和高寿命的模具，除了要选择和制备优质的模具材料外，尚需要制定合理的冷加工工艺、电加工工艺、热处理工艺和表面处理工艺。

4.2 挤压工模具制造方法及主要设备

4.2.1 挤压工模具的制造方法

20 世纪 50 年代以前，挤压模具的制造方法主要是采用车、铣、刨、钻、磨等机械加工方法和手工钳锉的方法，模子孔型靠手工锉削对照样板来进行加工，最常用的传统制模方法的流程如下：

备料及坯料复检（锻坯、超声波探伤）→粗车外形→铣印口→划型孔线→钻型孔轮廓→手工锉型或者铣型孔→对样板锉修型孔→热处理→磨两端面→精车外圆→对样板钳工锉修型孔→与相关件配合（或组装）→交验。

这种制模方法既费工又费力，加工周期长，生产效率很低，而且品质得不到保证。因此，阻碍了挤压工业的发展。

20 世纪 60 年代以后，由于电加工技术的发展，出现专门用于加工模具的先进的电火花机床和电火花线切割机床，把制模技术推向了一个新的水平。模孔加工用电加工来完成，操作方法由过去的手工钳削发展到了机械化加工和自动化加工。综合利用机械加工和电火花加工和电火花线切割加工形成了一种先进的挤压模具制造工艺。比较典型的工艺流程如下：

备料及坯料复检（锻坯、超声波探伤）→粗车外形→铣印口→划模子中心线、型孔线→钻工艺孔→热处理→磨两端面→精车外形→划模具、型孔中心线→线切割加工工作带→电火花加工出口带→钳工锉修型孔→与相关件配合（或组装）→交验。

为了提高模具表面硬度和耐磨性，挤压模具的软氮化或辉光离子氮化技术及其他模具表面处理技术获得了广泛的应用，可使模具寿命提高 2 ~ 3 倍。

挤压工具大多是用 5CrNiMo、5CrMnMo、3Cr2W8V 或 4Cr5MoSiV1 等合金钢制造，而且挤压筒、挤压轴、挤压针等大型挤压工具有特殊要求，因此，必须选择合理的热处理制度和合适的机加工工艺。如挤压筒应采用多层红装的厚壁筒加工工艺来制造，而挤压轴、挤压针等细长件则应采用加工杆状零件的工艺来进行加工。

综合上述情况，挤压工模具的基本加工方法主要有三种：冷加工法（机械加工法）、热加工法（热处理及表面处理）和电加工法（电火花和线切割等）。应该根据挤压工模具的种类、结构形式、规格大小、精度和硬度要求、批量大小、设备条件和技术水平等因素来选择不同的制模方法和拟订不同的制模工艺流程。

4.2.2 铝型材挤压模具加工工艺流程

4.2.2.1 从制模角度对铝型材挤压模具的分类

挤压模具可分为平面模（或整体模）和组合模两大类。平面模包括棒材模、管材模和型材模。型材模按型材的壁厚可分为厚壁型材模（$\delta > 3$mm）和薄壁型材模（$\delta > 3$mm）；按模块大小可分为小型模

(ϕ200mm × 50mm 以下)，中型模（ϕ260 ~ 460）mm ×（50 ~ 80）mm，大型模（ϕ500 ~ 1800）mm ×（80 ~ 400）mm；按型材的用途可分为军工及其他工业用型材模、民用建筑型材模以及带板与异形棒材模；按型材断面变化可分为阶段变断面型材模和逐渐变断面型材模等。组合模可分为平面分流组合模、舌形模或桥式模、星形模或叉架模。

4.2.2.2 典型的挤压模具加工工艺流程

图 4-1 示出了一般的型材挤压模生产过程及其信息反馈系统；

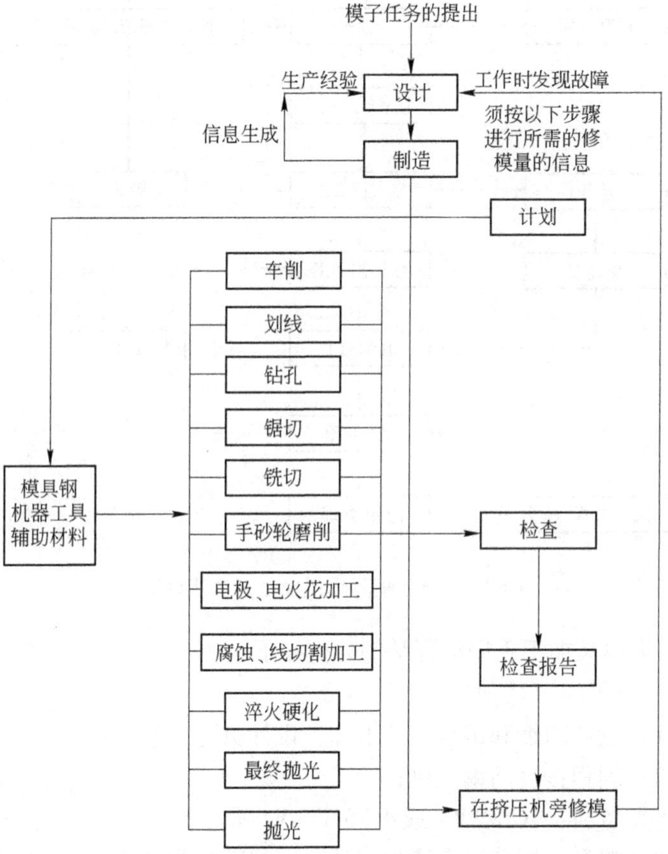

图 4-1 铝合金型材挤压模的生产过程及其信息反馈系统图

图4-2示出了挤压模通用加工工艺流程；图4-3和图4-4分别列出了平面模和分流组合模的工艺流程。

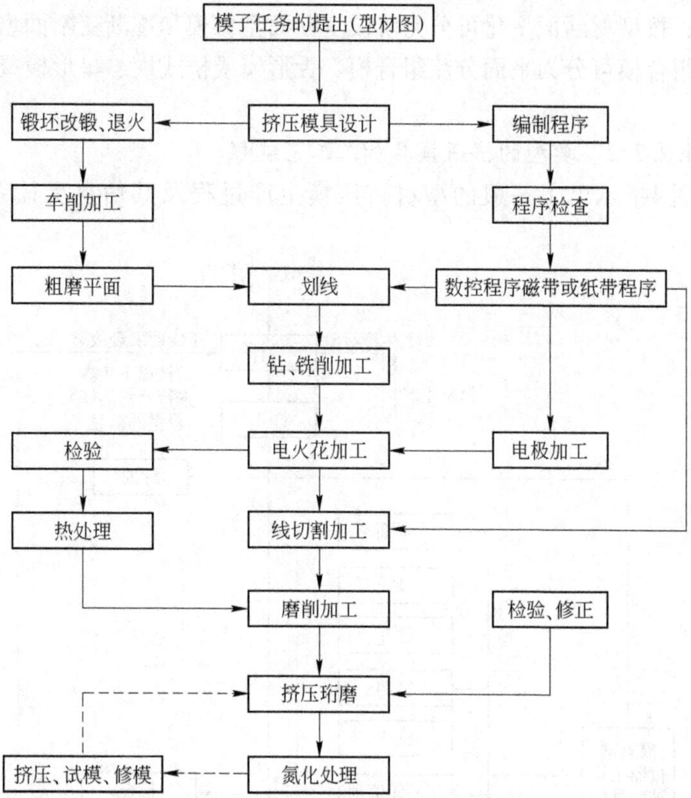

图4-2　挤压模具通用加工工艺流程图

各类模具加工工序流程举例分析如下。

A　厚壁型材模加工工序流程分析

（1）设计图纸和编写工艺卡片：设计员与工艺员；

（2）编程：自动编程机；

（3）备料：3Cr2W8V或4Cr5MoSiV1锻坯；

（4）粗车：用普通车床加工外形，留精加工余量；

（5）铣：印记口；

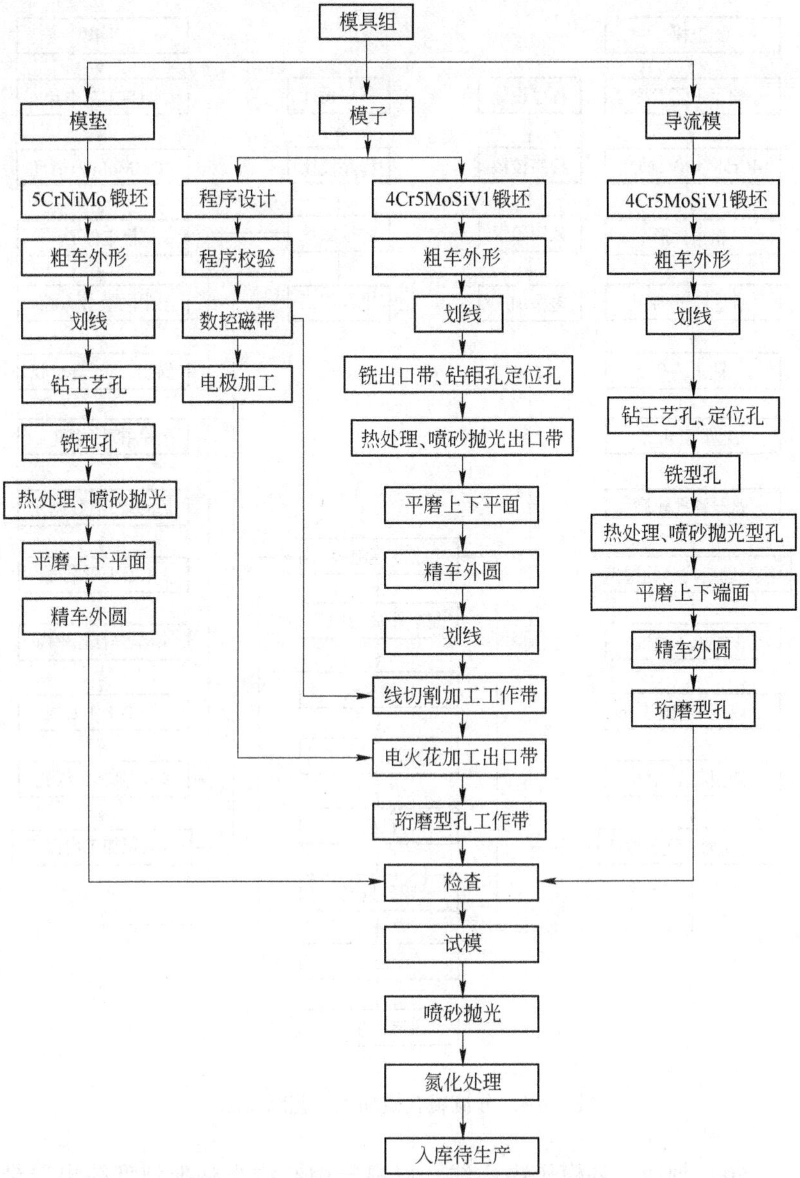

图 4-3 平面挤压模模组加工工序流程图

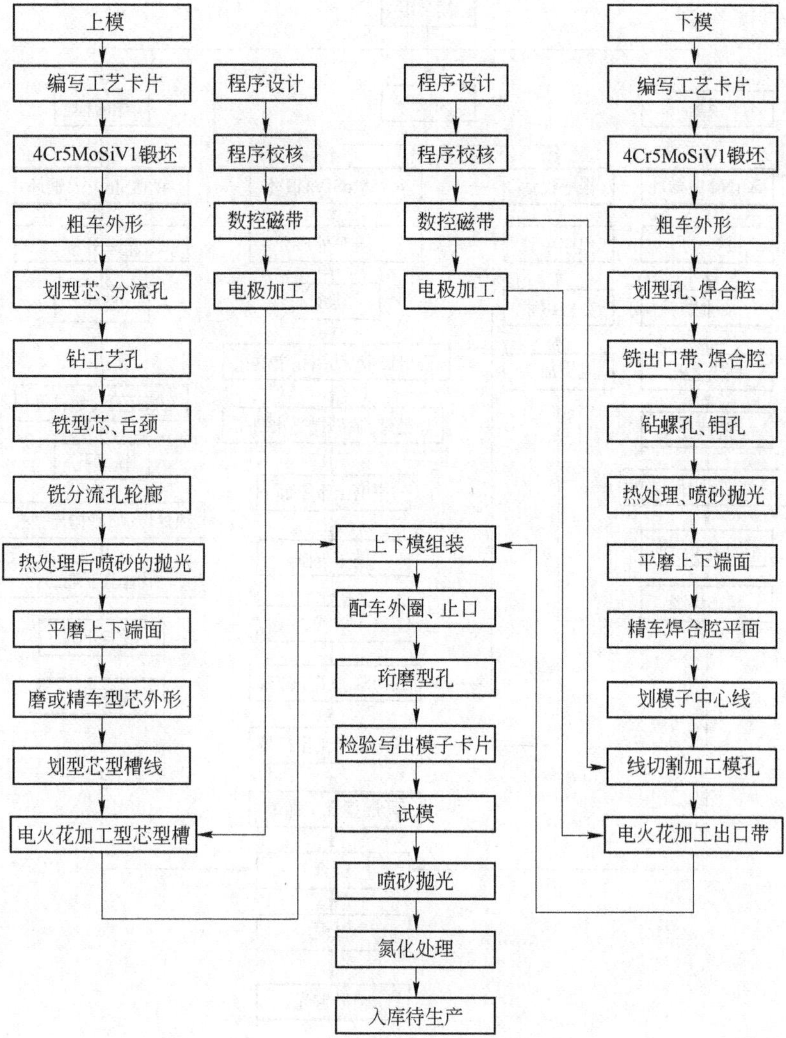

图 4-4　分流组合模加工工艺路线图

（6）划线：划模子中心线，以模子中心线为基准划型孔出口带线及钼丝孔的坐标位置线，并划出销钉孔，打好印记；

（7）铣：加工出口带、型孔宽度加工到名义尺寸，深度加工到工作带最高处为止；

(8) 钳：钻钼丝孔、定位销孔，清除型孔残渣；

(9) 热处理：淬火与多次回火，硬度达到 HRC46 ~ 50；

(10) 磨：平磨模子两端面，使之两端面的不平行度及与轴线的不垂直度允许差为 0.03mm；表面粗糙度 R_a 为 1.6μm。

(11) 精车：精车外圆，其公差为公称尺寸的下偏差，外圆与两端面的不垂直度允差为 0.01mm。

(12) 划线：划模子中心线。

(13) 线切割：按模子坐标将工件装卡在工作台上、输入程序切割型孔工作带时，工人按工作带高度调节电流的大小，以防烧损工作带壁面和断丝，型孔尺寸公差一般要求为 -0.08 ~ -0.1mm；表面粗糙度为 R_a3.2 ~ 1.6μm。

(14) 电火花：用石墨作阳极加工出口带，工作带各区域应圆滑过渡，防止出现棱角。

(15) 钳：用什锦锉、粗细砂布、金相砂纸依次修整并抛光型孔，型孔尺寸精度为 -0.05 ~ -0.01mm，表面粗糙度 R_a 为 1.6μm，最后加工出金属流动阻碍角。

(16) 珩磨：在挤压珩磨机上磨型孔工作带，表面粗糙度 R_a 值达 0.8 ~ 0.4μm。

(17) 检查：按模子标准检验模子外形；按设计图纸检验型孔尺寸及表面粗糙度，写出模子卡片。

(18) 试模与修模：生产工与修模工配合，在挤压机上试挤压，然后按图纸与技术条件检查挤压产品。当产品不合格时，应进行修模，直至合格为止。

(19) 抛光：在液体喷砂机床上去除模子各处的残渣和氧化皮。

(20) 氮化：对型孔宽度 $\delta > 3$mm 的模子在辉光离子氮化炉内氮化，对模孔宽度 $\delta < 3$mm 的模子在软氮化炉内氮化，氮化后的模子表面硬度 HRC 为 61 ~ 62，氮化层深度为 0.15 ~ 0.25mm。

(21) 交货使用：制模技术员可随时到生产部门统计模子实际使用情况，以便确定和改进模子加工工艺。

B 薄壁型材模加工流程分析

（1）设计图纸和编写工艺：设计员和工艺员。

（2）编程：自动编制程序。

（3）备料：3Cr2W8V 或 4Cr5MoSiV1 锻坯。

（4）粗车：用普通车床加工外形，留出精加工余量。

（5）铣：铣印记口（对模子，印记口设计在模子出口带一面）。

（6）划线：划模子中心线，以中心线为基准划出钼丝孔的坐标位置、销钉孔、打印记号。

（7）钳：钻钼丝孔、销钉孔，并清除切屑。

（8）热处理：淬火与多次回火，硬度达到 HRC46～50。

（9）抛光：在液压喷砂机上，清除钼丝孔内氧化皮，以防加工型孔时发生绝缘现象。

（10）磨：平磨两端面，使之两端面的不平行度及与轴线的不垂直度允差为 0.03mm，表面粗糙度 R_a 为 1.6μm。

（11）精车：精车外圆，其精度为公称尺寸的下偏差，外圆与两端面的不垂直度允差为 0.01mm。

（12）划线：划模子中心线。

（13）线切割：按模子坐标找正夹紧后，穿丝切割型孔，型孔尺寸公差控制在 -0.07～-0.08mm，表面粗糙度为 R_a3.2～1.6μm。

（14）电火花：用成形石墨阳极加工出口带，当出口带加工到型孔工作带最高处时，将电极取下，按工作带高度的不同进行修整后重新找正夹紧，继续加工型孔出口带，保证工作带高度方向各过渡区圆滑过渡，空刀尺寸加工到位。

（15）钳工：用什锦锉、细砂布、金相砂纸依次修平型孔工作带线切割后的钼丝并抛光到 R_a1.6～0.8μm，型孔尺寸公差为0～-0.05mm。

（16）珩磨：在挤压珩磨机上磨模子型孔，表面粗糙度为 R_a0.4μm 以下。

（17）检验：按模子标准检查模子外形，按设计图纸检查模子型孔尺寸及表面粗糙度并写出模子卡片。

（18）试模与修模：生产工与修模工配合，在挤压机上试挤压，然后按图纸与技术条件检查挤压制品。当产品不合格时，应进行修模，直至合格为止。

（19）氮化：薄壁型材模需采用软氮化炉进行气体氮化处理，型孔各区域的渗氮层深度应均匀，表面硬度适中（HRC61~62）。

（20）交货使用：制模技术员可随时到生产部门统计模子实际使用情况，以便确定和改进模子加工工艺。

C 平面分流组合模加工流程分析

（1）编写工艺卡片：工艺员按图纸和技术要求编写上下模加工卡片。

（2）备料：3Cr2W8V 或 4Cr5MoSiV1 锻坯。

a 上模加工流程

（1）粗车：粗车外形，留精加工余量 1.5~2mm，同时粗车出芯头的最大外接圆，表面粗糙度 R_a 为 12.6μm。

（2）划线：划模子中心线，以中心线为基准划出芯头外形、分流孔，打印记。

（3）铣或刨：芯头外形。

（4）钳：钻分流孔、钻铰螺钉孔。

（5）铣：铣分流孔、桥部、表面粗糙度 R_a 为 12.5μm。

（6）钳：修正分流孔、桥部、表面粗糙度 R_a 为 6.3μm。

（7）热处理：淬火与多次回火，硬度 HRC 达到 46~50。

（8）平磨：平磨模子两端面，两端面的不平行度允差 0.01mm，尺寸公差按图纸设计加工，芯头顶部磨光，表面粗糙度 R_a 为 1.6μm；

（9）划线：以模子中心线为基准划芯头中心线（对偏芯头和多芯头而言），划模子芯头上的型槽线。

（10）刃磨：磨芯头外形，尺寸公差为 +0.05mm，表面粗糙度 R_a 为 1.6μm；

（11）电火花：用粗、精电极加工芯头上的型槽工作带，尺寸公差 -0.05mm，表面粗糙度 R_a 为 3.2μm，用石墨电极加工型槽出口带及金属入口。

（12）钳工：抛光芯头、分流孔、桥部，芯头及芯头上的型槽，表面粗糙度 R_a 为 1.6μm；分流孔、桥部表面粗糙度 R_a 可为 3.2μm，然后与下模相配合。

b 下模加工流程

（1）粗车：粗车外形，留精加工余量1.5～2mm。

（2）划线：划焊合腔轮廓、型孔出口带、螺栓孔、定位孔，打印。

（3）铣：铣焊合腔、型孔出口带。

（4）钳工：钻钼丝孔、螺栓孔、定位孔。

（5）热处理：淬火与多次回火，硬度HRC达到46～50。

（6）磨：平磨两端面，其不平行度允差0.01mm，尺寸公差按图纸设计要求。

（7）精车：精车止口及模子结合面，表面粗糙度 R_a 为1.6μm，结合面与两端面不平行度允差0.01mm。

（8）划线：划模子中心线。

（9）线切割：按坐标找正并装紧后卡在工作台上切割型孔，尺寸公差为－0.07～－0.08mm，表面粗糙度 R_a 为3.2～16mm。

（10）电火花：用石墨电极加工出口带，表面粗糙度 R_a 为6.3μm，工作带各区圆滑过渡。

（11）钳工：修整型孔，工作带尺寸公差－0.05mm，表面粗糙度 R_a 为1.6μm。与上模装配，上下模装配后形成型孔尺寸公差－0.05mm，配定位销后螺栓把紧，送车工精车。

（12）精车：在普通车床上用四爪卡盘找正，卡紧后精车上下模外径、上下模止口，尺寸公差按模具标准，表面粗糙度 R_a 为3.2μm。

（13）珩磨：装配好的模子在挤压珩磨机上磨型孔，表面粗糙度 R_a 为0.4μm。

（14）检查：上下模装配好后做整体检查，外形按模子标准检查、型孔尺寸公差、表面粗糙度都按图纸检查并写出报告卡片。

（15）试模：生产工与修模工配合，在挤压机上试挤压，然后按图纸与产品技术条件检验挤压产品。当产品不合格时，应进行修模，直至合格为止。

（16）抛光：在液压喷砂机床上去除模子外形、分流孔、焊合腔、出口带、桥部的残渣和氧化皮。

(17) 氮化：上下模分炉氮化，模子工作带表面硬度为 HRC61～62，氮化层深度为 0.18～0.2mm。

(18) 交货使用：分流模的加工、设计是密切相关的，只有设计合理、加工方法得当，才能有好的使用效果。生产当中模子出现开裂、塌腔等现象时，设计员、制模工艺员都要认真分析损坏原因，做到有的放矢地改进设计方案或加工方法。

D 挤压工具的加工流程

挤压工具加工流程都较模子简单，如挤压垫、前后环、模支承、挤压轴、挤压筒、针支承等工具的加工流程基本相似，因此不一一写出，下面仅以挤压筒和挤压轴为例，对铝合金挤压大型基本工具的加工工序流程做一简要说明。

a 挤压筒内外套的加工流程分析

编写工艺卡片：工艺员按图纸和技术条件编写工艺卡片。

备料：3Cr2W8V、5CrMiMo 或 4Cr5MoSiV1 锻坯。

镗或车：平两端头、表面粗糙度达 R_a6.3μm 时进行超声波探伤，检查内部组织，如内部陷（夹渣、气孔、疏松等）超技术标准时，则不能使用。

粗车：粗车，外径 +(4～5)mm，内孔 -(3～4)mm，不同心度不大于 0.5～1.0mm，长度 +(3～4)mm，表面粗糙度达 R_a12.5μm。

划线：起吊孔、测温孔。

镗：钻起吊孔底孔、测温孔。

钳工：套起吊孔丝扣。

热处理：首先退火，然后淬火与多次回火，外套 HRC38～42，内套 HRC44～47。

精车：精车内外圆，尺寸公差按图纸设计要求，长度锥度不超出内外径公差的 1/3，内外圆的不同心度允差为 0.02mm；精车两端面，不平行度允差为 0.02mm，与轴线的不垂直度为 0.02mm，表面粗糙度 R_a 为 3.2μm。

珩磨：磨内套的内外圆和外套内圆，同时在车床上一次装卡完成，表面粗糙度 R_a 为 1.6μm；

检查：检查员按图纸和技术标准检查并写出报告卡片。

热处理：将检查合格的挤压筒装炉进行低温回火，消除内部应力。

b 挤压轴的加工工艺流程分析

编写工艺卡片：工艺员按图纸和技术要求编写工艺卡片。

备料：3CrW8V、5CrMiMo 或 4Cr5MoSiV1 锻坯。

膛：平端头，钻顶针孔，顶针孔的直径根据加工件的质量而定。

粗车：工作杆和尾部外径 +(3~4)mm，总长度 +3mm，表面粗糙度 R_a 为 12.5μm 以下，工作端面的起吊孔应同时加工好。

划线：以轴的中心线为基准划尾部配合键槽和定位键槽线。

刨或插：尾部配合键槽。

热处理：淬火与多次回火，硬度达到 HRC44~47。

精车：首先精车出尾部的夹位，然后掉头夹紧，精车工作杆，工作杆尺寸公差 -0.1mm，表面粗糙度 R_a 为 3.2μm；最后调头精车尾部配合部位，其外径要求与工作杆同心。

钳工：手工抛光尾部键槽，表面粗糙度 R_a 为 3.2μm。

检查：检查员按图纸和工具标准检验并写出报告卡片。

c 模垫加工工艺

模垫加工工艺为锻坯→粗车→划线→钻孔→铣削→热处理→型孔喷砂→钳修→平磨→检验。

制造挤压模具的工艺流程、工序和工艺参数及设计要素，在国外已标准化，我国已拟草标准，但未定稿。由佛山永信模具有限公司根据日本标准制定出了挤压模具原材料（QW/YX-NKO1）、热处理（QW/YX-NKO2）、成品模具（QW/YX-NKO3）、机加工（QW/YX-NKO5）、电加工（QW/YX-NKO4）等内部控制标准，可供参考。

4.2.3 主要制模设备

制模设备主要包括冷加工（机械加工）设备、电加工设备和热加工（热处理）设备。以下仅对几种常用的或必须使用的主要设备做简略介绍。

4.2.3.1 机械加工设备

(1) 车床。用来加工型材模子外圆和端面、单孔棒模和管材模，也是加工挤压筒、挤压轴、挤压针和其他工具的主要设备。常用的有卧式车床和立式车床，先进的制模工厂还有数控车床。

(2) 镗床。主要用来加工挤压筒、挤压轴及带有内孔的工具和多孔模子。为了提高加工精度和生产效率，有的工厂还配备了数控坐标镗床。

(3) 铣床。是加工模子的主要设备之一，主要用来加工模子型孔的出口带、焊合腔、分流孔、键槽和厚壁型材模子的工作带等。经常使用的铣床有立式升降铣床、卧式升降铣床，万能工具铣床，仿形铣床和数控铣床等。

(4) 磨床。主要用来磨模子两端面，模子芯头，管模内孔，挤压针，针前端及其他工具等。常使用的磨床有平面磨床，圆盘磨床，万能工具磨床和万能内外圆磨床。

(5) 刨床。主要用来加工模子芯头和其他工具，采用液压刨和牛头刨即能满足加工挤压工具的要求。

(6) 数控加工中心。这是现代挤压模具加工必备的设备之一，主要用于加工复杂多孔的分流组合模及多型腔模具，其加工精度高，生产效率高，可同时进行多轴多刀加工，大有替代铣床、镗床、钻床等传统机加工机床之势。

4.2.3.2 电加工设备

(1) 自动制图机。主要用于挤压工模具的设计和制图，以提高工作效率和图纸精度。其特点有：可根据程序绘制透视图、投影图等多种图形；提高描图速度；可同时计算横断面积和周长。缺点是描绘时间比数据输入时间要长。

(2) 自动编程机。根据产品图纸或挤压工模具图纸与有关的技术文件自动编制加工程序，并输出纸带或磁带，用于加工电火花电极、线切割模孔或模垫型腔等。

(3) 电火花加工机床。主要用来加工挤压模的工作带和出口带。其特点是采用和工件形状相同的石墨电极或紫铜电极进行放电加工。

(4) 自动石墨电极成形机。主要用来加工电火花机床用的石墨电极。其特点是加工精度高、速度快、表面光洁。

（5）电火花线切割机床。主要用于加工模子的工作带。其特点是使用金属丝做电极，按工件所需的形状像移动线锯那样自动地进行电火花加工。其主要优点是：不需要制作电极；用数控控制形状，加工精度高；经常送入新的金属丝，电极消耗少，放电不带斜度；总的加工周期短。主要缺点是只能加工通孔。

（6）电解加工机床。它是利用所需形状的电极作为阴极，以工件作为阳极，当阴、阳极非常接近时（一般为 0.02 ~ 0.7mm），则通过电解液进行放电，使阳极溶解而加工成所需形状，所以又称为电化学加工机床。其优点是加工速度快，不消耗电极，不出现加工硬化；缺点是加工精度差，加工表面较粗糙。

4.2.3.3　热处理设备

（1）淬火装置。主要有高、中温淬火炉，气体淬火炉，盐浴炉，可控气氛淬火炉，真空淬火炉，连续淬火炉，火焰淬火炉，淬火槽等。

（2）回火装置。目前，工厂里主要用电炉或燃气炉进行回火处理。

（3）表面处理设备。目前应用较广的有辉光离子氮化炉、气体氮化炉、气体软氮化炉以及渗碳、渗硫、多元共渗和 PVD、CVD 等表面处理装置。

4.2.3.4　其他设备

（1）检测设备。主要为各种硬度计、工具显微镜、光谱仪及其他理化检测设备等。

（2）模孔检验设备。主要有模孔形状与尺寸光学投影仪、表面粗糙度测定仪、表面层深度及表面显微硬度测定仪等。

（3）修模与抛光设备。主要有手动抛光机、机械抛光机、电动抛光机、挤压磨机、液体喷丸机和复合修模抛光机等。

4.2.3.5　制模生产线设备举例

工模具生产设备的种类、型号、台数应根据工模具的种类、生产规模的大小、制模工艺水平来确定，举例如下：

（1）日本高取制作所年产 700 套大中型型材模具生产线设备如表 4-1 所示。

表 4-1 日本高取制作所年产 700 套大中型型材模具生产线设备

序号	工　序	设备名称	设备制造厂	型　号	台　数
1	材料切割	带　锯	阿玛古	H-400	1
2	毛坯加工	车　床	池贝铁工	A25-1000	1
3	编程序	数控编程机	贾帕克斯	EJAPT	1
4	程序检查	自动绘图机	贾帕克斯	DF12	1
5	划　线	平台	那贝雅	2000×1000×150	1
6	模子钻孔	钻　床	吉田铁工所	YD394CIN	1
7	模具粗加工	铣　床	牧野铣	KGAP-55	1
8	模具加工	铣　床	牧野铣	KGAP-55	1
9	模具加工	数控加工中心	日　本	KGAP-55	1
10	线切割	线切割机	贾帕克斯	DXC30（NP10）	1
11-1	热处理	气体淬火炉	东海高热工业	F6160	1
11-2	热处理	装炉，出炉托盘	东海高热工业		1
11-3	热处理	EN 气体发生炉	东海高热工业	EN5E	1
11-4	热处理	回火炉	东海高热工业	EN5E	1
11-5	热处理	氮化炉	东海高热工业	1184B01	1
12-1	W/C 线切割	W/C 线切割机	贾帕克斯	LXE35	1
12-2	模子钻孔	螺孔线切割机	贾帕克斯	SDX-10NC	1
13-1	平面磨	旋转工平面磨床	市川制作所	1CD-603	1
13-2	精加工	车　床	池贝铁工	A25-1000	1
14-1	检　查	硬度计（洛氏）	明石制作所	AR10	1
14-2	检　查	硬度计（维氏）	明石制作所	MVK-F	1
15-1	电火花加工	电火花机床	阿玛古	V-500	1
15-2	电火花加工	锉　床	矢代工厂	YH-500	1
16-1	电极加工	电极成形机	电帕克斯	EMM30	1
16-2	电极加工	铣　床	牧野铣	MH20	1
16-3	电极加工	台式钻床	芦品铁工	ASD-360	1
17-1	模子修理	交直流两用电焊机	大阪变压器厂	AES-3001	1
17-2	模子修理	辅助工具			1

（2）我国某厂年产5000套型材模具生产线的设备情况，如图4-5所示。

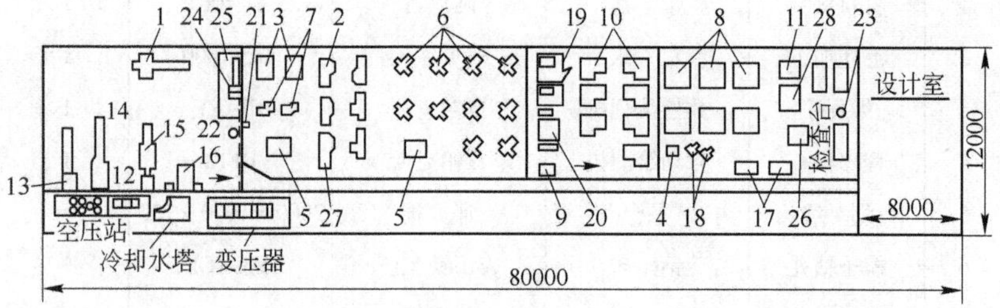

图4-5 我国某厂年产5000套型材模具生产线的设备平面布置图

1—半自动带锯；2—车床；3—立钻；4—台钻；5—划线台；6—转动铣床及多轴多数控加工中心；7—带锯；8—万能电火花机床；9—数控电火花机床；10—线切割机床；11—旋转磨床；12—淬火炉；13—保护气体发生器；14—转换装置；15—回火炉；16—氮化炉；17—电极成型机；18—立式铣床；19—数控磁带编程机；20—自动绘图机；21—万向工具磨床；22—洛氏硬度计；23—维氏硬度计；24—电焊机；25—刀具间；26—信息处理系统；27—车床；28—挤压珩磨机

（3）我国某厂年产1000套型材模具和100t/a挤压工具的生产设备线，如表4-2所示。

表4-2 我国某厂1000套/a型材模具和100t/a挤压工具的生产设备线

序 号	设备名称	设备型号	规格/mm	台 数
1	普通车床	CW6163	630×1350	2
2	普通车床	C630	615×2800	1
3	普通车床	CA6140	400×2000	1
4	普通车床	CA6140	400×750	6
5	普通车床	C616	320×750	1
6	普通车床	CW61100	1000×3000	1
7	普通车床	CW61100	1000×5000	1
8	立式车床	C512A	ϕ1250	1
9	牛头刨床	B690	650	1

续表 4-2

序　号	设备名称	设备型号	规格/mm	台　数
10	液压刨床	B665	690	1
11	插　床	B5050	500	1
12	万能升降台铣床	X62W	320×1250	1
13	立式升降台铣床	X52X	320	1
14	万能工具铣床	X8126	280×700	3
15	摇臂钻床	Z35	ϕ50	1
16	摇臂钻床	Z35	ϕ40	1
17	立式钻床	Z525	ϕ25	1
18	台　钻	Z406A	ϕ6	1
19	圆锯床	G6010		1
20	弓锯床	C72		1
21	平面磨床	M7130	300×1000	1
22	立柱圆台平面磨床	M7475B	750	1
23	万能外圆磨床	B131W		1
24	外圆磨床	MQ1350A		1
25	万能工具磨床	MQ6025A		1
26	井式电阻炉	RJ-100-12	ϕ800×2000	1
27	井式电阻炉	RJ-95-9	ϕ800×2000	1
28	箱式电阻炉	RJX-75-9		1
29	箱式电阻炉	RJX-70-12		1
30	辉光离子氮化炉	LD50A		1
31	液体喷砂机	S5-1G		1
32	单柱校正液压机	T41-100	1000	1
33	高频脉冲电蚀加工机床	D6140		2
34	电火花穿孔机床	D6125G		1
35	电火花穿孔机床	D7125		1
36	自动编程机	EJAPT		1
37	自动绘图机	DF12		1

续表 4-2

序　号	设备名称	设备型号	规格/mm	台　数
38	数控线切割机	LS350S		1
39	石墨成型机	EMM30		1
40	数控线切割机	DK6725A		1
41	立柱式挤压磨机	SPECTRVM	ϕ2003	1
42	划线平台		2000×1000×150	2
43	硬度计	HR－150A	150	1
44	硬度计	罗氏		1
45	砂轮机	M3040A	ϕ400×40	1
46	砂轮机	M3030	30030	1
47	数控机床	多轴多刀	MV760	2

（4）兴发集团年产 15000 套型材模配套的主要设备，如表 4-3 所示。

表 4-3　兴发集团年产 15000 套铝型材挤压模生产线设备配置

设备名称	型号规格	台数	制造厂家	安装地点
电火花成型机床	CD-90M	1	中国台湾庆鸿机电公司	模具车间
可编程式放电加工机	E46P	7	中国台湾庆鸿机电公司	
可编程式放电加工机	E46PM	2	中国台湾庆鸿机电公司	
可编程式放电加工机	EA22		日　本	
数控加工中心	MV. 760		中国台湾丽伟	
数控加工中心	MCV-760BP		中国台湾丽伟	
电火花线切割机	DK7732A	10	广东省乐昌机床厂	
电火花数控线切割机	DK7740	4	泰州市雄蜂机械厂	
电火花数控线切割机	DK7732	1	长风机械厂	
慢走丝线切割机床	FA20	3	日本三菱重工株式会社	
硬度计	HR150-A		杭州仪器厂	
液氮瓶	1944		常州飞机制造厂	

续表 4-3

设备名称	型号规格	台数	制造厂家	安装地点
立式万能带锯			日 本	
普通车床	C6132A1	2	广州机床厂	
卧式车床	CW6180A	1	广东省机床厂	
普通车床	C6246A	2	广州机床厂	
马鞍车床	CA6250B	1	沈阳第一机床厂	
牛头刨床	B665	1	佛山市农机修造厂	
钻铣机床	ZX32	1	江西重型机床厂	
台式攻丝机	S4016	1	滕州机床厂	
台式钻床	S4013A	1	广东中山机床厂	
台式钻床		1	杭州西湖机床厂	
高速精密台式钻床	Z4004	1	广州机械工具分厂	
电焊机		1	广州遇焊机厂	
摇臂钻床	Z3050×16	1	沙市第一机床厂	
十字工作台立式钻床	Z5940	1	云南第三机床厂	模具车间
摇臂钻床	Z3050×16	1	沙市第一机床厂	
立式钻床	ZQ5035	2	浙江海门机床厂	
仿形摇臂万能铣床	XF6325	1	南通机床厂	
万能升降台铣床	XA6132	1	北京市第一机床厂	
数控立式升降台铣床	X5032A	2	长征机床厂	
万能回转头铣床	XQ6225A	2	杭州铣床厂	
松顺铣床	N-5M	1	松顺精密机械有限公司	
卧轴矩台平面磨床	M713OG	1	四川磨床厂	
卧轴矩台平面磨床	GB004	1	桂北磨床厂	
卧轴矩台平面磨床	M713OG	1	桂北磨床厂	
卧轴矩台平面磨床	MYS7115	2	裕海工贸有限公司	
普通车床	6132A1	1	广州机床厂	
松顺铣床	S-55	1	松顺精密机械有限公司	
立式升降台铣床	X5032A	3	长征机械有限公司	

续表 4-3

设备名称	型号规格	台数	制造厂家	安装地点
低压配电柜	BFC-2O	1	汕头红卫电器厂	
马鞍车床	C6256A	1	广州机床厂	
万能回转头铣床	XA6132		浙江启新机床厂	模具车间
台式仪表车床	CJ0630-300	2	上海先发机床厂	
万能回转头铣床	XA6132		北京第一机床厂	
立式带锯床	5-360		中国台湾	
吊　机	2T	2	南海市南桂起重机械厂	
双室真空热处理炉	ZC2-65	1	首都航天机械厂	
双室真空热处理炉	ZC2-100	1	首都航天机械厂	
真空热处理炉	KH-VFB600	1	韩国 KPT 公司	
回火炉	KH-PT850	1	韩国 KPT 公司	
氮化炉	KH-GP9000	1	韩国 KPT 公司	
井式氮化炉	FS-77-1	1	佛山电炉厂	
可控井式氮化炉	FN-60-6K	1	南京摄山电炉厂	热处理车间
井式氮化炉	PSL-77-14	1	佛山电炉厂	
井式氮化炉	FS-77-15	1	佛山电炉厂	
脉冲真空井式氮化炉	FN-75-6KM	1	南京摄山电炉厂	
空气压缩机	GA37P-8	1	无锡阿特拉斯.科普柯公司	
变压吸附制氮机	FD-55-39	1	广州加保利工业设备公司	
氮气纯化装置	DCZ-50/5	1	广州加保利工业设备公司	
再热再生干燥器	HQZ-1/8	1	南通三维气体设备公司	

4.3　机械加工制模技术

4.3.1　车床加工

车床加工分粗车和精车两道工序。

粗车是工模具加工的第一道工序，其目的是将下料并经改锻的锻坯按图纸的外形尺寸车削内外圆直径、各种台肩和平面。由于挤压工模具都是用3Cr2W8V、5CrMnMo或4Cr5MoSiV1、4Cr5MoSiV等高合金钢制造的，所以粗车时的加工余量（留量）、车削速度、进刀深度、刀具的选择（材料和刀刃各角度等）与用一般材料车削机械零件时的参数不同，如表4-4所示。

表4-4 工模具粗车工艺参数

零件名称	所用设备	内径留量/mm	外径留量/mm	平面留量/mm	切削速度/(m·min^{-1})	吃刀深度/mm	粗糙度R_a/μm	刀具材料	前角α/(°)	后角γ/(°)
平面模	C6140A	—	0.8~1.2	0.8~1.2	60~70	3~5	12.5	YT15或YW2	3~5	5~8
组合模	C6063	—	0.8~1.2	1~1.5	60~70	3~5	12.5	YT15或YW2	3~5	5~8
模垫，前后环	C6063	—	0.8~1.2	0.8~1.2	60~70	3~5	12.5	YT15或YW2	3~5	5~8
挤压筒	CW61100	3~4	4~6	3~4	50~60	5~8	12.5	YT15或YW2	3~5	5~8
挤压轴	CW61100	—	4~6	3~4	50~60	5~8	12.5	YT15或YW2	3~5	5~8
挤压针	C6140	—	3~4	2~3	50~60	3~5	12.5	YT15或YW2	3~5	5~8
模支承	CW61100(C6063)	3~4	4~5	3~4	50~60	5~8	12.5	YT15或YW2	3~5	5~8

精车是工模具淬火、回火以后按图纸尺寸加工到成品尺寸（需要磨削加工的部位一定要留有磨量）的一道工序。工模具淬火、回火后的硬度要求一般为HRC40~52，因此，要合理选择刀具材料、刀具角度、车削速度、进刀量等工艺参数才能达到技术要求。精车和粗车所用的设备基本相同，最好精车和粗车不要使用同一机床。精车以后的表面粗糙度一般要求R_a为3.2~1.6mm，精车后的尺寸公差应保持在±0.05mm以内。精车时的主要工艺参数如表4-5所示。

表 4-5　精车工艺参数

零件名称	所用设备	材料硬度 HRC	磨削留量 /mm	切削速度 /(m·min^{-1})	吃刀深度 /mm	加工精度 /mm	刀具材料	前角 α /(°)	后角 γ /(°)	粗糙度 R_a /μm
平面模	C6140	42～50	—	40～50	0.2～0.5	±0.05	YT30 或 YW2	2～3	1～2	3.2
组合模	C6063	42～50	—	40～50	0.2～0.5	±1	YT30 或 YW2	2～3	-1～2	3.2
模垫、前后环	C6063	42～46	—	40～50	0.3～0.6	±1	YT30 或 YW2	2～3	-1～2	3.2
挤压筒	CW61100	38～44	0.4～0.5	40～50	0.3～0.6	±1	YT30 或 YW2	2～3	-1～2	3.2
挤压轴	CW61100	38～44	0.4～0.5	50	0.3～0.6	±1	YT30 或 YW2	2～3	-1～2	6.3～3.2
挤压针	C6140A	42～46	0.4～0.5	50	0.3～0.6	±1	YT30 或 YW2	2～3	-1～2	6.3～3.2
模支承	C6063	42～48	—	40～50	0.2～0.5	内±0.05 外±0.05	YT30 或 YW2	2～3	-1～2	3.2

4.3.2　铣床加工

铣削这道工序主要用于加工厚壁型材模出口带，大中型平面模的工作带、出口带以及平面分流组合模的焊合腔、分流孔。加工模具型孔和加工一般机械零件不一样，由于模孔形状复杂、断面变化剧烈，为了圆滑过渡，要求选用特殊的刀具和铣削工艺。表 4-6 列出了各种模具的主要铣削加工工艺参数。

铣削加工是模具机械加工中的最关键工序，所占加工时间的比例也最大。铣削主要用来加工模子出口带、分流孔、焊合腔、模芯、前室腔、键槽和氮化通道等。

表 4-6 各种模具的主要铣削加工工艺参数

模子名称	模子加工部位	设备型号	刀具名称	刀具材料	精度/mm	粗糙度 R_a/μm
平　模	出口带	X8125、X52K	钻头、键槽铣刀	W18Cr4V	±0.3～0.5	12.5
平面组合模上模	分流孔、桥部	X52K	平头铣刀、15°角变刀	W18Cr4V	±0.3～0.5	12.5
平面组合模下模	焊合腔、出口带	X8126、X52K	钻头、平头铣刀、R 铣刀	W18Cr4V	±0.3～0.5	12.5
模支承	定位键槽	X52K	平头铣刀	W18Cr4V	±0.1～0.5	6.3

（1）出口带的铣削。可采用立铣或数控铣床进行加工。出口带的铣削可分为锥形铣削和圆柱形同心铣削两种方式。

锥形铣削具有如下优点：锥形出口带宽度可小于圆柱形出口带，因而可增加模子强度；锥形铣削出口带可以一次完成；锥形出口带便于型材导出。

（2）模芯的铣削。由于分流孔和模芯的形状比较复杂，所以需要采用结构强度高和功率高的铣床，关键技术是在各加工工序中选用各种不同的特种铣刀：对中空型材模具的模芯后角应用长锥形柄的特殊铣刀铣削出用一般 T 形槽铣刀所不能加工的部位；用长柄小直径铣刀铣削分流组合模和导流模的入口通道；用棒铣刀铣削分流孔和焊合室。

4.3.3 磨床加工

一般用平面磨床磨削模子两端面，用万能工具磨床磨削组合模芯头，磨削工艺参数如表 4-7 所示。

4.3.4 钳工加工

钳工钳修模子是模具加工的关键工序之一。钳修主要包括钳修型孔工作带，保证尺寸精度和降低表面粗糙度，修平出口带、焊合腔、分流孔和桥部的刀纹、棱角，去除氧化皮，组装，磨模子等工作。钳修模子的主要工艺参数列于表4-8中。

表4-7 各种模子磨削工艺参数

模具名称	模子加工部位	设备型号	砂轮形状	砂轮种类	砂轮粒度	砂轮规格/mm	加工精度/mm	粗糙度 $R_a/\mu m$
平模、组合模下模、组合模上模、舌型模外套、模垫、模支承	两端面	M7130 M7475B	平行砂轮	白刚玉	40号~80号	ϕ400×ϕ127×40	±0.05	1.6~0.8
组合模上模	芯头	MQ6025A	碗形砂轮	白刚玉	—	—	±0.05	1.6~0.8

表4-8 钳修模子的主要工艺参数

模子名称	模子加工部位	加工精度/mm	加工粗糙度 $R_a/\mu m$	使用设备(工具型号)	使用锉刀种类	使用砂布型号	检测工具
平模,组合模上、下模	工作带	0~0.05	1.6~0.8		硬质合金钢什锦组锉、各种锉刀	1号、1/2号、01号、04、800号金相砂纸	块规、游标卡尺
平模,组合模上、下模	出口带	±0.3~0.5	6.3~3.2	风动砂轮机		1号、1/2号、01号	游标卡尺
组合模上模,舌形模外套	分流孔桥部舌颈导流孔	±0.3~0.5	3.2	风动砂轮机		1号、1/2号、01号、04号	游标卡尺、万能角度尺、尺规
平模,组合模	定位销孔	±0.01~0.03	6.3	钻床		01号、04号	游标卡尺
平模,组合模	组装			风机砂轮机		01号、04号、800号金相砂纸	块规、塞规
平模,组合模	工作带		0.4	挤压磨机	硬质合金钢什锦组锉		表面粗糙度标准块

4.4 电加工制模技术

4.4.1 挤压模具电加工的主要方法和设备

目前用于模具制造的电加工方法主要有：

（1）电火花成形加工。主要用来加工模子的出口带、舌形模、分流组合模芯头型槽，也可以用来代替车床或铣床加工多孔棒模或者模垫等。其主要设备是各种电火花成形加工机床。

（2）电火花穿孔加工。主要用来加工棒材模，特别是多孔模的工作带、模垫和专用型腔通孔，以及直径较小、深度较深、内表面要求较光洁的各种通孔和盲孔。与一般机械加工方法相比具有许多优点，如在热处理后加工能避免因热处理产生的废品，可加工复杂的异形孔，而且加工周期短。加工方法可用间接法、直接法、混合法、二次电极法。电火花穿孔加工可在普通电火花机床上进行，也可在专用的电火花穿孔机机床上进行。

（3）电火花线切割加工。这是挤压模具制造中的一道关键工序，主要用来加工模子工作带和切割样板。电火花线切割加工也是直接利用电能对金属进行加工的，其工作原理与电火花成形加工相同，但其加工方法不同，它能弥补电火花加工的不足，而且操作更方便、效率更高。用电火花线切割加工特别是慢走丝线切割加工的模子工作带尺寸精度更高，表面更光洁。

电火花线切割加工用的主要设备是各种电火花切割机床，目前采用的有3种形式，即靠模仿形、光电跟踪型和数控型，其中以数控线切割机应用最广。

（4）电解成形加工。电解成形加工又称为电化学加工，是根据电化学的溶解作用，使工件表面溶解的一种加工方法。利用上述原理，制作所需形状的电极作为阴极，工件（模具）作为阳极，当阳极接近阴极位置（一般间隙在0.02～0.07mm）时，则通过电解液进行放电，同时工件（模具）表面产生溶解作用。电解成形加工与电火花加工相比较有如下优点：加工速度快，前者是后者的5～10倍；不消耗电极；不出现加工硬化层。缺点是尺寸精度差，电火花加工误差为0.01~0.02mm，电火花线切割加工为0.005mm左右，而且电解加工则为0.1mm左右；电解加工件表面粗糙，最低粗糙度R_a为5~8μm。因此，电解加工一般用来粗加工。

（5）电解磨削加工。电解磨削加工是将金属的阴极溶解作用和机械磨削作用相结合的一种磨削工艺。磨削时，工件接直流电源的正极，电极磨轮接直流电源的负极，两极间由电解磨轮中凸出的磨料保持一定的电解液。接通电源后，工件（阳极）的金属表面发生电化学溶解，表面的金属原子失去电子变成离子被析出而溶解于电解液中，同时电解液中氧与金属离子化合在工件表面生成一层极薄的氧化膜。这层氧化膜具有较高的电阻，使阳极溶解过程减慢，这时，通过高速旋转的磨轮将这层极薄的氧化膜不断刮除，并被电解液带走。由于阳极溶解和机械磨削共同交替作用的结果，工具表面不断被蚀除并形成光滑的表面和达到一定的尺寸精度。电解磨削加工主要的设备是电解磨床，它由直流电源、机床本体和电解液系统等部分组成。

（6）电解抛光。电解抛光就是利用电化学阳极溶解的原理进行金属表面抛光的一种表面加工方法。电解抛光时用铅板制成与工件相似的工具电极作为阴极，并与工件形成一定的电解间隙。在电解液中通以直流电，工件表面发生阳极溶解，并逐步被整平，从而去除模具电火花加工后形成的表面硬化变质层，大大减少钳工的工作量和缩短模具的制造周期。

（7）电解修磨加工。电解修磨加工是通过阳极溶解作用对金属进行腐蚀，以被加工的工件为阳极，修模工具即磨头为阴极，两极由一低压直流电源供电，两级间通以电解液。为防止两电极接触时形成短路，在工具磨头表面上敷上一层能起绝缘作用的金刚石磨粒，当电流及电解液在两极间流动时，工件（阳极）表面被溶解并生成很薄的氧化膜，这层氧化膜被移动着的工具磨头上的磨粒所刮除，使工件表面露出一层新的金属表面并继续被电解。由于这种电解作用和刮除氧化膜作用的交替进行，达到去除氧化膜和降低粗糙度的作用。

4.4.2 电火花成形加工法加工模子的工艺特点

挤压工模具电火花成形加工的具体工艺过程及工艺参数的选择依

加工对象、加工方法、加工技术要求的不同而异，但在加工模子工作带、出口带及穿孔加工时的基本工艺流程是相同的，如图4-6所示。

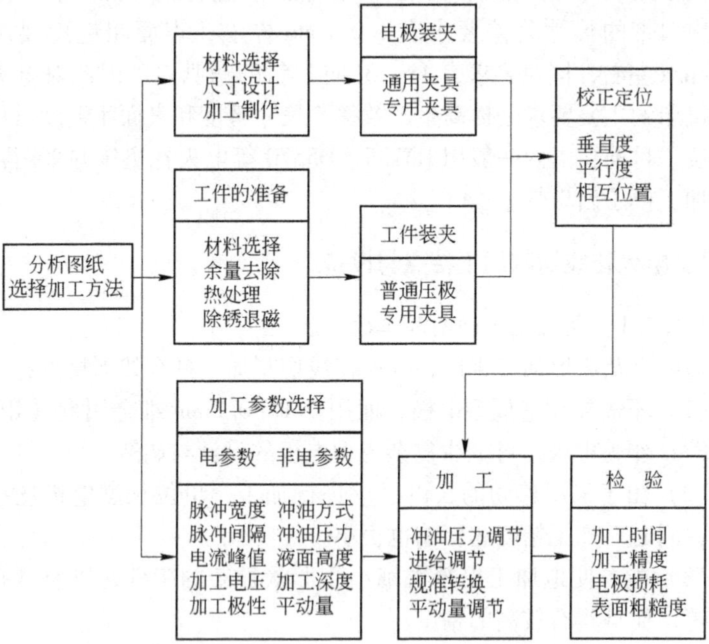

图4-6 电火花成形加工挤压工模具的基本工艺路线图

4.4.2.1 电加工出口带的优越性

模子出口带加工是电火花成形加工在挤压工模具加工中的典型应用，目前不论是平面模还是组合模，其出口带都采用电火花成形法进行加工，采用电火花塞成形加工法较机械加工有如下的优点：

(1) 可在热处理以后一次加工成形，避免了热处理变形，同时简化了工艺，减少了工序。

(2) 可以加工机加工难以加工的材料，因此可以扩大模具选材的范围。

(3) 用成形电极加工，表面粗糙度低，而且表面得到了强化，提高了模具的品质。

(4) 可方便地打出喇叭口，可以提高模具强度和便于导出型材。

(5) 可同时打出多个孔型，大大简化了工艺过程。

4.4.2.2 模子出口带的技术要求和设备选择

模子出口带是产品的导出部分，不需要进行精密加工。一般来说，出口带的尺寸公差要求在 ±0.1mm 左右，表面粗糙度要求在 R_a6.2μm 左右，同时要求有 1°~3°向外斜的喇叭口。因此对电火花成形机床的主要要求是提高生产效率，尺寸精度和表面粗糙度可放在第二位。目前在国内一般用 D6185、D5570 等电火花机床并采用粗规准来加工模子出口带。

4.4.3 电火花线切割加工特点与设备

4.4.3.1 电火花线切割加工的特点

与电火花成形加工相比，电火花线切割加工具有如下特点：

(1) 不需要制造成型电极，而用 0.1~0.2mm 细金属丝（钼丝、铜丝等）作为电极，可减少复杂成型电极的设计与制造。

(2) 由于采用移动的长电极丝进行加工，单位长度电极丝损耗较小，同时对加工精度的影响也很小。

(3) 能方便地加工出精密细小、形状复杂的工件，以及微孔和窄缝等，而且具有较高的精度。

(4) 直接采用精加工或半精加工规定标准一次加工成型，一般不需要中途转换规定标准。

(5) 自动化程度高，操作方便，加工周期短，成本低。

(6) 应用范围广。

4.4.3.2 电火花线切割加工设备

A 电火花线切割加工机床的分类

按线切割轨迹的控制方式，可分为靠模控制的、光电跟踪控制的、数字程序控制的线切割机床，其中数字程序控制线切割机床应用最广。

按加工范围，可分为微型、小型、中型和大型电火花线切割机床。

按设备功能与特点，可分为一般型、带间隙偏移型、带斜度加工型和带旋转坐标型等电火花线切割加工设备。

此外，也有按脉冲电源形式、加工用途等方式分类的。表 4-9 所示为国内常用的电火线切割机床规格；表 4-10 所示为日本某些公司出产的部分电火花线切割加工机床的技术特性。

表 4-9 国内常用的线切割机床规格

规格型号	Ⅰ	Ⅱ	Ⅲ	Ⅳ	Ⅴ
工作台面长/mm	160	250	400	800	1600
工作台面宽/mm	125	200	320	500	1000
工作台纵向行程/mm	80	150	250	500	1000
工作台横向行程/mm	60	100	200	320	600
丝架上下臂间距/mm	40	60	80	120	160

表 4-10 日本部分线切割加工机床的技术特性

机床型号	工件最大尺寸 $(D\times B\times H)$ /mm×mm×mm	工件最大质量 /kg	工作台左右移动距离(X轴) /mm	工作台前后移动距离(Y轴) /mm	工作台最小移动量 /mm	外形尺寸 /mm×mm×mm	净重 /kg
LS350X	400×500×120	200	250	350	0.001	1365×1110×1680	1363
LS500X	500×600×150	300	300	500	0.001	1625×1350×1747	1860
LS800X	600×1000×150	600	500	800	0.001	2340×1800×1750	4200
LS1000X	600×1200×150	800	500	1000	0.001	2340×2000×1750	4800
LX500A	500×600×200	300	300	500	0.001	2140×1670×2060	1850
LU3B	500×100×150	150	200	350	0.001	1370×1300×1690	1200
LSP3A	400×500×120	200	200	300	0.001	1880×1240×1690	1500
LH3A	400×200×120	200	150	300	0.001	1365×1110×1680	1300
LM403	100×150×100	300	400	150	0.001	2700×1900×2150	1700
LXE35	100×500×120	200	250	350	0.001	1180×1265×1650	1360
LUX3	400×500×150	150	200	350	0.001	1370×1300×1600	1200

B　铝合金挤压模加工用线切割机床的特点及发展现状

为了能加工出比较好的铝合金挤压模，对线切割加工机床提出了以下要求：有高的刚性，床身结构及使用材料要求合理，以保证机床加工精度的稳定性；有良好的热平衡性，防止不同材料变形不一致，影响机床的精度，应尽量采用同种材料，对热源采取绝缘和散热措施；能严格执行输入指令，要求控制系统的元件性能稳定，达到闭环控制；加工精度高，即有良好的尺寸精度、形位精度、定位精度、表面粗糙度、切缝宽度一致性、圆角和曲率半径的均匀圆滑性和接刀圆滑性；有一个比较稳定的良好电源。

用于铝合金挤压模加工的电火花线切割机床可分为快速往复走丝和低速单向走丝两类。国产设备大部分是快速往复走丝机床，使用 $\phi 0.12 \sim 0.2$mm 钼丝做电极。国内也开始试制慢速走丝机床，走丝速度为 0 ~ 5m/min，采用铜丝、钼丝、钨丝作为电极，加工速度为 50mm^2/min 左右，表面粗糙度可达 $R_a 1.6\mu$m。

国外的线切割机床发展得很快，目前绝大部分的是慢速单向走丝机床。日本 JAPAX 公司的 L300A 电火花切割机床，加工速度及粗糙度都比较好，牧野公司的 EC3025、EC3040 和 EC7050 等型号，都是自动穿丝、荧光屏显示图像的线切割机床，加工速度已达 100mm^2/min；FANVC 公司和三菱公司出产的机床，加工速度已达 220mm^2/min；JAPAX 公司出产的机床，加工速度已达 300mm^2/min 以上，峰值电流可达 200 ~ 300A，并可以毫微秒级的脉冲宽度进行高精度加工。铜丝的直径由 $\phi 0.2$mm 提高到 $\phi 0.33$mm，能承受高的加工能量。采用含铝（质量分数）5% 的黄铜丝，可使加工速度提高 20% ~ 30%，并可减少电极的附着物。目前国外的挤压模具线切割加工正向高速度、高精度和高自动化方向发展。

4.4.3.3　电火花线切割加工工艺

电火花线切割加工工艺指标主要包括加工速度、表面粗糙度和加工精度等。此外，放电间隙、电极丝和加工表面层变化也是反映加工效果的重要内容。在挤压模具线切割加工中，影响工艺指标的因素很多，它们往往是互相关联又相互矛盾的，必须充分认识它们的客观规律性，必须发挥设备的能力，保证加工效果。图 4-7 所示为诸因素对

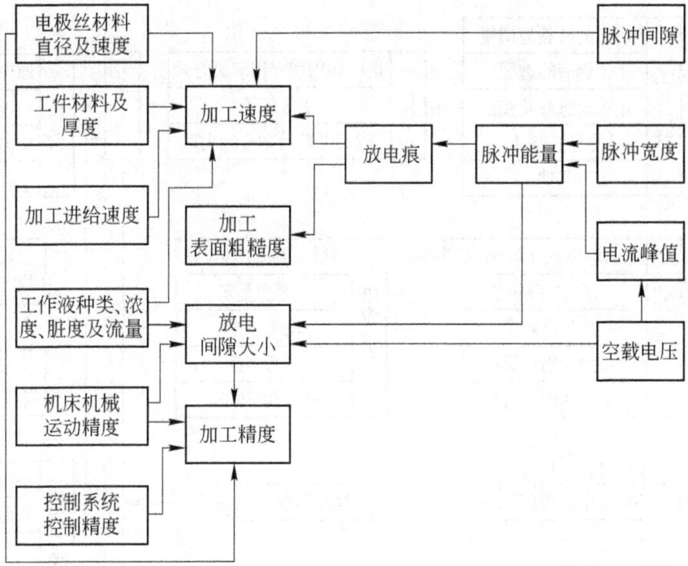

图 4-7 诸因素对工艺指标的影响图

工艺指标的影响。

挤压模具电火花线切割加工工艺可参见日本部分线切割加工机床的技术特性（图 4-8）。

加工条件与主要工艺参数的选择：

(1) 快速走丝方式。空载电压峰值 75 ~ 80V，脉冲宽度 8μs 左右，脉冲间隙 30μs，平均电流 1.5 ~ 2A，短路电流 2.5 ~ 3A，工作液为 10% 植物性皂化液或乳化液，走丝速度 9m/s，电极丝为 ϕ0.1 ~ 0.5mm 钼丝，加工速度可达到 20 ~ 30mm^2/min，表面粗糙度 R_a3.2μm。

(2) 慢速走丝方式。脉冲电源为 RC 型电源，空载电压 130V，短路电流 0.6A，电容量 0.53μF，走丝速度 3.5 ~ 4mm/s，电极丝 ϕ0.15mm 黄铜丝，工作液为煤油或去离子水，加工后的表面粗糙度可达 R_a1.6μm 以下，加工生产率达 3.5mm^2/min 以上，加工精度高。

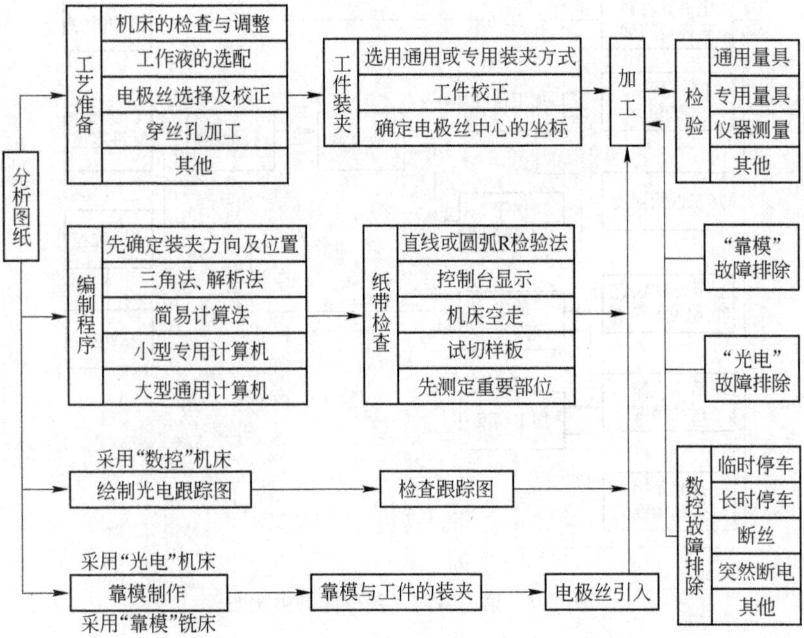

图 4-8 日本部分线切割加工机床的技术特性

4.4.4 电加工后的研磨加工与去应力处理

电加工后的工作带，要在原来基础上降低粗糙度（即达到 R_a 1.8～0.4μm）并除去电加工表面变质层和残余应力。抛光的方法主要有人工抛光、超声抛光、挤压磨抛光和复合抛光等。

4.4.4.1 人工抛光

人工抛光就是用砂轮、组锉、金刚石组锉等进行抛光研磨。人工抛光是挤压模具的一种最基本的抛光方法，不需专用设备，万能性强，即使用其他抛光手段抛光时，人工抛光也是一种必要的补充。因此，人工抛光法目前在国内外仍应用十分广泛。人工抛光法的主要缺点是劳动强度大，生产效率低，而且要求操作者有一定的基本功，是一种技术性很强的手工劳动。

4.4.4.2 超声抛光

超声抛光是近几年发展起来的一种新技术。它是以高频率、小振幅的振动工具（特种锉刀），用一定的压力与加工物接触，使磨粒在超声波的振动下冲击加工表面达到抛光的目的。这种方法很适于电加工表面的抛光，因电加工表面的二次淬火层很坚硬、模孔又小，用其他方法抛光是很困难的。超声抛光也要求操作工人有一定的基本功。目前此法在挤压模具抛光中应用尚不十分广泛，但有一定的发展前途。

4.4.4.3 挤压珩磨抛光

挤压珩磨抛光又称为压力抛光，是抛光电加工表面比较理想的方法之一。因为磨料是液体，所以，有的也称为流体抛光或流体磨料加工。它是20世纪70年代初期美国研究发明的一种新技术。其特点是:

（1）可加工的材质比较广泛，特别适于挤压模具电加工后磨抛光表面变质层。

（2）抛光效果比较显著，粗糙度一般可降低3级，最高粗糙度可达到R_a0.05μm的镜面状态。

（3）效率高，与手工抛光相比，加工时间可减少80%～90%以上，一般只需几分钟或十几分钟即可完成。

（4）操作简单，不需要特殊工具。

（5）适用于通孔模具抛光，也可对盲孔型腔模具进行抛光，但工卡具要复杂一些。

4.5 工模具的热处理

4.5.1 挤压工模具热处理的特点

4.5.1.1 挤压工模具热处理的重要意义

挤压工模具质量的好坏，特别是使用寿命的高低，在很大程度上取决于材料的选用和热处理的质量。有人对模具失效原因进行了统计(表4-11)，结果表明，因模具热处理问题造成的失效占整个失效原因的50%左右，如表4-11所示。

表 4-11　模具失效原因的统计比例

失效原因	结构设计不合理	材料方面		挤压工具使用条件不当	热处理问题			表面处理不良	其他
		材质问题	选材错误		表面氧化或脱碳	冷却时间太长或回火不当	淬火温度不准		
统计百分率/%	10	7	3	10	30	10	10	12	8

大量生产实践经验证明，在其他条件相同的情况下，热处理质量好的模具，其使用寿命可延长几倍甚至几十倍，因而可以大大节省昂贵的耐热高合金模具钢及加工工时，减少换模和修模次数，提高生产效率，保证产品品质稳定可靠，降低成本，提高效益。在制模过程中，模具热处理往往是最终工序，若因热处理不良而报废，不仅增加了消耗而且延长了加工周期，不能按时完成生产任务。

4.5.1.2　铝挤压工模具热处理的特点

（1）要求高而且均匀的硬度。工模具的使用硬度因工模具的种类和规格而定，基本工具一般要求 HRC40 ~ 48，大型模具要求 HRC44 ~ 48；中型模具为 HRC46 ~ 50，小型模具为 HRC48 ~ 52。同一件工模具的硬度差不应大于4。

（2）要求有高硬度的表面和韧性好的中心。一般来说，型材模具在进行普通的热处理（保证基体具有较好的综合性能）以后，尚须进行表面强化处理（保证获得高的表面硬度）。

（3）模子型腔比较复杂，为了防止尖角处、拐点处和薄壁处产生过高应力或裂纹，必须进行特殊的保护。

（4）应防止脱碳和氧化，对于精密模具最好采用真空热处理或可控气氛热处理。

（5）为了获得良好的最终热处理组织，工模具在淬火之前必须进行良好预处理。

（6）对于 3Cr2W8V 和 4Cr5MoSiV1 等高合金钢淬火和回火时，必须严控工艺制度，加强测温和控温，否则容易出现热处理裂纹，或硬度不均匀等缺陷。

（7）为了消除热处理应力、电加工应力和装配应力，防止热处理后变形，对工模具应进行多次回火或稳定化处理。

4.5.2 主要热处理工序及典型的热处理设备

4.5.2.1 主要热处理工序

A 预先热处理工序

铝合金挤压工模具的预先热处理工序包括完全退火、等温退火、低温退火和调质等工序过程。主要工模具材料的预先热处理工艺参数如表4-12所示。

完全退火的目的是消除内应力，特别是冷、热加工应力，改善金相显微组织，降低硬度，改善切削加工性能。完全退火主要用于改锻后的坯料。

等温退火也应用于改锻后的坯料退火，其目的也与完全退火相同，但为了更好地消除内应力、改善组织、降低硬度、提高切削加工性能，增加了等温过程。

低温退火（或高温回火）的目的是消除内应力、降低硬度、改善组织，为减少淬火变形做好准备，常用于返修件的降低硬度和淬火前消除加工应力处理。

B 淬火工序

如果钢从奥氏体状态以超过临界冷却的速度快冷，那么，在 M_s 点开始发生马氏体转变，至 M_1 点转变终了，成为完全淬透的组织，M_s 点和 W_1 点温度由几乎对冷却速度无影响的化学成分所决定，对其影响最大的是碳。金属学研究表明，当碳含量增加时，M_s 点下降，而 W_1 点以下的马氏体转变进行程度不变，冷却速度的影响只取决于温度的降低。

马氏体转变产生晶格畸变，使钢材硬度增加，一般说来，马氏体硬度的最高值在碳含量（质量分数）为0.6%。

即使淬火钢获得了所需的硬度，但产生10%马氏体的情况是十分罕见的，特别是在过共析模具钢中，M_1 点大都在常温以下，这些钢在普通淬火后的淬火状态或在低温回火状态，都还残存有若干奥氏体，即残余奥氏体。残余奥氏体对钢的性能有极大的影响，特别是在高强耐热合金模具钢中，一般认为是模具热处理成败的决定因素之一。

表 4-12 挤压工模具预先热处理工艺参数

材质	完全退火				等温退火						低温退火（调温回火）		
	加热温度/℃	保温时间/h	冷却方式	退火后硬度HB	加热温度/℃	保温时间/h	等温前冷却方式	等温温度/℃	等温时间/h	冷却方式（500℃出炉）	加热温度/℃	保温时间/h	冷却方式
3Cr2W8V	830～850	3～1	40℃/h 炉冷至 500℃ 出炉空冷或继续炉冷	207～255	810～850	2～4	随炉冷	720～740	3～4	500℃随炉空冷或继续炉冷	650～720	3～4	随炉冷至室温或400℃出炉空冷
5CrNiMo 5CrMnMo	780～800	1～6	同上	211	850～870	4～6	随炉冷	680	1～6	500℃也炉空冷或继续炉冷	650～680	2～3	炉冷或空冷
4Cr5MoSiV1	860～880	3～4	以 430℃/h 的冷却速度至 150℃以后出炉空冷或继续炉冷	229	—	—	—	—	—	—	650～680	2～3	炉冷或空冷
4Cr5W2SiV	860～880	3～4	以 430℃/h 的冷却速度至 150℃以后出炉空冷或继续炉冷	<229	—	—	—	—	—	—	650～680	2～3	炉冷或空冷
5SiMnMoV	800～820	3～4	以 430℃/h 的冷却速度至 150℃以后出炉空冷或继续炉冷	241	—	—	—	—	—	—	650～740	2～3	炉冷或空冷

碳、锰、镍和铬的含量愈高，淬火温度愈高和冷却愈慢，奥氏体残留量就愈多。当残余奥氏体增多时，模具的淬火硬度就降低，弹性极限和磁感应强度下降，具有时效变形和在使用中因马氏体而脆化等不良影响，但可使韧性提高、淬火尺寸变形量减少等好处。一般来说，挤压工模具在淬火后，稳定的残余奥氏体在10%左右为好。

淬火温度、保温时间与冷却方式是工模具淬火工序的主要工艺参数。为了获得足够的淬火硬度、良好的综合性能与内部组织，防止淬火变形和开裂，必须选择最佳的淬火温度、保温时间和冷却方式。

C 回火工序

回火是将淬火钢在相变点 A_c 以下的温度下，进行再加热，使碳化物析出，消除淬火结晶畸变，增加韧性，或使残余奥氏体分解，使工件变成稳定状态的热处理方法。因此，往往把回火作为一种最终的热处理。

如上所述，钢的淬火组织是由马氏体、残余奥氏体和碳化物等所组成，但在常温下，马氏体处于含碳过饱和状态，奥氏体是不稳定组织。因此，在回火再加热时，能看到分解或稳定的铁素体加碳化物，回复到平衡状态的现象。这种变化随着温度升高和时间的延长是连续变化的。在回火过程中，随着温度的增高，组织的变化可分为4个阶段。第1阶段是70~200℃，淬火马氏体分解成低碳马氏体和 ε 碳化物，并消除内应力。第2阶段在200~300℃，残余奥氏体分解成马氏体。第3阶段在250℃以上进行，把马氏体和 ε 相转变成铁素体加 θ 相(渗碳体)，随着温度增高发生连续软化过程，渗碳体呈片状析出时会表现出低温脆化现象。第4阶段是含有Cr、W、Mo、V和Ti等碳化物生成元素的合金钢，在约500℃以上的置换型扩散自由进行的温度下伴随有稳定碳化物析出和长大的变化。此外。除Cr以外，这些碳化物微粒析出时使晶格畸变，或因为位错被钉住，钢再度硬化（二次硬化)。

为了获得合适的硬度、韧性以及其他综合性能，稳定组织，减少尺寸变化和回火开裂，必须合理地选择回火温度，回火保温时间和冷却方式。

4.5.2.2 热处理设备

挤压工模具热处理常用设备有热处理加热炉、回火装置、冷却装置和冷却剂、清洗装置、矫直设备、测温仪表、硬度检验计等。

A 热处理加热炉

热处理加热炉的选择是根据被处理工件的大小、数量，工件的批量大小，热处理温度，热源利用的难易和是否需要控制炉内气氛等方面，同时考虑经济可行后综合分析决定的。选择热处理炉时主要是决定炉子的种类和型号以及主要技术参数。

对于铝合金挤压工模具来说，一般选用一台或多台单体炉。由于挤压工模具的尺寸规格和质量相当悬殊，应选用大型和小型两种炉子。对于挤压大型工具如挤压轴、穿孔针等类细长件，应选用井式炉；而处理模具应选用箱式炉。由于挤压工模具的材质有多种，为了适应不同材质的处理，可设置高温炉和中温炉；为了减少氧化脱碳、烧损等缺陷，可选用真空淬火炉或可控气氛炉、油炉、盐浴炉或电阻炉和电感应炉。因此，挤压工模具热处理炉的分类如图 4-9 所示。

- 热处理炉分类
  - 按能源种类分
    - 气炉
      - 煤气炉
      - 天然气炉
    - 盐浴炉
    - 电炉
      - 电阻炉
      - 电感应加热炉
  - 按形式分
    - 箱式炉
      - 固定式电炉
      - 台车式电炉
    - 井式炉
    - 连续式炉
  - 按炉内气氛分
    - 大气气氛炉
    - 可控气氛炉
    - 真空热处理炉
  - 按大小分
    - 大型炉
    - 中型炉
    - 小型炉
  - 按温度分
    - 高温炉
    - 中温炉

图 4-9 热处理炉分类图

B 回火装置

回火温度一般比淬火温度低得多，所以回火的加热装置可使用上述的中温加热装置，如气热井式炉、电热井式炉、连续加热炉、电热箱式炉、电热盐浴炉和气热盐浴炉等。因回火过程是在比较低的温度下进行的，操作和控制都比较简单，因此也可采用诸如油浴炉、盐浴炉和气流式电炉等较为简便的炉子。油浴炉是用钢板制成的槽子，内装回火油、加热装置、搅拌装置以及灭火装置等。盐浴炉也很简单，一般用管式电阻丝进行加热，加热时必须注意温度的分布和油的管理。

C 冷却装置和冷却剂

模具淬火后的冷却速度都必须与钢材的淬透性相适应。对于目前所使用的模具钢材来说，可采用空冷、风冷、水冷、油冷或其他液体冷却。空冷不需要什么设备。风冷主要借助于鼓风机均匀压缩空气进行冷却，所以设备比较简单。

冷却槽的大小应根据被淬火的材料能充分均匀淬硬，以及为从已加热的材料表面吸收热量提供必需的液体数量来确定。冷却槽的容积 V（m^3）可用下式表示：

$$V = \frac{W_1 c_1 t_1 / t_2}{c_2 \rho \Delta T} \tag{4-1}$$

式中 W_1——被淬火材料的重量，kg；

c_1，c_2——分别为被淬火材料和淬火液的平均比热容，kJ/(kg·℃)；

t_1，t_2——分别为被淬火材料的加热温度和从冷却槽提起时被淬火材料的温度，℃；

ρ——淬火液的密度，g/cm^3；

ΔT——淬火液允许的温升值，℃。

如果取 W_1 作为冷却一次的最大重量，那么 V 就是淬火一次所必需的液体量。在连续作业时，可能使温度升高，因此，必须使液体冷却。水冷时，必须要有使水温保持在20℃以下的冷却装置；油冷时，如必须使温度控制在60～80℃时，应设置热交换器。为了使淬火冷却温度均匀一致，防止冷却不均，增强淬火能力，必须进行搅拌。一般借助于螺旋桨进行搅拌，而用喷水冷却来加强冷却能力。

挤压工模具盐浴淬火时的常用介质如表4-13所示，油冷淬火时常用20号机油（3号锭子油），要求其黏度（50℃）为17～23mm^2/s，闪点不低于170℃，凝点不高于－15℃，机械杂质不大于0.005%，压分不大于0.007%。

表 4-13 盐浴淬火加热介质成分和使用温度

介质成分（质量分数）	熔 点/℃	使用温度/℃
$BaCl_2$50% + $CaCl_2$30% + NaCl20%	435	480～780
$BaCl_2$50% + $KCl_2$30% + NaCl20%	480	500～650

4.5.3 工模具的特殊热处理工艺

4.5.3.1 工模具的真空热处理

随着真空技术和热处理技术的发展，相继发展了气冷、油冷和连续真空热处理等技术。此外，水淬真空热处理、真空化学热处理（如渗碳、渗硼、渗铬、碳氮共渗等）也正在试验研究中。

A 真空热处理的特点

(1) 真空热处理后工件变形很小。实践证明，在真空中加热，在氮气中冷却工模具最大变形量不超过0.003～0.005mm，仅为盐浴淬火变形量的1/5～1/10，而且变形均匀，呈规律变化。

(2) 可消除工件表面的化学腐蚀现象。在盐浴和吸热式可控气氛中，通常不能与碳势形成严格的平衡，工件表面往往会发生增碳和脱碳，而在足够的真空度（至少为0.1Pa）中处理的工模具，则可以做到既不增碳也不脱碳。

(3) 不氧化，可实现光亮处理。工件表面光亮可保持在80%以上，真空气冷淬火件的面光亮优于真空油冷淬火件。

(4) 简化工艺，可实现淬火后少加工或无加工工艺，降低加工成本。

(5) 可延长工模具使用寿命。生产中证明，真空热处理的工模具使用寿命一般可比盐浴淬火提高3倍左右。

此外，真空热处理后的工模具还有硬度分布均匀，品质稳定，安全可靠，可快速冷却和节能省时，可实现全过程自动化及无公害操作等特点。

B 工模具真空热处理典型工艺

表4-14和表4-15分别示出了铬系、钨系和钼系热作模具钢的化学成分和典型真空热处理工艺参数。

表 4-14 铬系热作模具钢的化学成分和典型真空热处理工艺参数表

AISI 钢号	化学成分(质量分数)/%						预热温度/℃	淬火加热温度/℃	真空度/Pa	淬火介质	回火温度/℃	处理后的硬度 HRC
	C	W	Mo	Cr	V	Co						
H10	0.4	—	2.5	3.25	0.4	—	820	900 ~ 1040	13.3 ~ 1.3	惰性气体、油	530 ~ 650	40 ~ 56
H11	0.35	—	1.5	5.0	0.4	—	820	990 ~ 1030	13.3 ~ 1.3	惰性气体、油	530 ~ 640	40 ~ 52
H12	0.35	1.5	1.5	5.0	0.4	—	820	990 ~ 1050	13.3 ~ 1.3	惰性气体、油	530 ~ 640	40 ~ 52
H13	0.35	—	1.5	5.0	1.0	—	820	990 ~ 1050	13.3 ~ 1.3	惰性气体、油	530 ~ 640	40 ~ 52
H14	0.40	5.0	—	5.0	—	—	820	1010 ~ 1060	13.3 ~ 1.3	惰性气体、油	530 ~ 640	40 ~ 52
H16	0.55	7.0	—	7.0	—	—	820	1120 ~ 1180	26.7 ~ 13.3	惰性气体、油	530 ~ 640	40 ~ 54

表 4-15 钨系和钼系热作模具钢的化学成分和典型真空热处理工艺参数表

AISI 钢号		化学成分(质量分数)/%					预热温度/℃	淬火加热温度/℃	真空度/Pa	淬火介质	回火温度/℃	处理后的硬度 HRC
		C	W	Mo	Cr	V						
钨系	H20	0.35	9.0	—	2.0	—	820	1100 ~ 1200	26.7 ~ 13.3	惰性气体/油	530 ~ 650	50 ~ 62
	H21	0.35	9.0	—	3.5	—	820	1100 ~ 1200	26.7 ~ 13.3		530 ~ 650	42 ~ 52
	H22	0.35	11.0	—	2.0	—	820	1100 ~ 1200	26.7 ~ 13.3		530 ~ 650	42 ~ 52
钼系	H41	0.65	4.5	8.0	4.0	1.0	820	1090 ~ 1190	26.7 ~ 13.3	惰性气体/油	530 ~ 650	50 ~ 62
	H42	0.60	6.0	5.0	4.0	2.0	820	1120 ~ 1220	26.7 ~ 13.3		530 ~ 650	50 ~ 60
	H43	0.50	—	8.0	4.0	2.0	820	1090 ~ 1190	26.7 ~ 13.3		530 ~ 650	48 ~ 58

C　典型工模具真空热处理炉的特性举例

表4-16列出了北京首都机械厂生产的ZC-30-13型真空热处理炉的技术特性。目前，我国最大的挤压工模具真空淬火炉的功率为300kW。

表4-16　部分工模具真空热处理炉的技术特性

技术特性	炉　型	
	ZC3013型	ZC65型
额定功率/kW	30	65
额定温度/℃	1320 ± 10	1320 ± 10
炉膛有效尺寸/mm × mm × mm	300 × 220 × 150	500 × 400 × 300
最大装载量/kg	20	100
工作电压/V	10 ~ 60	10 ~ 60
工作真空度/Pa	2.7 ~ 6.7	4.3
排气时间/min	15	15
工作淬火转移时间/s	15	15

4.5.3.2　工模具的强韧化处理

A　高温淬火和高温回火强韧化处理

5CrNiMo和5CrMnMo钢属中碳低合金钢，一般采用850 ~ 880℃温度淬火，淬火时马氏体形状以片状为主。为了获得强韧性，将淬火温度提高到900℃以上，可以得到以板条状为主体的马氏体，残余奥氏体量很小，通过400℃以上的温度回火，残余奥氏体可完全转变。淬火温度升高，可提高钢的回火稳定性、冲击韧性和断裂韧性，获得较好的综合性能，从而大大提高使用寿命。如用5CrNiMo钢生产的挤压轴，原热处理工艺为淬火加热温度860℃、预冷至800℃油淬、500℃回火、硬度HRC42、挤压500次后因热疲劳而破断，后改为900℃淬火、520℃回火、挤压10000次尚未报废。

3Cr2W8V钢的常规热处理工艺为1050 ~ 1100℃淬火、550 ~ 620℃回火，硬度一般为HRC45 ~ 50，使用中常出现早期断裂；采用1150℃高温淬火、640 ~ 680℃高温回火，硬度为HRC40左右，组织为回火索氏体。这样虽然硬度降低了一些，但由于耐热疲劳性及断裂韧性大大提高，使用中避免了断裂现象的发生，使用寿命显著提高。若将回火温度控制在620～640℃，硬度保持在HRC43左右，可以延缓模具压塌时间。如12.5MN挤压机的ϕ115mm挤压轴，材料为3Cr2W8V钢，原来的热处理工艺为1075℃油淬，580～610℃回火，HRC40～50。生产中容易脆断，一般寿命只有10000次挤压左右。后按图4-10所示的强韧化工艺进行处理，使用硬度为HRC44～47。断裂韧性K_{IC}大为提高（由1100℃油淬、600℃回火的830MPa $\sqrt{m}$，提高到1150℃油淬、620℃回火后的1100MPa $\sqrt{m}$），消除了产生早期断裂的因素，同时提高了综合性能指标，使用寿命提高两倍以上，达到了23000次挤压尚未产生断裂。

B　双重热处理法

双重热处理法的操作方法是：通过相当高温度（视钢种而定）的加热，使大部分碳化物溶解，然后快冷，防止碳化物在高温区析出，再通过高温回火使其弥散析出，并使硬度降至HB240以下。经以上处理后，再进行正常的淬火回火处理。双重热处理过的钢，碳化物细小均匀，硬度、强度及断裂韧性都有提高，可以延长模具寿命。

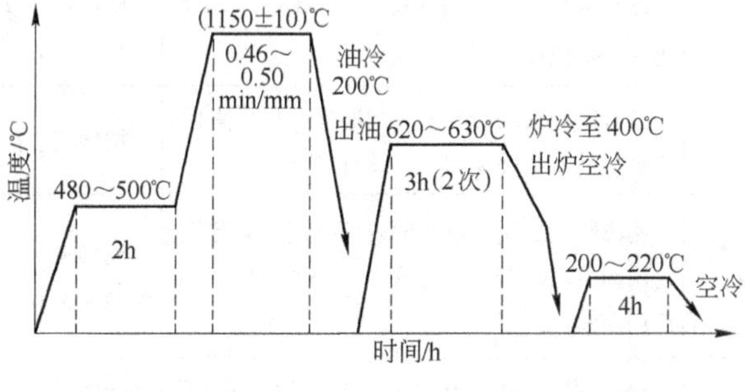

图4-10　3Cr2W8V钢挤压轴强韧化处理工艺曲线

35CrMo3W2V钢的双重热处理工艺为：1200℃加热油冷，730℃回火，炉冷，1050℃加热，油冷，620～630℃回火，600～610℃第二次回火，硬度为HRC44～48，断裂韧性比常规处理的高出50%～100%。经双重热处理后，可使寿命提高一倍以上。

4.5.3.3 表面强化处理

A 表面强化处理法

目前，在铝合金热挤压工模具方面，镀铬、碳氮共渗、气体软氮化、TiC 沉积、TD 法及 PVD、CVD 应用较广，此外，硫氮共渗、硫氮硼三元共渗、电火花表面强化、堆焊（以修复为主）和离子氮化等工艺也得到了一定的应用。表 4-17 示出了铝挤压工模具部分表面强化处理工艺的使用性能及应用举例。表 4-18 示出了表面强化处理类型与模具性能的关系。

表 4-17 挤压工模具部分表面强化处理工艺的使用性能及应用举例

处理工艺	使用性能	应用举例
渗 碳	提高硬度（达 HRC62 ~ 68）、耐磨性和耐疲劳性	挤压轴、穿孔工具、冷挤模
氮 化	提高硬度（HV950 以上）、耐磨性、抗黏附性、热硬性、耐疲劳性及抗蚀性等。但生产周期长，表面有白色脆性层	挤压工具、冷挤模等
离子氮化	可消除表面白色脆性层，其耐磨性、耐疲劳性和变形均优于氮化处理	挤压模、穿孔针、挤压工具
渗 铬	提高表面硬度、耐磨性、抗黏附性、抗氧化性、抗蚀性	拉伸模、穿孔针、挤压工具
渗 硼	具有极好的表面硬度、耐磨性、抗黏附性、抗氧化性、热硬性和良好的抗蚀性	拉伸模、挤压模
碳氮共渗	比渗碳和氮化有更高的表面硬度、耐磨性、耐用消费品疲劳性、热硬性、热强性、且生产周期短	成形模、冷挤模、热挤模和模架等
软氮化	提高硬度（HV900 以上）耐磨性、抗黏附性、抗蚀性及耐热疲劳性	冷挤模、拉伸模、窄槽窄缝挤压模、穿孔针等
碳氮硼三元共渗	提高硬度、强度、耐磨性及抗蚀性	挤压模、冲头、针尖
镀硬铬	提高表面光洁度、硬度、耐磨性及抗蚀性	热挤压模、拉伸模等
TiC 气相沉积	减少摩擦系数，提高硬度（HV3800 以上）、耐磨、耐蚀性	冷挤模、拉伸模等

续表 4-17

处理工艺	使用性能	应用举例
盐浴覆层（TD 处理）	提高硬度、耐磨性、抗黏附性、耐热疲劳性、抗蚀性及抗氧化性等	挤压模
钴基合金堆焊	提高硬度、耐磨性及热硬性	挤压模、冲头、芯杆、针尖
电火花表面强化	提高硬度、强度、耐磨性、耐疲劳性、耐热疲劳性及抗蚀性	热挤模、冷挤模
喷丸处理	提高硬度、强度、耐磨性、耐热疲劳性及抗蚀性	热挤模、冲头、针尖

表 4-18 表面强化处理类型与模具性能的关系表

表面强化处理类型	模具性能							
	表面硬度	耐磨性	抗黏附性	冲击韧性	耐冲击剥落性	抗变形开裂性	耐热疲劳性	基体硬度
镀 铬	D	D	C	A	B	B	A	C
渗 硫	D	D	C	A	C	C	A	C
氮化、软氮化	A	C	B	A	B	C	A	B
TiC 沉积处理	D	D	D	A	C	C	A	C
TD 法	B	B	D	A	C	C	A	C

注：A—有明显影响；B—有相当影响；C—稍有影响；D—几乎没有影响。

近年来，挤压工模具的表面强化处理获得了迅速发展，研制出了许多新的表面强化处理工艺，出现了一些新的发展趋势。如从单元渗向二元共渗、多元共渗方向发展；采用各种物理或化学措施（真空离子轰击、超声、原子溅射、电解等强化处理过程），以缩短周期，提高效率；降低处理温度，以减少热处理变形，节约能源，降低成本，精确地控制和调节工艺过程，提高产品质量，向无公害、机械化和自动化方向发展。

B 氮化处理

氮化处理就是把工件放入密封容器内加热，并通入氮气，氮气在高于480℃温度下分解，即 $2NH_3 \rightarrow 3H_2 + 2[N]$，分解出的大部分[N]形成 N_2，小部分活性氮原子被工件表面吸收；然后往里面扩散。经过一段时间后，工件表面即获得了一定深度的氮化层。由于挤压工模具的工作条件十分恶劣，因此对表面氮化层的深度、脆性、硬度和变形量等都有一定要求。

(1) 氮化层与基体之间应结合良好，以防分层或剥落。

(2) 氮化层深度一般以0.2～0.4mm为宜。

(3) 氮化层应有足够的硬度，一般应在HV1000～1200。

(4) 表面脆性不宜过高。

(5) 氮化后工模具的尺寸变化应在0.01～0.03mm。

目前国内外常用的工模具氮化处理方法主要有气体氮化法、盐浴氮化法、离子氮化法、气体软氮化法、电解催渗氮化法、高频氮化法、超声氮化法和加钛氮化法等。但在铝合金挤压工模具中用得最为广泛的还要算软氮化法和离子氨化法。

生产实践证明，经氮化处理后，挤压工模具具有如下的特点：

(1) 可获得高的硬度、高的耐磨性以及一定的抗黏附性，而且不必再进行任何热处理。如3Cr2W8V挤压工模具，在500～600℃下氮化，氮化层深度达0.2～0.6mm；硬度可达HV1100～1200（相当于HRC68以上），而渗碳淬火后一般只能达到HRC58～62。氮化后的高硬度和高耐磨性可保持到500～600℃（高的红硬性），这对于在较高温度下工作的挤压工模具（如模子，穿孔针等）来说是十分可贵的。

(2) 氮化变形小，一般在0.03mm以下。

(3) 能显著提高疲劳强度，如3Cr2W8V和5CrNiMo钢件经氮化后，疲劳强度一般可提高15%～30%，这一点对于承受交变负载作用的挤压工具（挤压轴，挤压针等）和模具有重要的意义。

(4) 提高工模具的耐蚀性。

(5) 尺寸稳定性高。

(6) 能使挤压工模具保持高的回火稳定性。由于铝合金挤压工模具是在高温下工作的，当挤压一定数量的铸锭之后，只要进行重复氮化处理就可继续保持模子表面硬度而不致引起回火强度下降。各种温度下的氮化层（15μm厚，渗氮3h）的稳定性如表4-19所示。

表4-19 各种温度下模具表面氮化层的稳定性

试验温度/℃	500	550	600	700
氧化层稳定性/h	120	35	15	3

（7）提高工模具的表面硬度，适当降低基体硬度，保持“皮硬心韧”的最佳韧性状态，可大幅度提高冲击韧度和断裂韧度，解决了工模具的硬度、强度与冲击韧度、断裂韧度之间的矛盾。

（8）减少挤压工模具的模孔磨损，提高挤压功效。生产实践证明，3Cr2W8V模具经氮化处理后，由于表面硬度和耐磨性成倍提高，可使寿命延长2倍以上，而4Cr5MoSiV1模具可使寿命延长3倍以上。同时可保证产品尺寸精度以及高的表面品质。

（9）可提高工模具表面粗糙度，降低表面摩擦系数，可减少金属流动的黏着性，降低挤压压力，提高挤压速度和生产效率，改善制品表面品质。经氮化处理，特别是经O-S-N，S-C-N，S-N-B三元共渗化处理的工模具，表面十分光洁，而且有自润滑作用，这样可以大大降低挤压时的摩擦阻力和挤压力，减轻工模具的负担，延长使用寿命；可减少金属对工模具的黏着性，提高制品的表面品质；减少修模次数和非挤压时间，提高挤压速度和生产效率。

挤压工模具的氮化方法按处理方式不同可分为盐浴氮化法、离子氮化法、气体氮化法和气体软氮化法等；按处理温度不同可分为低温（200℃）、中温（450～600℃）和高温（>750℃）氮化法；按渗剂的物理状态不同可分为固体、气体和液体氮化法；按渗入的合金元素不同可分为单元、二元和多元共渗法及复合处理法等。此外，国内外正在研制的氮化新工艺还有真空、压力、离子轰击、超声、高频、感应加热、气体洁净、加钛等氮化方法或氮化工艺。但目前在铝合金挤压工模具上应用最为广泛的是离子氮化法、气体软氮化法和盐浴氮化法等。各种方法的原理和适用范围如表4-20所示。

表 4-20　各种挤压工模具氮化法的比较

比较项目		氮化方法			
		盐浴氮化法	气体氮化法	气体软氮化法	离子氮化法
原理		在 XCN、XCNO、X3CO$_2$（X—碱金属）等盐浴中反应进行 NC 的扩散，热分解 如：2XCNO → CO + 2[N] + X_2CO_2 2CO → C + CO_2	在 NH_3 介质中扩散 N 形成氮化物层 $2NH_3 \rightarrow 2[N] + 3H_2$	尿素气体软氮化法： $CO(NH_2)_2$—CO + H_2 + 2[N] 2CO → CO_2 + [C] 有机液体气体软氮化法： $HCONH_2 \rightarrow NH_3 + CO$ $HCONH_2 \rightarrow HCN + H_2O$ $2NH_3 \rightarrow 3H_2 + 2[N]$ 2CO → CO_2 + [C] 2HCN → H_2 + 2[C] + 2[N]	在真空炉内激发辉光放电、使气体介质形成活性氮离子被模具表面吸收并扩散形成氮化层： $2NH_3 \rightarrow N_3 + 3H_2$
适用钢种		大部分钢种	所有钢种	所有钢种	可氮化钢
处理工艺条件	温度/℃	560～580	500～560	550～580	530～570
	热　源	外部加热	外部加热	外部加热	放电自热式
	时　间	15min 至 3h	40min 至 100h	15min 至 6h	15min 至 20h
	氮化剂	NCN、XCNO（X—碱金属）	NH_3 气体	NH_3 气体	NH_3 或混合气体
生产管理	操　作	盐组成，盐分析稍难	要控制 NH_3 的分解度和露点	要控制 NH_3 的分解度和露点	放电电压，电流容易控制
	处理后清洗	需要仔细清洗	不要	要	不要
公害	废液处理	要	不要	要	不要
	有毒物质	废盐	燃烧气体	燃烧气体	完全没有
	操作环境	不良	一般	一般	非常良好
质量指标	变形	小	小	小	极小
	加工状态	一般	美观	一般	美观
	后加工	不要	要	不要	不要
	疏松(孔)	容易出现	无	有出现可能	无
	最表层单相化	不可能	不可能	不可能	γ 单相化有可能
	耐疲劳性	优	优	优	优
	耐磨性	优	良	优	优
消耗量	电力	多	多	多	中等
	气体	—	多	多	极少
	盐浴	一般	—	—	—

氮化处理工序一般作为挤压工模具制造的最后一道工序，即把模具经挤压机试模合格并把修正部分抛光后再进行氮化处理。否则，模具尺寸不合格部分经修理后马上挤压，修理部分很快磨损超差，导致模具报废。由于设计、制造，挤压温度、速度等因素造成对模具的一些尺寸误差要进行不同程度的修理，若修理后不再进行氮化处理，那么就等于整个模具没有进行氮化。所以，模孔每修一次就应重新进行一次氮化处理。

一般结构钢氮化处理后要求进行一次调质处理。因高合金工具钢的回火温度高于氮化温度，所以只需按照普通热处理工艺进行淬火、回火就可满足要求。此外。在氮化前工模具的表面应用化学方法脱脂处理，再用四氯化碳消除氧化层锈蚀，以活化表面，有利于氮化。

挤压工模具在氮化处理时，常会产生渗层太浅、硬度不当、表面质量低等缺陷。表4-21列出了缺陷产生的原因及预防措施。

表4-21 工模具氮化处理的缺陷及预防措施

缺陷名称	产生原因	预防措施	补救办法
渗氮层太薄	（1）温度过低；	加热测温和控温	在正常扩散温度下重新氮化一次
	（2）保温时间短；	将氮化层厚度要求确定保温时间,相同厚度工件在同炉氮化	
	（3）扩散温度低；	适当提高扩散温度	
	（4）分解率不稳定；	调整氨分解率	
	（5）未经调质处理或预处理；	氮化前应经适当的预处理	
	（6）新换氮化缸和卡具；	新换氮气缸要空缸氮化1～2次才能使用	
	（7）氮化缸使用过久	定期退氮清除缸壁	
硬度过低	（1）温度过高；	加强温测和温控	在正常温度下重新氮化一次，若仍不合格可磨去氮化层重新氮化一次
	（2）分段氮化时主要是第一阶段温度过高；	降低第一阶段的氮化温度	
	（3）氨分解率过高或中断氨气；	调整氨分解率并使之稳定	
	（4）表层有油污；	氮化前除油去污	
	（5）新换氮气缸或氮气缸使用过久	定期退氮清除缸壁	

续表 4-21

缺陷名称	产生原因	预防措施	补救办法
硬度不均及出现软点	(1) 表面有油污; (2) 材料组织不均匀; (3) 装炉量太多，吊挂不当; (4) 炉温炉气不均匀	定期清理管道，认真清洗表面 提高处理质量 合理装炉与吊挂 加强炉子检修	可按工艺重新氮化一次
表面出现氧化色	(1) 氮化缸漏气、出现负压; (2) 冷却时，炉内出现负压; (3) 出炉温度过高; (4) 干燥剂失效; (5) 管道中存有积水	经常检查气压，并使之正常 冷却时继续通氨，使之维持正压 调整出炉温度 定期烘烤干燥剂 认真检查管道	不精磨的工件可喷砂清理后再进行 1 ~ 2h 氮化处理
表面出现亮点及花斑	(1) 表面有油污，锈斑; (2) 氮化面上残存 Sn、Zn 等; (3) 装炉过多或排放不当	认真清除油污、锈斑 镀 Sn 层不宜太厚，对镀 Sn 层应清除干净 合理装炉，保证炉气通畅	抛光砂磨，喷砂清理后补渗

C 其他表面强化处理方法

(1) 渗硼。渗硼能显著提高工模具表面硬度（HV1300 ~ 2000）和耐磨性、耐蚀性，可使在磨粒磨损下使用的模具寿命提高几倍到几十倍。渗硼有固体渗硼、气体渗硼、盐浴渗硼和盐浴电解渗硼及复合渗硼等，其基本原理是硼盐在熔融状态下发生分解，生成 B_2O_2，进一步分解成活性硼原子或加入一些比硼更活泼的元素（Si、Ca 等）从 B_2O_2 中将硼原子置换出来，渗入钢中。

渗硼温度常为 900 ~ 980℃，时间为 3 ~ 8h，渗硼层厚度为 100 ~ 200μm。渗硼前应对工模具进行精加工和消除应力处理，对心部要求不高的工模具渗硼后空冷即可，对要求有足够强度的工模具，渗硼后一定要进行淬火和回火。

（2）渗铬。渗铬可提高工模具表面硬度（HV1300 以上），耐磨性、耐蚀性、疲劳强度和抗高温氧化性。对承受强烈磨损的模具可显著提高使用寿命。但渗铬后淬火引起较大变形，所以仅适于形状简单、变形要求不严的工模具。渗铬的方法很多，常用的有粉末渗铬和真空密封渗铬等。典型的工艺过程是：将工模具装箱后，先在 300℃保温 30～40min，再装入 400℃左右炉中缓慢升高到 950～1100℃，保温 5～10h，然后随炉冷却到 600～700℃，再置于空气中。为了提高工模具强度，渗铬后需要进行淬火、回火处理。

经渗铬后的 3Cr2W8V 钢模具，表面可产生一层 0.02～0.04mm 锡灰色渗铬层，使用寿命可提高 3 倍以上。

（3）复合表面强化处理。此法就是把两种或几种表面强化工艺适当地组合起来的工艺方法，它能取得更好的复合效果。目前国内外发展较快的有：表面化学热处理或表面覆层处理 + 表面化学处理（如软氮化 + 低温电解渗硫；碳化钛沉积 + 低温电解渗硫等），碳氮共渗 + 软氮化，软氮化 + 碳氮共渗等。

（4）表面化学处理。在工模具上用得较多的表面化学处理有低温电解渗硫、氧化处理和磷化处理等。

低温电解渗硫处理是在低温（<200℃）下进行的，工件不会软化，变形很小（<0.0025mm）；处理时间短（几分钟到几十分钟），生产效率高，能提高工件的耐磨性、抗压性、抗黏附性和抗腐蚀性，“咬死”和“麻面”现象大为改善，设备简单，耗电少；属于正极处理，无氢脆现象，适用范围广，是一种有发展前途的新工艺。

氧化处理是一种人为造成适当条件使工模具表面各部分同时生成均匀的、与金属结合牢固的氧化膜。

4.5.4 挤压模具典型热处理工艺曲线实例

铝型材挤压常用的平面分流组合模、平面模、挤压垫、挤压筒、挤压轴、穿孔针等工模具的热处理工艺如表 4-22 所示。

表 4-22 常用铝挤压工模具的典型热处理工艺曲线

<table>
<tr><th>工模具名称</th><th>材料及要求硬度</th><th>工艺曲线</th></tr>
<tr><td>平面分流模、
上模和舌形模
（ϕ115～250）mm
×（40～60）mm</td><td>3Cr2W8V
HRC46～52</td><td>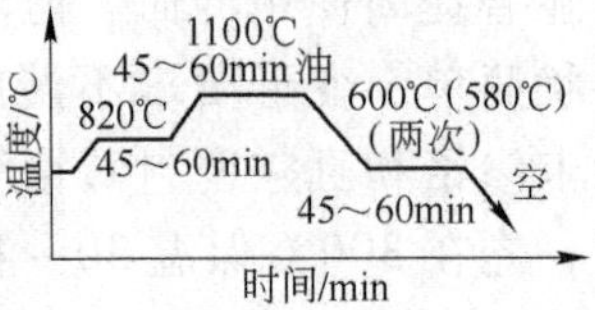
</td></tr>
<tr><td>特大型平面分流模
ϕ900mm×150mm</td><td>4Cr5MoSiV1
HRC40～44</td><td>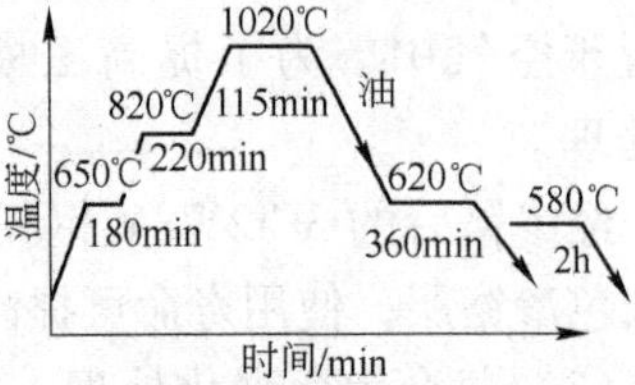
</td></tr>
<tr><td>实心型材模（平面模）
ϕ200mm×40mm</td><td>3Cr2W8V
HRC48～52</td><td>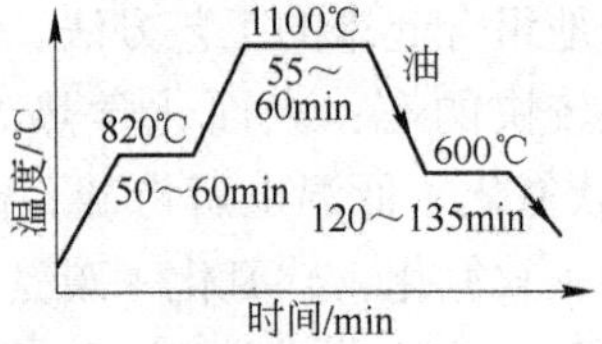
</td></tr>
<tr><td>变断面型材模
ϕ225mm×125mm</td><td>3Cr2W8V
HRC48～52</td><td>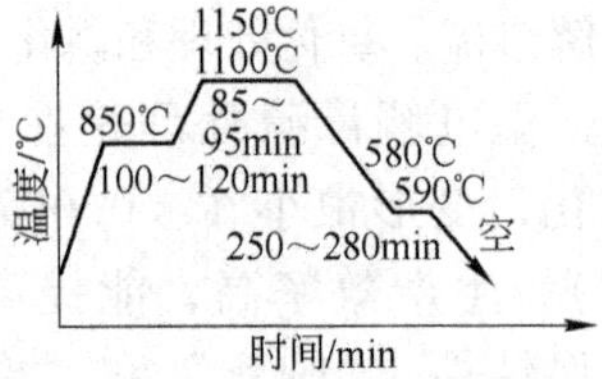
</td></tr>
<tr><td>型材模垫
ϕ200mm×40mm</td><td>5CrNiMo
HRC42～48</td><td>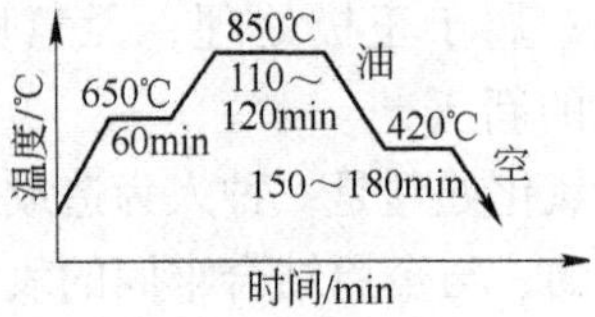
</td></tr>
<tr><td>挤压筒内套
（ϕ371/ϕ659）
mm×1000mm</td><td>5CrNiMo
HRC44～49</td><td>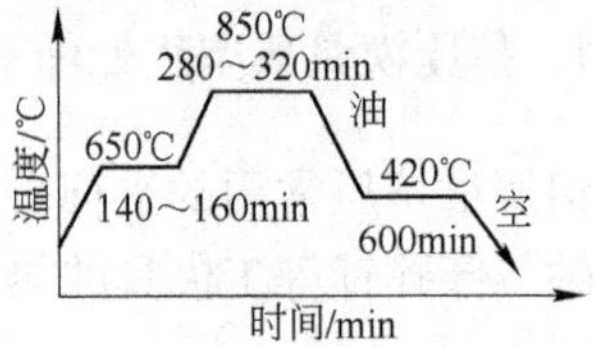
</td></tr>
</table>

续表 4-22

工模具名称	材料及要求硬度	工艺曲线
日本挤压模 ϕ250mm×110mm	SKD61 HRC48～51	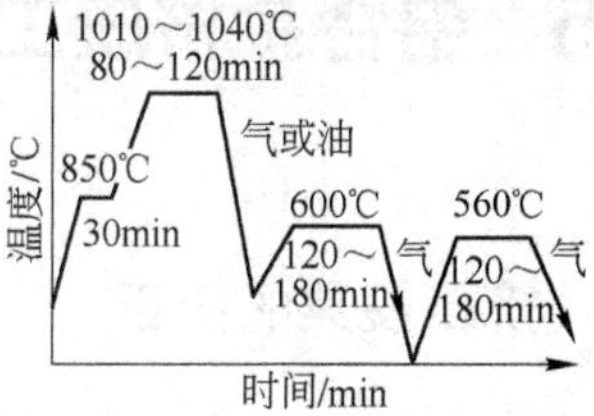
挤压轴 ϕ200mm×1000mm	3Cr2W8V HRC45～50	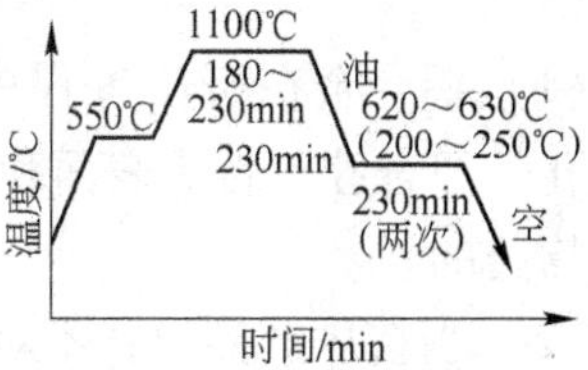
穿孔针 ϕ110mm×2000mm	3Cr2W8V HRC46～50	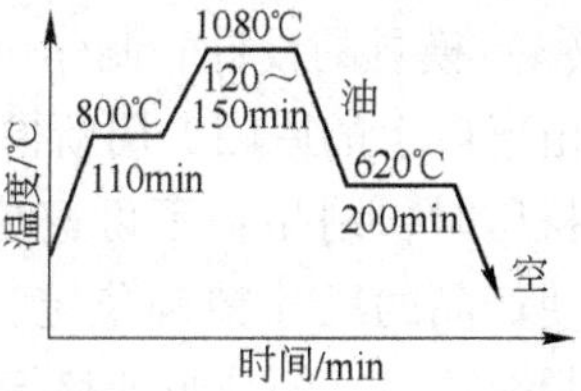
实心型材模（平面模） ϕ200mm×40mm	3Cr2W8V HRC42～46	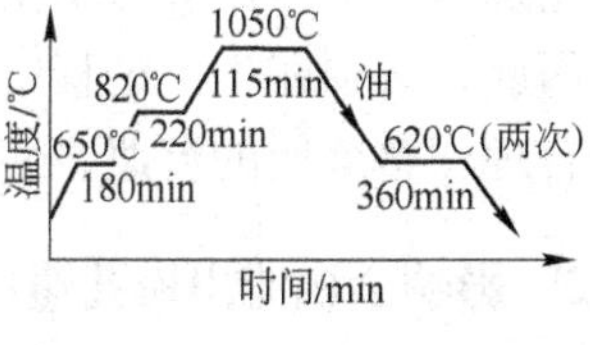

5 铝合金挤压工模具的维修与合理使用

5.1 挤压模具的修正

5.1.1 修模的必要性

（1）铝合金在挤压过程中由于受到筒壁挤压，以及模具端面、分流孔、焊合腔、舌头表面和模孔工作带表面的强烈摩擦，其流速是极不均匀的。

（2）当挤压产品形状不对称，部分尺寸、形状或壁厚相差大时，各部分金属流速不均匀性显著。

（3）模具的设计和制作还不能做到非常完美无缺。

由于以上的原因，用新模具和经过多次挤压磨损的老模具进行铝合金挤压时，制品会不可避免地产生各种缺陷或废品。为了消除缺陷，使产品的尺寸精确稳定，不产生扭拧、弯曲、波浪、擦伤、裂纹、焊合不良、不成形或堵模等缺陷，使各个模孔流出的产品长度一致，轮廓基本平直，应力求使产品横断面上各个质点或模孔的流速一致。因此，必须在生产过程中不断修正模具。可以说，修模的本质就在于合理调整金属的流速，使金属能均衡地流出模孔。

5.1.2 影响金属流出模孔速度的主要因素

（1）供给产品断面各部分的金属分配是否合理，即产品各部分断面面积之比与各相应部分金属供应量之比是否相等，其中包括分流孔的大小、形状、数量与分布；多孔模模孔的布置，型材在模子平面上的布置；型材各部分离挤压筒中心和挤压筒边缘的远近；各模孔间的距离等。

（2）金属流动时所受摩擦阻力的大小，其中包括分流孔的形状、大小、数目和深度；焊合腔的形状和深度；舌头和模孔工作带的长度以及模孔与金属直接接触部分的表面状态和润滑情况等。

(3) 金属供给量的分配比例。当型材某一部分可供给金属量愈多，所受的摩擦阻力愈小，则这部分型材流出模孔的速度就愈快；反之就愈慢。

金属供给量的分配比例主要是由于模孔设计者确定的，当模具制造完后，金属的分配比例就固定下来了，因此，设计时由于模孔布置不合理造成的各部分流速不均，会给修模带来很大的困难。

1）平面分流组合模、舌形模的金属分配供给量是通过改变分流孔、焊合腔的形状、位置和大小来调整；

2）带有导流模（或导流坑）的平面模的金属分配供给量是通过导流模孔的宽窄、深度来调整。

(4) 模具表面状态，模孔尺寸精度，模具硬度。

(5) 流动金属与模具之间的摩擦力的组成：一是金属与模具端面间的摩擦，二是金属与模孔工作带表面间的摩擦。

1）流变金属与模具端面间的摩擦力的大小为：

$$f_1 = \mu p F \tag{5-1}$$

式中 f_1——金属与模子端面间的摩擦力，N；

μ——摩擦系数；

F——金属与模具端面的接触面积，mm^2；

p——单位面积上的正压力，MPa。

当模子与产品一定时，正压力 p 和 F 是一个定值，所以，改变摩擦系数，即改变流动金属与模具端面的摩擦条件，就能起到调整金属的流动速度的作用。

2）流变金属与模孔工作带之间的摩擦力为：

$$f_2 = \mu p \Sigma F = \mu p \sum_{i=1}^{n} l_i h_i \tag{5-2}$$

式中 f_2——金属与模孔工作带之间的摩擦力，N；

μ——摩擦系数；

l_i——型材各部分与模孔工作带接触部分的周长，mm；

h_i——模孔工作带的长度，mm。

当模子与产品一定时，单位正压力 p 和型材各部分的周长 l_i 是一个定值，而当各部分的表面状态和润滑条件相同时，摩擦系数 μ 也可以认为是不变的，因此，只要调整工作带的长度就可以调整金属流出模孔的速度。

所以，挤压模具的修理就是通过调整模孔工作带的长度、金属分配比例、模具的表面状态以及金属与模孔的摩擦润滑条件等，以达到调整金属流出模孔的速度，来提高挤压产品质量的一种现场处理过程。

5.1.3 修模方法

修模方法主要有阻碍、加快、扩大或缩小模孔尺寸，研磨与抛光、氮化等。

5.1.3.1 阻碍修模法

阻碍修模法是减缓金属流出模孔速度的修模方法，如图 5-1 所示。

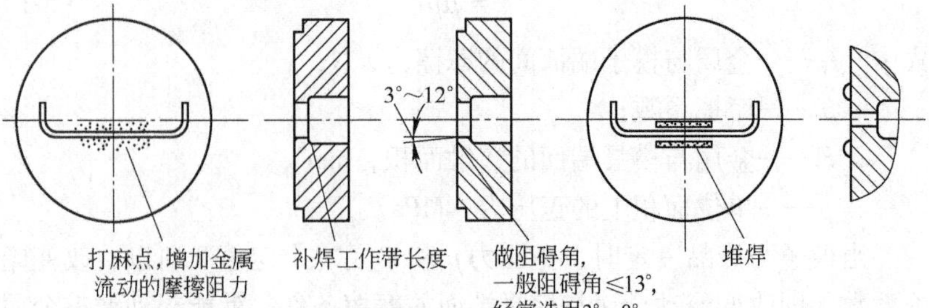

图 5-1 阻碍修模法

阻碍修模法的工艺流程包括：做阻碍角；打麻点；补焊工作带；堆焊；修分流桥、分流孔、焊合室、导流孔。

5.1.3.2 加快修模法

加快修模法是使金属流出模孔速度提高的修模方法，如图 5-2 所示。

加快修模法的工艺包括：前加快；后加快；加快角；舌形模和平

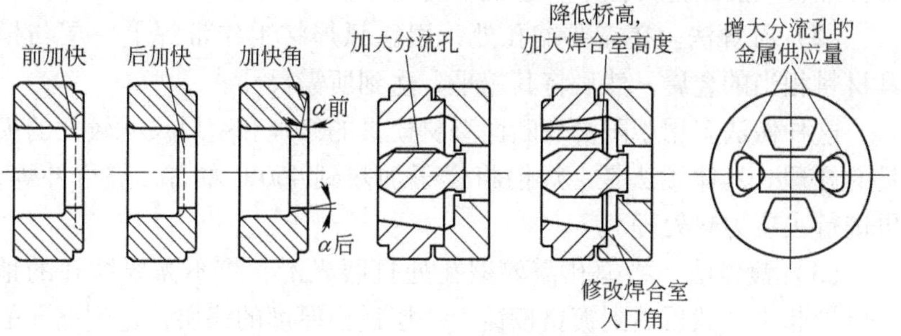

图 5-2 加快修模法

面分流组合模的加快。

5.1.3.3 扩大模孔尺寸法

当挤压出的制品，其壁厚或外形尺寸小于图纸或技术条件所要求的尺寸公差精度时，应扩大模孔尺寸。

扩大模孔尺寸，不管是采用手工锉修还是采用机床切割之前，都应仔细测量模孔工作带的尺寸，检查是否有内斜、外斜或 R 状等情况，如有类似一种情况，要求先纠正，然后测量、试模，再扩大模孔。

5.1.3.4 缩小模孔尺寸法

缩小模孔尺寸法要比扩大模孔尺寸法困难得多。缩孔的方法主要有打击法、补焊法、镀铬法等，如图 5-3 所示。

（1）打击法。用打模锤敲击需要缩孔处的工作端面，锤头的打击方向必须与工作带平行，距离模孔 3 ~ 5mm。其顺序是：先将工作

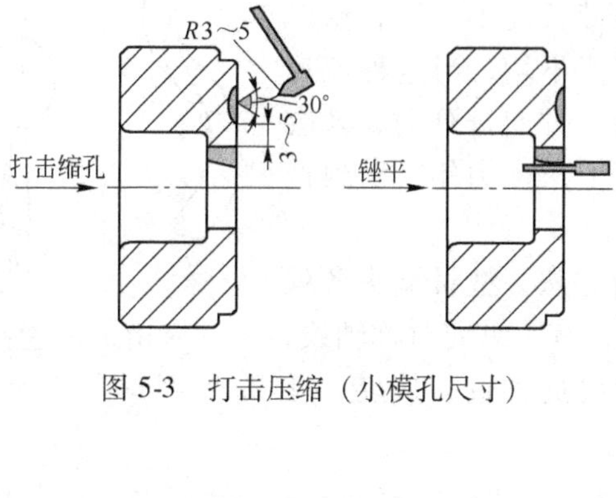

图 5-3 打击压缩（小模孔尺寸）

带打堆，然后用锉刀锉平，达到所需尺寸。

（2）补焊法。在需要缩孔处，用氩弧焊将工作带焊上一层与模具材料相当的金属，然后将其锉平，达到所需尺寸。

这种做法多用于阶段变断面型材模具的修理和壁厚尺寸较大的模具的修理。具体做法是：焊前将模子加热到450℃左右，进行补焊，再进行去应力热处理。

（3）镀铬法。将模孔需要缩孔处打磨光滑，将不需要缩孔的地方保护起来，然后放到镀铬槽镀上一层适当厚度的铬层，达到缩孔的目的。镀铬层的硬度很高，可达 HRC63 ~ 65；表面粗糙度达 R_a0.4μm；厚度可达1mm左右。此方法适应于全部或局部修正。

（4）光模法。光模法是挤压现场经常使用的方法。

当挤压制品有表面粗糙、擦划伤、麻面等缺陷，或模子重新上机加热前，或模子氮化前等，都应进行光模。

要求光模后的模孔工作带表面粗糙度达 R_a0.8 ~ 0.4μm；分流孔、焊合腔、导流孔的表面粗糙度达 R_a1.6 ~ 0.8μm；模子出口带无异物，确保制品通道畅通，无划伤现象。

5.1.4 实心型材模具的修正

5.1.4.1 扭拧

型材在挤压的过程中，受到与挤压方向垂直的力矩作用时，型材断面沿型材长度方向上绕某一轴心旋转称为扭拧，如图5-4所示。

A 麻花状扭拧

（1）形成原因。型材模孔一个壁的两侧工作带长度不一致，壁厚两侧的金属流速不均，当这种流速不均的面沿同一方向排列时，就会使型材横断面上产生力矩，导致产生麻花状扭拧。

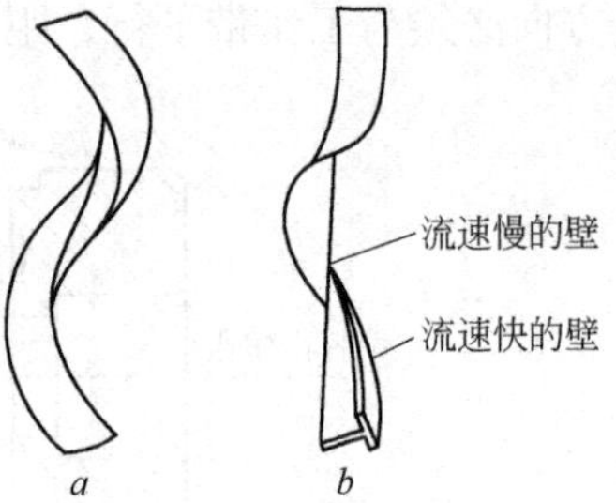

图5-4 扭拧缺陷
a—麻花状扭拧；*b*—螺旋状扭拧

（2）判断方法。型材端头各处流速差不明显，有一纵向对称轴线，型材扭拧好似绕此轴进行旋转，导致型材平面间隙大，流速快的一侧有凸起。

（3）修正方法。在模孔流速快的一侧，即型材平面凸起一侧的工作带做阻碍修模，或在另一侧的工作带做加快修模，使之产生一个相反力矩，以消除扭拧。

B 螺旋型扭拧

（1）形成原因。当型材一个壁的流速大于其他壁的流速时，流速快的壁愈来愈比其他壁长，致使此流速快的壁绕流速慢的壁旋转，从而产生螺旋状扭拧。

（2）判断方法。型材端头不齐，流速快的壁较流速慢的壁先流出模孔（图5-5），从型材纵向可以看出一壁绕另一壁旋转。

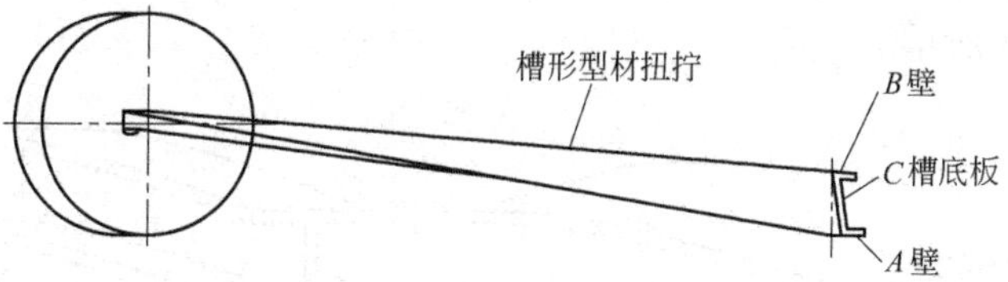

图5-5 螺旋扭拧示意图

（A壁端头流速快，先流出模孔，表现突出；槽底板C受A壁的影响出现侧弯，B壁流速慢；从型材纵向可以看出A、C两壁绕B壁旋转）

（3）修模方法。判断准确之后，在型材流速快的部位做阻碍修模。

5.1.4.2 波浪

从型材总体上看是平直的，而在个别壁上出现或大或小的波纹状不平现象，称之为波纹。

（1）产生原因。当型材某壁流速较快且刚性较小，形不成扭拧缺陷时，此壁受到压应力的作用，而沿纵向产生周期性的波纹。

（2）修模方法。对流速快的壁两侧的工作带做阻碍修模，如图5-6和图5-7所示。当波浪小且波距较大时，可在流速慢的部位涂少许润滑油消除波浪。

5.1.4.3 侧弯

扁宽形或带板等挤压制品，在挤出模孔时左右因两侧的流速不一致而造成产品的头部或沿整个长度向左或向右边的硬弯称侧弯。因常呈镰刀形或马刀形,故也称为镰刀弯或马刀弯,这是最常见的缺陷之一。

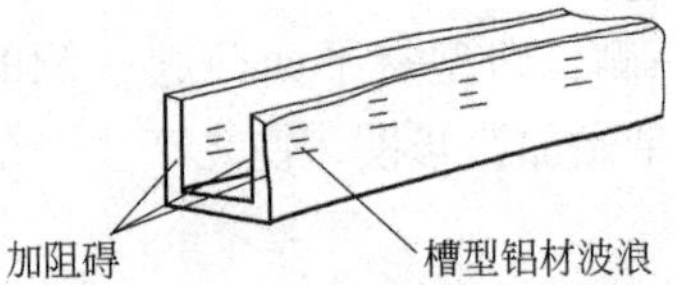

图 5-6 槽形型材波浪修正

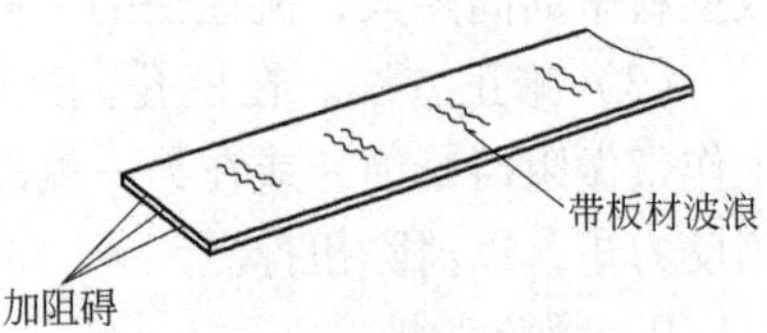

图 5-7 带板波浪修正

（1）产生原因。模孔左右两侧的工作带设计不当，铸锭加热温度不均或模孔布置不合理等，造成产品左右流速不均，又不能形成扭拧与波浪时，就会出现侧向弯曲。

（2）判断方法。产品沿纵向向左或向右形成均匀的马刀弯曲，如图 5-8 所示。

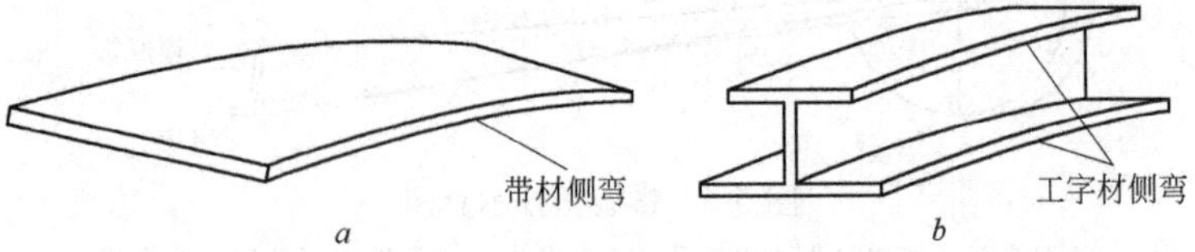

图 5-8 侧弯弯曲

（3）修理方法。判定为侧弯之后，将流速快的模孔部位的工作带做阻碍修模或将流速慢的部位做加快修模；也可以采用润滑的办法来消除侧弯。与此同时，应使铸锭加热均匀，改善模孔的分布状态。

5.1.4.4 平面间隙

沿型材横向或纵向产生的不平度称为平面间隙，可分为纵向间隙和横向间隙。

（1）纵向间隙产生原因。当挤压带板或带筋壁板时，若上下两侧金属流速不一致，就会产生上下翘曲，即产生纵向间隙。当挤压型材时，在型材某一部位的金属流速略有差异，就会产生纵向间隙。当流速差较大时，就会形成纵向弯曲或弯头，甚至可能堵模，如图5-9*a*所示。

（2）横向间隙产生原因。型材有间隙的壁的两侧工作带流速不一致，凸面快，凹面慢。具体来说，横向间隙的产生与型材的形状、

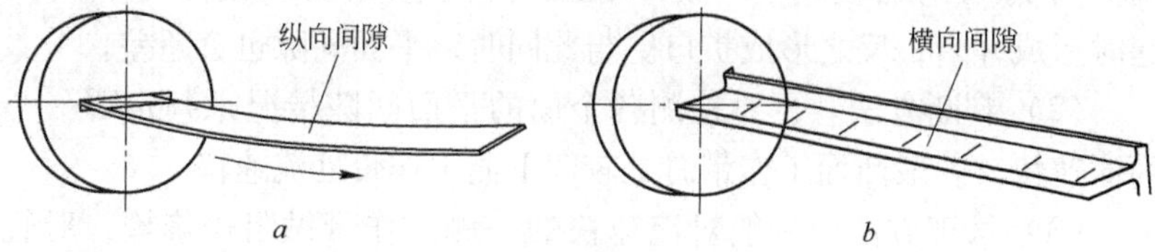

图 5-9 间隙的形成

尺寸等有关，如图 5-9*b* 所示。挤压 T 形型材，其刚度较好，但是立壁两侧金属流速不均，就可能产生横向间隙。

（3）判断方法。将直尺或直角尺沿型材平面的纵向和横向平放，然后用塞尺检测其间隙的大小，当间隙超出标准所允许的间隙时，则需修模。

（4）修理方法：

1）两种间隙都是由于模孔工作带设计不合理或制作的差异引起的流速不均所致，所以，修模时在流速快的一侧（凸面）做阻碍修模。

2）如果是由于模子弹性变形引起的尺寸变小和平面间隙不合格，则可将悬臂部分的工作带做一斜角来解决，如图 5-10 所示。

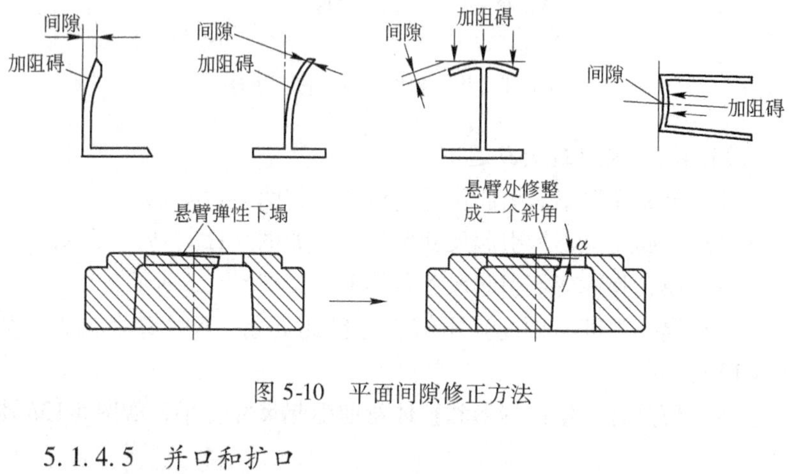

图 5-10 平面间隙修正方法

5.1.4.5 并口和扩口

（1）产生原因。在挤压槽形型材或类似槽形型材时，由于两个

“腿”两侧工作带流速不一致，使之向外凸起或向内凸起，当向外凸起时形成并口，反之形成扩口。与此同时，平面间隙也会超差。

（2）判断方法。主要检测各个面的平面间隙情况来判定哪一个面流速快。一般凸面工作带总是较凹下面工作带处流速快。

（3）修理方法。一般对流速快的一侧工作带做阻碍修模；对轻微的扩口和并口，或在型材长度方向上其缺陷不是连续出现时，不必修模，可通过辊矫来校正。并口和扩口及其修正方法如图5-11所示。

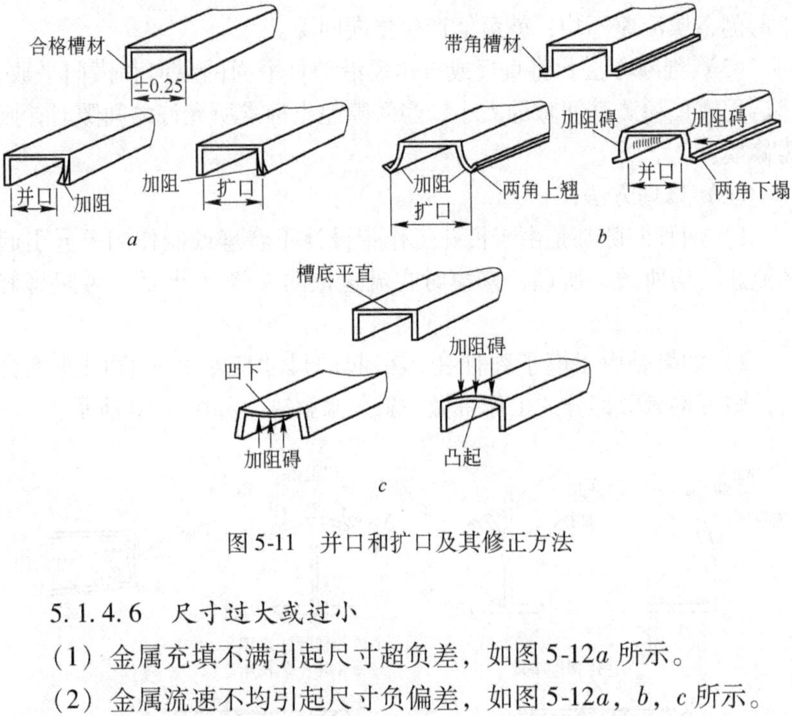

图5-11 并口和扩口及其修正方法

5.1.4.6 尺寸过大或过小

（1）金属充填不满引起尺寸超负差，如图5-12*a*所示。

（2）金属流速不均引起尺寸负偏差，如图5-12*a*，*b*，*c*所示。

（3）模孔弹性变形引起尺寸负偏差，如图5-12*d*所示。

（4）模孔强度（硬度）不够引起模孔下塌，尺寸超负偏差，如图5-13*a*所示。

（5）模具弹、塑性变形和整体弯曲引起尺寸变小，如图5-13*b*所示。

（6）金属供给不足引起的中部尺寸超负差，如图5-13*b*所示。

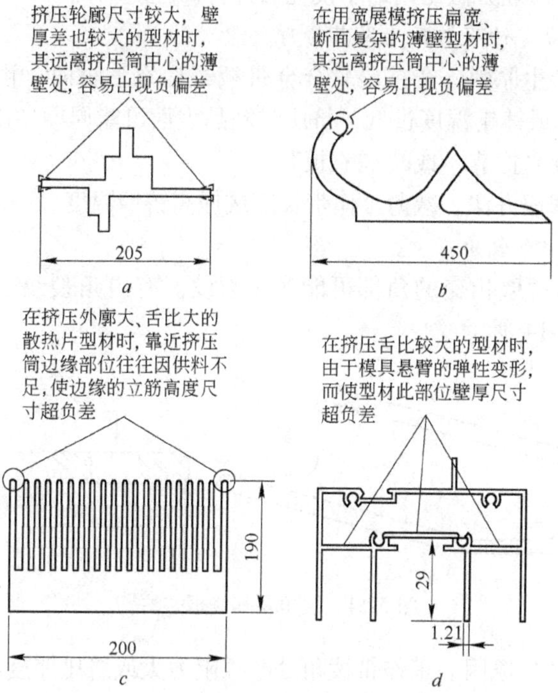

图 5-12 产品尺寸不合格产生的原因（1）

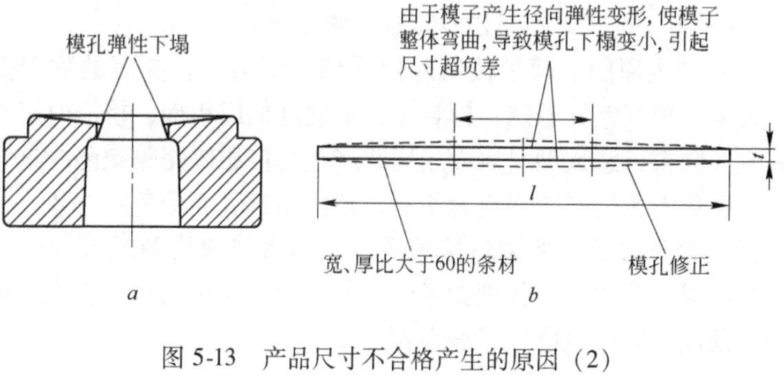

图 5-13 产品尺寸不合格产生的原因（2）

（7）多孔挤压时，由于各模孔金属流速不均，引起各模孔制品长度不一致，当长度相差 300 ~ 500mm 时，就需要修模。

（8）由于设计不当，或模孔经长期磨损，引起制品尺寸超正差，需要修模。修理方法是用缩小模孔法进行修理。

5.1.4.7 竹节的产生及其修理

（1）产生原因。在挤压软合金带板或扁宽型材时，由于模孔工作带过长，或铸锭温度过低，挤压时制品表面可能周期性出现波浪缺陷，通称为“竹节”或“搓衣板”。

（2）修模方法。减薄工作带长度或提高铸锭温度。

5.1.4.8 裂角

在型材两壁相交的角部可能产生裂纹。有内角裂纹也有外角裂纹，如图5-14所示。

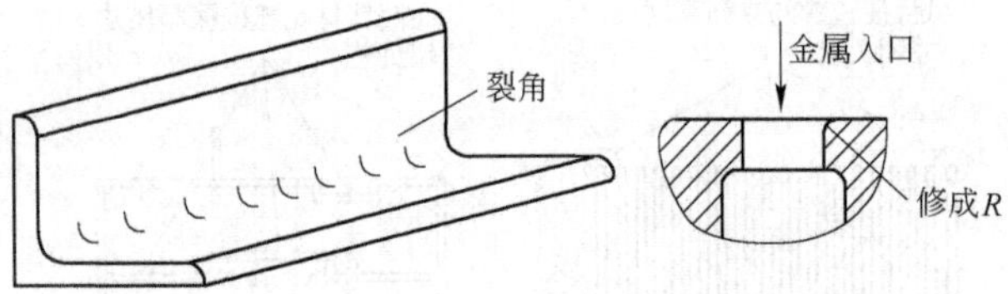

图5-14 裂角及其修理方法

（1）产生原因。工作带棱角处摩擦阻力大或挤压速度过快引起。

（2）修理方法。将工作带的入口处修一小圆角，或在易出现裂角处涂润滑油。

5.1.4.9 建筑用型材阳极化后色泽不一致

（1）产生原因。模子棱角部位受到的阻力大，金属的物理变形量也较大，组织差异悬殊；模具工作带硬度低或粗糙，挤压时工作带粘有金属颗粒，造成型材表面划伤或严重的挤压纹路等缺陷。这些缺陷在阳极化上色后暴露得更为明显，致使型材表面颜色不一致。

（2）修理方法。将型材棱角部位工作带修成均匀过渡的圆弧或斜角，同时在修模后要仔细抛光工作带表面，合理氮化，在提高模孔工作带硬度的同时也降低了表面粗糙度。

5.1.5 空心型材模具的修正

5.1.5.1 四壁凹下

（1）产生原因：

1）模子刚性不够，挤压时模子发生弹性变形，使模芯的实际工作带缩短，流速增加而引起四壁凹下。

2）如果仅一壁或两壁、三壁产生凹下，则是模芯与模孔配合不良引起的。

（2）修模方法：

1）在上下模分模面之间加一适当厚度的垫片，然后在模子总厚度上去掉与垫片相同的厚度，以保持模子总厚度不变。

2）如果是个别壁凹下，则将该处的模芯工作带做阻碍修模，或在相应处减薄模孔工作带。方管内凹及其修理方法如图 5-15 所示。

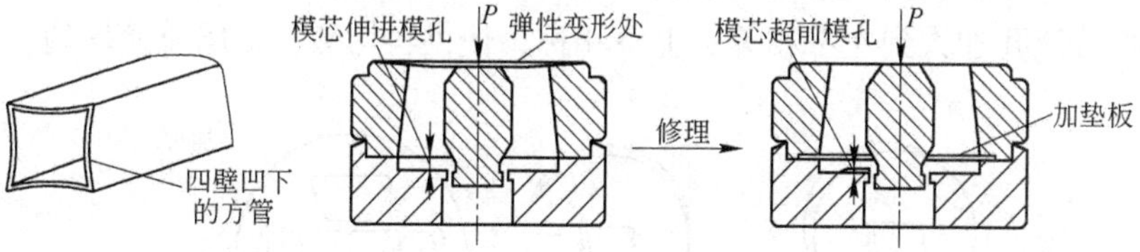

图 5-15 方管内凹及其修理方法

5.1.5.2 四壁外凸

（1）产生原因：

1）经多次挤压或其他原因，模芯工作带磨出凹坑，阻碍金属沿模芯表面流动造成型材外侧流速较内侧快，从而引起四壁外凸，如图 5-16 所示。

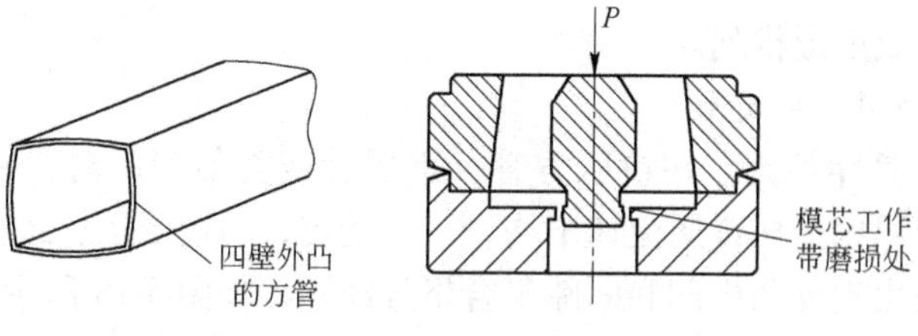

图 5-16 方管外凸及其修理方法

2）如果仅一壁或两壁、三壁产生外凸，是模芯与模孔配合不当，即模芯工作带伸出模孔工作带过长引起的。

3）由于模芯局部磨损引起的。

（2）修模方法。准确判断属于哪一侧的问题，采用阻碍法或加快法修正。

5.1.5.3 扭拧与侧弯

（1）产生原因：

1）主要是由于分流孔供给金属不平衡引起的流速不均造成的。

2）铸锭加热温度不均，引起金属流速不均。

3）工作带长度设计不合理，模孔排列不当引起金属流速不均。

（2）修理方法：

1）主要是调整分流孔的面积及其分布，如图5-17所示方管，即将分流孔加大到左右相等、上下相称，使供料均衡，金属流速均匀。

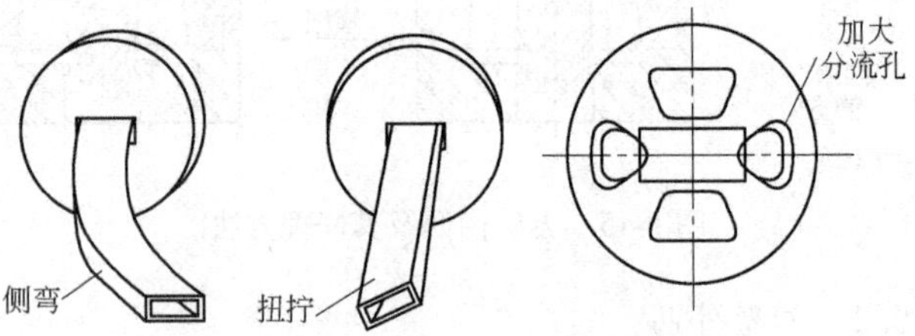

图5-17 侧弯与扭拧及其修理方法

2）如果弯曲或扭拧是由于模孔工作带长短不一致引起的，则可修理工作带以加速或阻碍金属流速；

3）多孔模挤压时为了减少扭拧，模孔排列应选择水平式，最好不要选择放射形排列。

5.1.5.4 角变形

（1）产生原因。在挤压方管、矩形管或类似产品时，由于工作带或其他原因造成金属流速不均，一边受拉，一边受压，致使角度变形，甚至出现外凸内凹和间隙不合格等缺陷，如图5-18所示。

（2）修模方法。准确判断属于哪一侧的问题，采用阻碍法或加快法修正。

5.1.5.5 角裂

（1）产生原因：

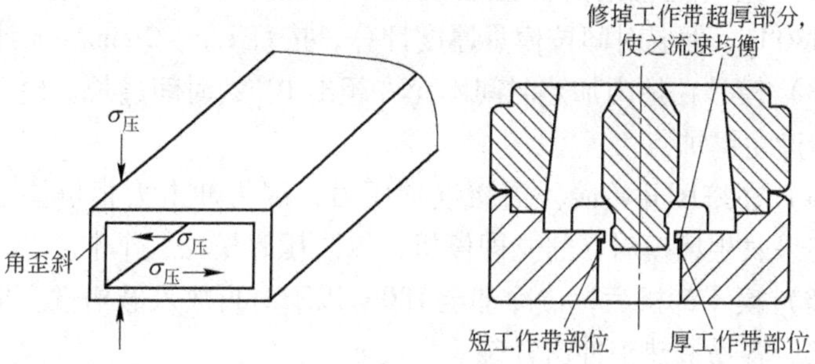

图 5-18　角变形及其修理方法

1）模子焊合室的面积和高度或焊合室的体积与制品断面积之比太小，金属供给不足或所形成的静水压力过小等，都会引起制品角部焊合不良或撕裂（图 5-19）。

2）铸锭表面不干净，有油污，铸锭加热温度过低。

3）挤压速度过快或温度过低。

（2）修理方法。首先调整挤压工艺条件，如尚不能消除角裂时，应扩大焊合室的面积和高度（图 5-19），并修理焊合角使之有利于金属流动与焊合。

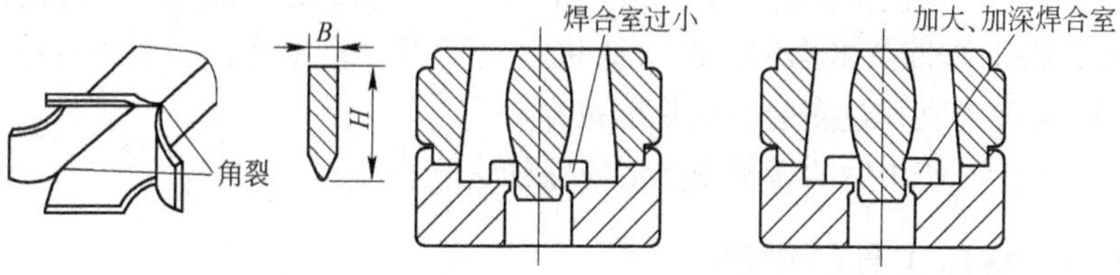

图 5-19　角裂及其修理方法

5.2　挤压模具的使用、维修与氮化

（1）检查验收合格的模具进行登记，进仓上架，使用时领出抛光模孔工作带，并将导流模、型材模、模垫进行组装检查，确认无误时发到机台加热。

(2) 模具上机前加热温度规定：平模，450～470℃；分流模，460～480℃。保温时间按模具厚度计算，按每1.5～2min/mm计算。

(3) 模具在炉内加热时间不允许超出10h，时间过长，模孔工作带容易产生腐蚀点。

(4) 在挤压开始阶段需缓慢加压力，因为冲击力很可能引起堵模。如果发生堵模时，需立即停机，以防压碎模孔工作带。

(5) 模子卸机后，待冷却至180℃以下时再放入碱槽煮。模子高温碱煮，容易被热浪冲击开裂。

(6) 修模工装配分流模时，应用铜棒轻轻敲打，不允许用大铁锤猛击，以免用力过大，震碎模具。

(7) 模具氮化前需对工作带进行抛光至粗糙度 R_a 为0.4～0.8μm。

(8) 模子氮化前要求清洗干净，不允许有油污模装入炉内；氮化工艺要合理（以设备特性与模具材料而定），氮化后表面硬度为HV900～1200，氮化层厚度为0.18～0.2mm；应防氮化层过厚、过硬，引起氮化层剥落，每套模子一般氮化3～5次。

(9) 老产品的新模子、棒模、圆管模，可不经试模直接进行氮化处理。

(10) 新模试模合格后，最多挤压10个铸锭就应卸机进行氮化，避免将工作带拉出沟槽；两次氮化之间不可过量生产，一般以60～100块锭为宜，过多会将氮化层拉穿。

(11) 使用后的模子抛光后应涂油进仓。

5.3 挤压工具的维修

5.3.1 挤压筒的维修

5.3.1.1 加热器的维修与更换

挤压筒的加热器最常用的有感应铜棒和电阻丝。使用中常见的毛病有绝缘失效、短接或局部断裂和变形。当出现上述毛病时，应停止加热挤压筒并将其从挤压机上取下，进行维修。感应铜棒、接板和接头等损坏时，应进行铜焊。铜焊时，应选用合理的焊条和焊接工艺，焊缝应均匀牢固，焊后要打磨并保证绝缘。电阻丝短接或局部烧损时，应选用合适的电阻丝进行补接，补接要牢固。补接后要对电参数进行测定，合格后才能使用。

如果电阻丝损坏严重，或感应器加热孔变形，或感应铜棒严重破损时，应更换新的电阻加热器和感应加热器。

5.3.1.2 工作内套的清洗和磨光

挤压筒工作内套经长期使用后产生了严重变形，或者金属套的完整性遭到破坏，无法保证产品的质量，或者需要更换被挤压金属的品种以及需要更换挤压筒规格时，必须清洗内套。清洗的方法是在挤压筒工作内套中装入氢氧化钠溶液进行腐蚀，腐蚀时间为16～24h，碱液可用电阻丝或蒸汽加热，腐蚀温度为60～70℃。蚀洗时间要避免碱溶液或水滴溅到外套或中套的加热器上。铝套完全腐蚀后，应用清水冲洗干净。

对清洗好的工作内套，应仔细测量其尺寸和检查表面状态。发现尺寸超差或表面磨损时，可用砂轮、磨头或砂纸进行抛光处理，也可在车床或镗床上磨，直至达到所要求的尺寸和表面粗糙度R_a1.6μm。

经蚀洗和磨光的工作内套，应根据最终尺寸另配新的挤压垫片才能使用。

5.3.1.3 挤压筒内套的修复

挤压筒内套的损坏方式基本可分为三种：

（1）挤压筒内套前端磨损严重，出现局部挤掉、缺口、裂纹和孔变大。

（2）内套前端由于挤堆、粘铝、铲伤等造成端面不平。

（3）由于挤压筒内外套配合不好，受力不均，疲劳受损等原因，产生内套裂纹。

挤压筒内套修复主要有补焊法和镶套法两种措施。

A 补焊法

补焊法就是用焊条焊平挤压筒内套的损坏部位。方法为：

（1）将挤压筒内套损坏部位适当车平，但车削量不宜太深、过大，以利补焊。

（2）将挤压筒及要用的焊条放入炉内，350~400℃保温4h，然后补焊和填平，留一定的加工余量，最后放回炉内加热均热，缓慢冷却、出炉。

（3）机加工挤压筒内套的补焊部位，恢复原样后即可使用。

采用补焊法时，应注意：

（1）补焊法的关键是选用适于内套成分的焊条。对材质为4CrMoSiV1的内套，可选用堆397或热317焊条。先用不锈钢焊条铺底，形成过渡层，再用耐热焊条堆焊。补焊过程中筒体温度不得低于250℃，同时采用合理的焊接方式，以防止裂纹。

（2）加工后对焊层进行热处理，即焊后处理，效果能更好些。

（3）补焊次数不能太多，焊层不能太厚。

补焊法有一定的局限性，可用于挤压筒内套的前期修理。常见挤压筒的三种损坏方式中的前两种都可采用补焊法修复。

B 镶套法

镶套法是将加工并热处理过的模环镶入挤压筒内套的出口处，它是一种有效的修复办法，适用于挤压筒内套三种损坏方式的修复。方法为：

（1）将损坏的挤压筒内套出口处开个槽，便于镶环。

（2）加工一个模环，热处理后的硬度应与模具的相当，其尺寸与槽相配合。

（3）将挤压筒加热后热装镶上模环，采用紧配合。

（4）用不锈钢焊条焊死模环，不留缝隙，再进行热处理后即可使用。

采用镶套法时，应注意：

（1）镶套法的关键是装配尺寸要精确，它决定了内外套间的预应力大小。

（2）热装的目的是顺利镶上模套，挤压筒在350℃保温4h后进行。

（3）模环要加工内倒角，以利装配和焊接。

（4）模环镶入后，要加热一段时间，然后在炉内缓冷，出炉冷至室温，以配合紧密和组织均匀。

（5）对挤压筒内套而言，镶套法的补修可多次使用。

5.3.2 挤压轴的维修

（1）矫直。当挤压轴产生弯曲时，可在压力机上进行弯矫。矫直时要使用专用夹具和垫块，选择合适的加压点和弯矫压力，一次矫直量不宜过大，以免过矫直。

（2）内外端面修正。当挤压轴的工作端面局部压塌（内孔缩小或外径扩大）时，可在车床上进行局部修正，使之恢复到原来的尺寸和表面状态。

（3）补焊。挤压轴局部压塌、压裂、掉渣或大头部分产生局部裂纹时，可采用补焊的方法修正。补焊前应处理伤口或裂纹部分（钻孔、打坡口和磨平等），同时应在热态下焊接，以免裂纹继续扩展或补焊不牢固。

（4）补接。当挤压轴工作端部受损或开裂时，可将受损部分切除，再根据切除部分的形状和尺寸补接（螺纹连接、压接或焊接）一段新的端头，使挤压轴恢复到原来的形状和尺寸及表面状态。补接件的材料和热处理后的硬度应与原件相当。

5.3.3 穿孔系统的维修

（1）矫弯。穿孔系统产生弯曲变形时，可在压力矫直机上进行矫直修正。

（2）螺纹补修。当穿孔系统的螺纹连接部分局部损伤、脱扣时，可在车床上重新挑扣或补焊后根据配合部分重新加工螺纹。螺纹补修时应保证螺纹的类型、尺寸公差和表面状态，同时应保证与配合件同心。

（3）补接。穿孔系统的某一段受损，可根据该段的形状、尺寸和表面状态补配一段，使之恢复原状。补配件的材料和热处理硬度应与原件相配。

（4）表面抛光。穿孔系统的表面粘有金属或工作段磨损严重时，应先清除掉表面的金属套，然后用砂布或砂轮抛光表面。

5.4　挤压工模具的合理使用

5.4.1　挤压筒的使用规范

5.4.1.1　挤压筒的安全运输与翻转

在挤压机上安装或从挤压机上取下挤压筒时，或检修感应加热器（或电阻加热器）和检查挤压筒各机械部件的磨损与装配情况时，需要搬运挤压筒。在水平位置进行搬运时，大功率挤压机的挤压筒通常直接用双支撑横梁式吊车的挂钩进行运输。在垂直位置用起重装置运输挤压筒时，应设计专用的夹具。

在任何情况下不允许使用临时的“装置”（如钢棒、螺柱等）进行挤压筒的吊装与运输。将挤压筒从水平位置翻转到垂直位置时，对于大挤压力挤压机，最好采用专用的翻转装置。

5.4.1.2　在挤压机上直接压入和压出锥形内套

为了缩短非工作时间，有时直接在挤压机上依靠低压活塞的作用力，使挤压轴移动，将锥圆形内套压入挤压筒中。这一工作通常利用悬挂在吊车挂钩上的中间转换装置来完成。转换装置上做一固定挤压轴用的凹槽，凹槽防止挤压轴沿转换装置滑下，将转换装置紧靠在挤压筒的内套上。图5-20所示为直接压入锥形内套的示意图。

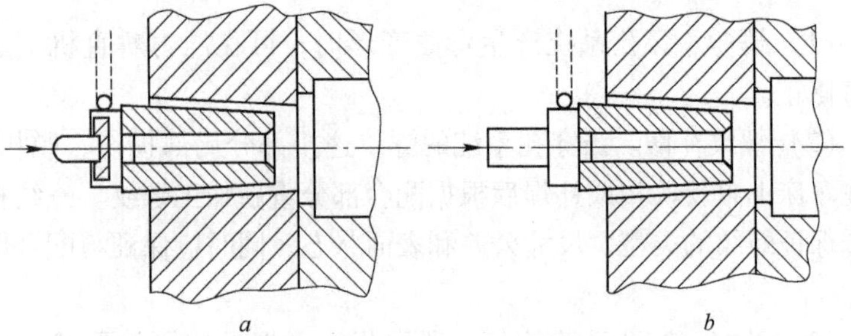

图5-20　在挤压机上直接压入挤压筒锥形内套示意图

a—挤压筒固定在转换装置中；*b*—挤压筒不固定在转换装置中

在挤压机上直接压出锥形挤压筒内套时，必须采用安装在模支承（图5-21）上的支承塞1，而不允许使用安装在挤压筒5和活动横梁3

的支承之间的非专用圆柱形坯料 4（图 5-21）。当必须利用主柱塞的压力时，则需在挤压筒和活动横梁之间安放悬挂在吊车钩上中间垫环来替代坯料（图 5-21）。

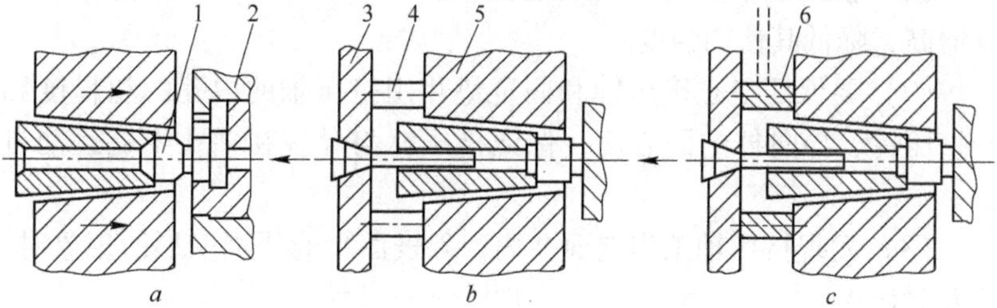

图 5-21　在挤压机上直接压出挤压筒锥形内套示意图

a—利用支承塞；*b*—利用圆柱形坯料；*c*—利用中间垫环

1—支承塞；2—模支承；3—活动横梁；4—中间坯料；5—挤压筒；6 —中间垫环

挤压筒前端平面与模支承配合处磨损严重时应重新加工打磨，以保证其与模支承配合处的密封，防止出现“大帽”。

挤压筒与挤压轴、挤压模座之间无论在冷态还是在热态下均应严格对正中心，以防擦伤内套或引起堵模，必要时可采用 X 导向装置。

要加强挤压筒的维护、检修，定期检查观察其表面状态和硬度，以保证产品质量，延长使用寿命。

挤压时要尽量保持工作内套工作表面的完整性；润滑挤压时，润滑应均匀；无润滑挤压和组合模挤压时，禁止在工作表面抹油或污染工作表面。

5.4.2　挤压轴的使用规范

（1）挤压轴的两个端面必须平行，不平行度不大于 0.05mm；两端面必须与轴线垂直，不垂直度不大于 0.05mm；两端平面的表面光洁，特别是尾端平面要求磨光，达到 $R_a 1.6\mu m$ 以上。

（2）挤压轴的侧表面和端头平面不应有任何缺陷。

（3）没有轴向弯曲，在挤压时没有轴向以外的外力作用。

（4）严格地将挤压轴对准挤压筒的中心，保证水平度、同轴度，二者应保持均匀的间隙，严防在挤压过程中发生磕碰。

（5）严禁挤压轴粘金属，如发现粘金属应及时清除，为了便于清除，可在轴身上稍抹一点润滑油。

（6）挤压轴不宜长时间放置在加热了的挤压筒中，以防轴身温升增高，降低其使用强度。

（7）要保证空心挤压轴和固定垫片用挤压轴的内孔的粗糙度和与挤压针、导向杆的同心度，保证挤压针与导杆在轴孔中能运动自如。

（8）发现挤压轴工作端面（内、外表面）有压塌变形的现象时，应及时修理。

（9）挤压轴根部的压套紧固装置应灵活可调，经久耐用，应定期检查和调整，以保证挤压轴的同心性和水平度。

（10）挤压轴的装卸和更换必须使用专用工具，以防碰伤和引起安全事故。

（11）必须对挤压轴定期检测，如打硬度、测量尺寸与水平度、调准中心性等，发现问题应及时处理。

5.4.3 穿孔系统的使用规范

（1）由多节组装成的穿孔系统，各节之间的连接方式应先进、合理，且简便、可靠，连接应精密、牢固，各节之间的不同心度不得超过0.05mm。

（2）整个穿孔系统应与挤压筒、挤压轴、模子严格同心；通过导筒的调节，能在挤压轴内孔中运动自如；针尖能在模孔中前后调整位置。发现偏心，应立即停机测量和调心。

（3）整个穿孔系统的表面应光洁，无任何缺陷。

（4）针尖和针后端部分应加热到足够高的温度（最好与铸锭的温度相当，一般应控制在450℃左右）后才能开始穿孔或挤压。

（5）针尖和针后端的表面要充分润滑。润滑剂的成分和润滑方式应先进合理，以创造一个良好的润滑环境，特别是对于易黏针的软铝和难挤压的硬铝合金。

（6）穿孔系统上不能承受任何非轴向力的作用，在穿孔或挤压过程中也不能受卡或磕碰，以防折弯或折断。

（7）穿孔系统上不允许粘金属，如粘有金属应立即清除。

（8）对穿孔系统要经常测量其硬度和尺寸，检查螺纹连接情况和表面状态，及时处理发现的问题。

5.5 挤压工具的修复和综合利用

为了节省昂贵的工模具材料，减少加工工时，提高工模具的使用寿命，降低生产成本，除了修复工具和模具之外，某些已失效或报废的工模具可“废物利用”，某些过时的工模具可“旧件复活”。目前工厂里常用的修复方法有：

（1）大件改小。如将大规格的实心挤压轴、穿孔针、挤压垫片等改成小规格使用。

（2）小件改大。如将小规格的挤压筒工作内套、空心垫片、棒材和管材模孔等改成大规格使用。

（3）补接、补焊。主要用于长形件的拼接。

（4）局部更换。如更换挤压筒的某一层套，更换组合模中的上模或下模等。

（5）重新热处理和重新下料加工。将已废的大型工具（如大型挤压轴、挤压针等）重新退火，锯切成模子、挤压垫片、模支承、小型挤压轴、挤压针或挤压筒内套等工模具坯料，然后，按常规工艺加工成合格的工模具使用。

5.6 挤压工模具的报废

挤压工模具经长期使用后已经失效，无法修复或修复后的使用价值不大（寿命短或成本高）时，应予报废。

5.6.1 模具的报废

模具是保证产品品质最关键的工具，也是在挤压过程中工作条件最恶劣的部件，因而是消耗最大、报废最多的挤压工模具。凡出现以下情况的模具应予以报废：

（1）裂纹。

（2）模孔严重超差已无法修复。

（3）硬度过低，变形严重。

（4）组合模上模严重变形、舌芯偏心、模桥弯曲。

（5）过烧或完全退火。

（6）其他严重影响产品品质且无法修复的缺陷。

5.6.2 大型工具的报废

大型工具主要是指挤压筒、挤压轴、穿孔系统、挤压垫片和模支承等，这类工具的尺寸和重量大，加工工时长，成本高。因此，只有在无法修复的条件下才允许报废。一般来说，出现如下情况时应予以报废：

（1）纵向裂纹。

（2）龟裂和周期性裂纹。

（3）过烧或完全退火。

（4）拉细（细颈）或拉断。

（5）挤压筒内套严重鼓肚或过盈过小。

（6）挤压垫片工作带压塌或尺寸超差。

（7）组合件的装配公差严重失调，不对中心或严重错位。

（8）其他易出现人身安全和质量事故的隐患。

5.7 挤压工模具的科学管理

采用先进的科学技术和在生产中实行科学的管理，是提高工模具使用寿命的两个重要方面，两者相辅相成，缺一不可。用全面质量管理（TQC）的方法来管理挤压工模具，虽不能取代专门技术，但它能帮助我们找出生产上的主要矛盾和问题，同时还能密切协调工序间的关系，推进生产技术的发展。

从全面质量管理的观点来看，就是要对工模具的设计、制造加工、使用的全过程进行控制和管理，要有相应的方法和制度，特别是对影响品质的关键工序和影响效率的关键问题必须进入受控状态。目前，对挤压工模具进行科学管理的主要方法和制度有：

（1）各种严格的管理制度，如计划管理、生产程序管理、周期管理、价格管理、制造过程管理、行业组织管理、车间生产体制管理等制度。

(2) 关键工序，如设计工序、制造工艺、热处理和表面处理工序、使用维护工序等建立品质控制、工艺监督点。

(3) 建立质量责任制。

(4) 开展业务 TQC 活动，从设计、制造、使用到报废的全过程实行 PDCA 循环管理。

(5) 设计、制造、修正、使用和管理过程的规范化、标准化生产管理。

图 5-22 所示了一种铝合金工模具现代化管理模式。

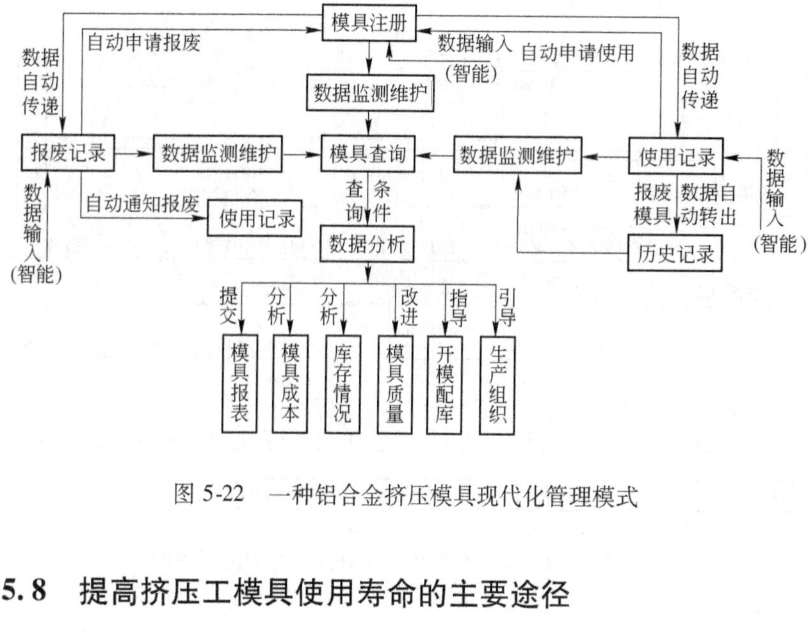

图 5-22 一种铝合金挤压模具现代化管理模式

5.8 提高挤压工模具使用寿命的主要途径

挤压工模具的使用寿命往往是决定某一工艺方法或某一产品是否经济可行的要素。因此，国内外许多学者都致力于提高挤压工模具寿命的研究。但是，如上所述，工模具寿命的影响因素很多，是一个复杂的多因素的综合性问题，所以，只有从理论上和实践上系统深入地研究工模具的工作条件、失效特征和原因，掌握工模具材料的成分、组织、性能三者之间的关系，分析工模具设计、加工和使用寿命的全过程，才能真正找到提高某种具体工模具寿命的措施。图5-23示出了工模具的使用寿命（报废）的主要因果关系图，从而可对症下药，采取合理有效的提高模具寿命的措施。

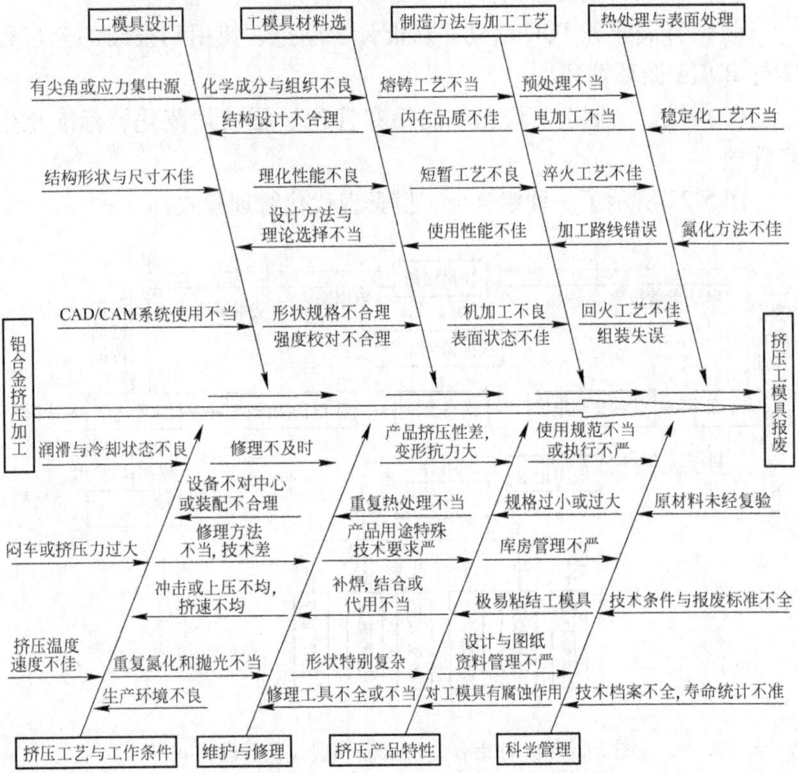

图5-23 影响铝合金挤压工模具使用寿命的因果图

参 考 文 献

[1] 罗苏等．铝型材加工实用技术手册．长沙：中南大学出版社，2007.
[2] 刘静安，谢建新．大型铝合金型材挤压技术与模具优化设计．北京：冶金工业出版社，2003.
[3] 肖亚庆，谢水生，刘静安，等．铝加工实用技术手册．北京：冶金工业出版社，2005.
[4] 刘静安．铝加工行业的技术创新与产品开发新方向．铝加工，2001，24（6）
[5] 刘静安．铝合金加工材料发展现状与趋向．经济情报，2005.
[6] 刘静安．铝及铝合金．见：国家发改委，中国材料研究学会编：中国新材料产业发展报告（2005）．北京：化学工业出版社，2006.
[7] 中国航空材料编委会．中国航空材料手册（第2版）．北京：中国标准出版社，2002.
[8] 谢建新，刘静安．金属挤压理论与技术．北京：冶金工业出版社．2001.
[9] 轻金属材料加工手册编委会．轻金属材料加工手册（下册）．北京：冶金工业出版社，1980.
[10] 王祝堂，田荣璋．铝合金及其加工手册（第3版）．长沙：中南大学出版社，2005.
[11] 刘静安．轻合金挤压工具与模具(上、下册)．北京:冶金工业出版社,1995.
[12] 刘静安．铝型材挤压模具设计、制造、使用及维修．北京：冶金工业出版社，2005.
[13] 曹乃光．金属塑性加工原理．北京：冶金工业出版社，1983.
[14] 马怀宪．金属塑性加工学（挤压、拉拔与管材冷轧）．北京：冶金工业出版社，2005.
[15] 米列尔 Л Е. 有色金属及合金加工手册．北京：中国工业出版社，1965.
[16] 叶尔曼诺克 М З，等．铝合金型材挤压．北京：国防工业出版社，1982.
[17] 别诺夫 А Ф，科瓦索夫 Ф Н. 铝合金半成品生产．刘静安译．北京：冶金工业出版社，1965.
[18] 刘静安，谭炽东，曾杰．铝合金挤压工模具技术的现状与发展趋势．铝合金，2008 4(4).
[19] 刘静安．我国铝合金挤压工模具的发展现状及与国际先进水平的差距．经济情报，2008，4：18.
[20] 刘静安，邵莲芬．铝合金挤压工模具优化设计典型图册．北京：化学工业出版社，2007.

冶金工业出版社部分图书推荐